Das

Vorkommen der „seltenen Erden"

im Mineralreiche.

Von

DR. JOHANNES SCHILLING.

München und Berlin.

Druck und Verlag von R. Oldenbourg.

1904.

Inhaltsverzeichnis.

Sauerstoffverbindungen.

Intermediäre Silikate.

Metasilikate.

Polykieselsaure Salze.

Abkürzungen der Journale.

Am. Chem. J.	= American Chemical Journal.
Am. J. Sc. ( )	= The American Journal of Science and Arts (Silliman).
Ann. Chim.	= Annales de Chimie et de Physique (Paris).
Arch. sc. ph. et nat.	= Archives des Sciences physiques et naturelles (Genève).
Atti R. Ac.	= Atti della Reale Accademia dei Lincei (Roma).
B. u. H. Ztg.	= Berg- und Hüttenmännische Zeitung.
Ber.	= Berichte der Deutschen chemischen Gesellschaft.
B. J.	= Berzelius Jahresberichte.
Bih. K. Vet. Hdl.	= Bihang till Kongl. Svenska Vetenskaps-Akademiens Handlingar.
Bull. St. Petb.	= Bulletin de l'Académie impériale des Sciences de St. Petersbourg.
Bull. chim.	= Bulletin de la Société Chimique de Paris.
Bull. fr. Min.	= Bulletin de la Société Française de Minéralogie (Paris).
C. C.	= Chemisches Centralblatt.
Chem. N.	= Chemical News (edited by W. Crookes, London).
C. r.	= Comptes rendus hebdomadaires des Séances de l'Académie des Sciences (Paris).
Chem. Ztg.	= Chemiker-Zeitung.
G. F. F.	= Geologiska Föreningens i Stockholm Förhandlingar.
Gilb. A.	= Gilbert, Annalen der Physik und Chemie (1799—1824; vgl. auch P. A. und W. A.).
J. Am. Ch. Soc.	= Journal of the American Chemical Society.
J. Ch. Soc.	= Journal of the Chemical Society, London.
J. Frankl.	= Journal of the Franklin Institute.
J. G. W.	= Journal für Gasbeleuchtung und Wasserversorgung.
J. Pharm. C.	= Journal de Pharmacie et de Chimie.
J. Phys. Ch.	= Journal (The) of Physikal Chemistry.
J. pr.	= Journal für praktische Chemie.
J. Russ. ph.-ch. G.	= Journal der Russischen physikalisch-chemischen Gesellschaft.
J. Ch. Ind.	= Journal of the Society of Chemical Industry.
K. Vet. Ak. Hdl.	= Kongliga Svenska Vetenskaps-Akademiens Handlingar.
Bih. K. Vet. Hdl.	= Bihang till K. Vet. Ak. Hdl.
Oefv. K. Vet. Fhdl.	= Oefversigt af K. Vet. Ak. Förhandlingar.
L. A.	= Justus Liebigs Annalen der Chemie.
Mhft.	= Monatshefte für Chemie (Wien).
N. J. M.	= Neues Jahrbuch für Mineralogie, Geologie und Paläontologie.
Oefv. K. Vet. Fhdl.	= Oefversigt af Kongl. Vetenskaps-Akademiens Förhandlingar.
Phil. Mag.	= (The) Philosophical Magazine and Journal of Science (London).

Phil. Trans.	=	Philosophical Transactions of the Royal Society of London.
P. A.	=	Poggendorff, Annalen der Physik und Chemie (1824—1877; vgl. auch Gilb. A. und W. A.).
Proc. Chem.	=	Proceedings of the Chemical Society (London; vgl. auch J. Ch. Soc.).
Proc. Lond.	=	Proceedings of the Royal Society of London.
Proc. Edb.	=	Proceedings of the Royal Society of Edinburgh (vgl. auch Trans. Edb.).
Sb. B.	=	Sitzungsberichte der Kgl. Akademie der Wissenschaft Berlin.
Sb. M.	=	Sitzungsberichte der Kgl. Bayr. Akademie der Wissenschaft München.
Sb. W.	=	Sitzungsberichte der Kaiserl. Akademie der Wissenschaft Wien.
Trans. Edb.	=	Transactions of the Royal Society of Edinburgh (vgl. auch Proc. Edb.).
Tscherm Mitt	=	Tschermak, Mineralogische und petrographische Mitteilungen (Wien).
W. A.	=	Wiedemann, Annalen der Physik und Chemie (von 1877 an; vgl. auch Gilb. A und P. A.).
Z agw.	=	Zeitschrift für angewandte Chemie.
Z. alyt.	=	Zeitschrift für analytische Chemie.
Z. an.	=	Zeitschrift für anorganische Chemie.
Z. geol.	=	Zeitschrift der Deutschen geologischen Gesellschaft.
Z. K.	=	Zeitschrift für Krystallographie und Mineralogie (von P. Groth).
Z. phys.	=	Zeitschrift für physikalische Chemie.

Einleitung.

———

Durch die Erfindung des Gasglühlichts um das Jahr 1885 wurde die Aufmerksamkeit der naturwissenschaftlichen Welt auf eine Reihe von Körpern gerichtet, die bis dahin nur sehr wenig Beachtung gefunden hatten. Es waren dies die sogenannten seltenen Erden. Man versteht hierunter eine Anzahl schwer reduzierbarer Oxyde, deren chemische und physikalische Eigenschaften sich aufserordentlich wenig unterscheiden.

Seit Bekanntwerden jener Erfindung hat sich nun das Interesse sowohl der wissenschaftlichen Chemiker, Physiker und Mineralogen, als auch der Vertreter der Industrie in erhöhtem Mafse diesen Stoffen zugewandt, das noch gesteigert wurde, seitdem die Verwendbarkeit dieser Stoffe zur elektrischen Beleuchtung und ihre katalytische Wirkung bei chemischen Prozessen in neuester Zeit sich erwiesen hat.

Im Anfange litt die industrielle Verwendbarkeit dieser Stoffe unter dem anscheinend seltenen Vorkommen, was ihnen auch die Bezeichnung seltene Erden eintrug, ein Name, der sich, wie aus dem Inhalte dieser Schrift zu ersehen sein wird, bei unserer heutigen Kenntnis des Vorkommens fast besser in »häufige Erden« umwandeln liefse, wenn nicht der Name »seltene Erden«, abgesehen von seiner historischen Berechtigung, vielleicht das immerhin seltenere Vorkommen gegenüber anderen Erden ausdrücken soll. In neuerer Zeit findet man auch mehrfach die Bezeichnung Edel- oder Leuchterden.

Als seltene Erden im rein chemischen Sinne sind eigentlich nur die Cerit- und Yttererden aufzufassen. Da die für die praktische Verwendbarkeit wichtigen Thor- und Zirkonerden im allgemeinen auch zu den seltenen Erden gerechnet werden, sind dieselben in diesem Buche ebenfalls behandelt.

Bisher fehlte es an irgendwelchem literarischen Überblicke über das Vorkommen der seltenen Erden, und sowohl der wissenschaftlich forschende Chemiker und Mineraloge als auch der Industrielle konnte sich an Hand des vorhandenen sehr zerstreuten Literaturmaterials nur mit grofser Mühe orientieren. In vorliegendem soll darum ein kurzer, aber möglichst vollständiger Überblick über alle diejenigen Mineralien gegeben werden, welche seltene Erden in mehr oder weniger grofser Menge enthalten.

Die Mineralien, welche in der Hauptsache sich aus seltenen Erden zusammensetzen, sowie diejenigen, welche geringere Mengen derselben enthalten, nehmen einen nicht unbedeutenden Bruchteil der von uns überhaupt gekannten Mineralien und Mineralgruppen ein. Die eigentlichen Mineralien des Thoriums und Zirkoniums finden wir in der Klasse der Sauerstoffverbindungen in den isomorphen Mineralien der Thorit- und Zirkongruppen, während die Cerit- und Yttererden ihre wichtigsten Mineralien in der Klasse der Phosphate im Monazit und Xenotim aufweisen. Das Vorkommen dieser Mineralien verteilt sich, wenn auch in bezug auf die Häufigkeit des Auftretens sehr verschieden, doch über die ganze Erde, und es dürfte kein von den Mineralogen erforschtes Land geben, in dem nicht schon für das Vorkommen der seltenen Erden charakteristische Mineralien gefunden wurden. Primär finden wir diese als mikroskopische Gemengteile aller Arten von Graniten in allen Ländern der Erde, sekundär als Verwitterungsprojekte in grofsen Sandablagerungen in bestimmt abgegrenzten Distrikten und hier in solcher Reichhaltigkeit, dafs an eine Erschöpfung dieser Lager nicht zu denken ist, auch wenn, was als sicher anzunehmen ist, die industrielle Verwendung dieser Stoffe eine noch gröfsere würde, als es jetzt schon der Fall ist. Von den Distrikten, in welchen diese Mineralien in gröfserer Menge vorkommen, haben wir in Europa nur den von Schweden und Norwegen sowie auf der Grenze den vom Ural (Ilmengebirge). Diese beiden Distrikte, welche in ihrer Reichhaltigkeit von den später entdeckten amerikanischen weit überflügelt worden sind, waren bis in die neueste Zeit hinein die hauptsächlichsten Quellen zur Gewinnung der seltenen Erden. In neuerer Zeit sind aber dann unter dem Einflusse der sich rapide entwickelnden Glühlicht-industrie enorm reichhaltige Lager vor allem in Nord- und Südamerika entdeckt worden. Hier werden sie gefunden als mächtige Ablagerungen im Schwemmsand der Flüsse und deren Unter-gründen sowie in Sandablagerungen längs der Seeküste.

Bei der folgenden Beschreibung der Mineralien, welche seltene Erden enthalten, ist der Hauptwert auf die Anführung der verschiedenen Fundorte gelegt. In der chronologischen Zusammenstellung der mit den einzelnen Mineralien ausgeführten Analysen sind die einzelnen Oxyde der Cerit- und der Yttererden-Gruppe stets in der Gesamtheit als Cerit- resp. Yttererden aufgeführt. Eine Zerlegung in die einzelnen Komponenten ist bei der Schwierigkeit der zur genauen Trennung nötigen Operationen sowie bei dem meist geringen Analysenmaterial in den wenigsten Fällen in der Weise erfolgt, dafs dadurch ein genaues Bild der Verteilung der ein-zelnen Elemente innerhalb ihrer Gruppe gegeben würde.

Die Einteilung und Reihenfolge der Mineralien ist genau an die allseits bekannte und bewährte tabellarische Übersicht der Mineralien von Groth angelehnt.

Die Beschreibung der Mineralien ist nach folgendem Plane ausgeführt:

Zunächst wird eine möglichst vollständige Zusammenstellung der Literatur des Minerals, chronologisch und alphabetisch geordnet, gegeben. Sodann folgen die Analysen in Tabellen, nach der Reihenfolge der Veröffentlichung zusammengestellt. Der chronologischen Zusammen-stellung ist in den Tabellen vor der geographischen der Vorzug gegeben, da die Zeit der Aus-führung der Analyse von entscheidender Bedeutung für die Beurteilung des Wertes derselben ist, indem erst mit Hilfe von in neuerer Zeit ausgearbeiteten Methoden exaktere Trennungen der seltenen Erden ausführbar geworden sind. Die meisten der wichtigeren Mineralien sind vom Verfasser unter Benutzung der neuesten Erfahrungen der analytischen Chemie untersucht worden und sind die Resultate hier kurz angeführt. Genauere Mitteilungen über den chemi-schen Gang dieser Analysen sollen demnächst an anderer Stelle veröffentlicht werden. Ein weiteres Eingehen hierauf würde nicht in den Rahmen dieser Schrift passen. Auf die Tabelle folgt die Beschreibung der Mineralien unter kurzer Aufführung ihrer charakteristischsten mineralogischen Eigenschaften sowie der chemischen Zusammensetzung. Die bisherigen Fund-orte werden dann kurz, aber möglichst vollständig geographisch geordnet aufgeführt. Um unnötige Wiederholungen zu ersparen, sind die Literaturstellen im Text so zitiert, dafs nur der Autor mit der Jahreszahl genannt ist, aus der Zusammenstellung läfst sich dann leicht der betreffende Nachweis ersehen.

Sauerstoffverbindungen.

Oxyde.

Ein Teil der seltenen Erden kommt im Mineralreiche als Sauerstoffverbindungen vor. Die wichtigsten Mineralien für Thorium und Zirkon finden sich in der Klasse der Oxyde.

Das Zirkoniumoxyd in fast reiner Form kommt sogar selbst als Mineral im Baddeleyit, wenn auch anscheinend in nur geringer Verbreitung vor.

Baddeleyit.

(Brazilit.)

Lit.
1892. Hussak N. J. M. 1892. II. 141—46. 1893. I. 89. —
Z. K. 24. 164—65. 1895.
1893. Fletscher, Min. Mag. and Journ. of the Min. Soc.
Nr. 46. March 1893. 10. 148—160 read Okt.
1892 — Z. K. 25. 297—98. 1896.

Lit.
1894. Hussak Tscherm. Mitt. 14. 395. — Z. K. 27. 324.
1897.
1895. Hussak. Min. Mag. Nr. 50. 11. 80—88. — Z. K. 28.
213. 1897.

Nr.	Spez Gew.	Mineral	Entdeckung		Vorkommen	Chemische Zusammensetzung					Jahr der Analyse	Autor der Analyse	Literatur
			Jahr	Name des Entdeckers		Cerit-erden	Ytter-erden	Thor-erde	Zirkon-erde	Übrige Be-standteile			
	5,006 —5,5	Baddeleyit (Brazilit)	1892	Fletscher u. Hussak	Jacupiranga Süd São Paulo				96,52	Si. Al. Fe. Ca. Mg. K. Na.	1892	Blomstrand	Bei Hussak Tscherm. Mitt. 14, 395—411. 1894. N. J. M. 1893 I. 90. Z. K. 24. 165. 1895.

Das Mineral besteht aus fast reiner Zirkonerde.

Es wurde fast gleichzeitig von Fletscher in einer Suite von Mineralien aus den Edelsteingruben von Rakwana in Ceylon und von Hussak im Jacupirangit (Magnetit Pyroxenit) von São Paulo in Brasilien gefunden und von jenem Baddeleyit (nach dem Reisenden Baddeley, welcher die Suite mitbrachte) von diesem Brazilit (nach Brazil = Brasilien) benannt. Letzteren Namen zog dann Hussak im Interesse vereinfachter Nomenklatur zugunsten des Baddeleyit zurück.

Das Vorkommen von Ceylon beschreibt Fletscher wie folgt: Unter den von Baddeley aus Ceylon gebrachten Geikielithen aus den Edelsteingruben von Rakwana fand sich ein Fragment von 3 g 10 mm lang, 12 mm breit, 8 mm dick. Eisenschwarz und undurchsichtig; Glanz halb metallisch bis harzartig; Härte zwischen 6—7; spröde; Bruch halbmuschelig bis uneben; Strich bräunlich weiß; Spez Gew. 6,025.

Die Reaktionen wiesen darauf hin, daß das Mineral, abgesehen von einer geringen Menge färbenden Eisens, nur aus Zirkonerde besteht. Letztere ist künstlich bisher in einer quadratischen und einer hexagonalen Modifikation erhalten worden (von Lévy und Bourgeois in beiden [Bull. soc. min Paris 1882. 5. 136. — Z. K. 9. 396.] von Nordenskiöld in der quadratischen [P. A. 114. 625. 1861.]).

Das brasilianische Vorkommen wurde von Hussak (1892) unter dem Namen Brazilit beschrieben. Er fand das Mineral im zersetzten Jacupirangit (Magnetit-Pyroxenit) sowie im frischen Gestein der am gleichnamigen Flusse gelegenen Magneteisenmine Jacupiranga südlich des Ribeiraflusses im Süden des Staates São Paulo, besonders an einer Kontaktstelle zwischen dem Nephelin-freien Jacupirangit und einem grobkristallinischen, weißen mineralreichen Marmor, selten auch in letzterem. Begleitet wird es von zahlreichen weißen bis hellgelben ca. 1—2 cm bisweilen auch viel größeren Apatiten mit abgerundeten Flächen. Das Vorkommen wurde von Blomstrand analysiert. (Vgl. Anl.)

Kristallsystem Monoklin. Die Farbe schwankt von schwefelgelb bis dunkelbraun und schwarz. Das Mineral ist teils durchsichtig, teils undurchsichtig. Glanz fettartig in Glasglanz übergehend, bei opaken Kristallen metallartiger Glasglanz; Härte = 6,5. Spez. Gew. 5,006. Hussak macht jedoch darauf aufmerksam, daſs dieses höher sein dürfte, da die Kristalle viele Einschlüsse von Apatit haben und zum Teil äuſserlich zersetzt waren, wodurch die schlechte Übereinstimmung im spez Gew. mit dem Baddeleyit ihre Erklärung finden dürfte. Später (1894) gibt Hussak ein spez. Gew. von 5,5 an. Fletcher (1893), der das Mineral von Ceylon auch untersuchte, stellte ebenfalls durch eine Reihe von Reaktionen fest, daſs das Mineral reine Zirkonerde sei. Er fand das spez. Gew. zu 6,025.

Zirkon.

Lit.

1789. Klaproth, Beob. u. Entdeck. aus der Naturkunde. 3. B. 2. St. Berlin 1789. — Beitrg. 1. 203—26. 1795.
1792. Gmelin, Crell. Ann. 1792. II. 99. — 108.
1793. Emmerling, Lehrbuch der Mineralogie I. T. Gieſsen 1793.
1794. Widemann, Handbuch der Mineralogie. Leipzig 1794
1795. Saussüre, Crell Ann. 1795 226.
Klaproth, Beitrg. 1. 19 37. 203—32.
1801. Schumacher, Versuch e. Verzeichn. d. in d. Dän. Nord. Staaten s. find. einf. Min. etc. Kopenhagen 1801. p. 105
1802. Klaproth, Beitrg. 8. 3. 266—71.
1803. Gruner, Gilb. A. 13. 492
1808. Klaproth, Wörterbuch 3. 93—94. 1808.
1810. Klaproth, Beitrg. 5. 126—30.
1816. Giesecke, Mineralog. Geology of Greenland 1816, abgedruckt in Gieseckes Moner Rejse i Greenland ved F. Johnstrup. Kopenhagen 1878. 336.
1821. Geslin, Gilb. A. 69. 30.
1824. Berzelius, K. Vet. Ak. Hdl. 1824. II. — P. A. 4. 131. 1825. — B. J. 5. 213. 1826.
1825. Breithaupt, P. A. 5. 377. (Ostranit.)
1828 Möller, Mag. f. Nat. 8. 269—70.
1829. Breithaupt, Schweig-Seidl. J. 55. 3. 301.
1830. Breithaupt, Schweig-Seidl. J. 416.
1832. Richter, P. A. 24. 386.
1833. Breithaupt, Schweig-Seidl. J. 441.
1837. Lévy, Descript d'une coll. d. min. form. p. Heuland etc. 1. 406.
1841. Regnault, Ann. chim. (3.) 1. 129. — L. A. 40. 167.
1844. Alger, Philipps Min. 5. ed. Boston 1844. 158.
1845. v. Kobell, Gelehrte Anzeig. d. Ak. Wiss. München 1845. 20, 827. — J. pr. 36. 300. 1845.
Scheerer, P. A. 65. 301.
Svanberg, P. A. 65. 317. — Öfv. K. Vet. Fhdl. 3. 34.
1846. Henneberg, J. pr. 38. 508.
1847. Gibbs, P. A. 71. 550.
1848. Scheerer, Nyt. Mag. f. Nat. 5. 314—15.
Weibye, Karsten u. v. Dechens Archiv. 22. 539 u. 544.
1849. Dufrenoy, C. r. 29. 193. — J. pr. 48. 221.
1851. Hunt, Phil. Mag. (4.) 1. 328.
Sainte Claire Deville u. Caron, C. r. 32. 625.
1853. Berlin, P. A. 88. 162.
Wetherill, Am. J. Sc. (2.) 15. 443.
1854. Daubrée. J. pr. 63. 3.
Kenngott, Übersicht d. min. Forsch. 103. — Sitzb. Wien. Akd. 16. 262.
1855. Genth, Am. J. Sc. (2). 19. 20.
1857. Chandler, P. A. 102. 445.

Lit.

1858. von Kokscharow, Mat. u. Min. Bull. 3. Sainte Claire Deville u. Caron, C. r. 46. 764. 1858. — J. pr. 74. 157. 1859.
1859. Dauber, P. A. 107. 275.
Hofmeister, J. pr. 76. 11.
vom Rath, P. A. 108. 353.
1861. Hessenberg, Abhdl. d. Senk. G. Frankfurt 4. 17. Sainte Claire Deville u. Caron, C. r. 52. 760. — J. pr. 86. 35. 1862.
1863. Church, Chem. N. 10. 234.
Damour, Phil. Mag. 28. 234.
1864. Scherer J. pr. 91. 434—38.
1869. Forbes, Chem. N. 30 VI. bei Cochran Chem. N. 25. 305. 1872.
1870. John bei Rammelsberg, Hdb. 171. 1875. — u. b. Brögger, Z. K. 16. 102. 1890.
Nylander, N. J. M. 1870. 488.
Reuter bei Rammelsberg Hdb., 171. 1875 — u. b. Brögger, Z. K. 16. 102. 1890.
Wackernagel bei Rammelsberg Hdb. 171. 1875 u. b Brögger Z. K. 16. 102. 1890.
1871. Rose, Ztschft. Dtsch. geol. Ges. 22. 756. — N. J. M. 1871. 77.
1872. Cochran, Chem. N. 25. 305.
1873. Rammelsberg, P. A. 150. 200—215.
1875. Endemann, J. pr. (2). 11. 222.
Rammelsberg Hdb. d. Minch. 171—72.
1876. Hornberger, L. A. 181. 232.
Mallard, Ann. des mines t. X. — Z K 1. 318. 1877.
Spezia, Bolletino del Comitato geologico 1876. — Ber. 10. 295. 1877.
Törnebohm, G. F. F. 3. 34.
Urielli, Atti R. Accad. Lincei (2). III.
1877. v. Jeremejeff, Verh. d. K. russ. Min. Ges. St. Petersburg 2. Ser. 12. 284. — Z. K. 1. 398.
König, Am. Ph. Soc. Philadph. 16. 518. — Z. K. 1. 380.
1878. Gieseke, Giesecke's Min. Reise in Grönld. Kopenhagen 1878.
Hawes, Mineralogy and Lithology of New. Hampshire Concord 1878. 75.
Lévy, Bull. Soc. min. Fr. 1878 I. 39—41. — Z. K. 3. 638. 1879.
Meyer, Ztschft. geolg. Ges. 30. 10. — Z. K. 6. 80. 1882.
1879. Fouqué u. Lévy, C. r. 89. 1125—1879. — Z. K. 4. 422. 1880.
Grattarola, Atti Soc. Tosc. di Scienze Nat. Pisa 4. fasc. 2. 1879. — Z. K. 4. 398. 1880.
Janovsky, Sitzb. Wiener Akd. Wiss. 80. (1). 34 bis 41. 1879. — Ber. 13. 139. 1880. — Z. K. 5. 400. 1881.

Lit.

1879. Luedecke, Ztschft. f. die gesamten Naturw. 1879. 52. — Z. K. 7. 90. 1883.

1881. Brögger, G. F. F. 5. 326—76. — N. J. M. 1883. I. — Z. K. 10. 494. 1885.

Carrington Bolton, Min. Mag a. Journ. of the Min. Soc. Gr. Brit. Irel. Nr. 19. 4. 181—88. — Z. K. 7. 102—3. 1883.

Des Cloizeaux, Bull. Soc. min. de France 4 51. — Z. K. 6. 299. 1882.

Corsi, Boll. Com. Geol. [2]. 2. 125. 1881. — Z. K. 6. 281—83. 1882.

Fletscher, Krist. Ges. London 30. V. 1881. — Z. K. 6. 80. 1882.

Hidden Am. J. Sc. (3). 21. 244 u. 507. — Z. K. 6. 110 u. 208. 1882.

vom Rath u. Zepharovich, Z. K. 5. 255.

Rosenbusch, Sulla presenza dello zircone nello roccie Atti della R. Accad. delle Sc. Torino XVI. 1881.

1882. Corsi, Rivista scientifico industriale e giornale del naturalista Firenze 1. 221. — Z. K. 7. 624—26. 1883.

Grofs u. Hillebrand, Am J. Sc. (3). 24. 281—86. — Z. K. 7. 431. 1883.

Helms, bei Liversidge The Minerals of New. South Wales sec. Ed. Sidney 1882. — Z. K. 13. 620 1888.

Koch, Jhrb. d. Kgl. preufs. Geolg. Landesanstalt 1882.

Renard, Bull. Acad. Roy. Belgique (3). III. Nr. 2 1882.

Rosenbusch, Z. K. 6. 283—84.

von Ungern Sternberg, Diss. Leipzig 1882

Woitschach, Verh. d. natf. Ges. zu Görlitz. 17. 141. — Z. K. 7. 87. 1883.

1883. B. u. H. Ztg. 169. — Z. K. 9. 575—76. 1884.

Hussack, St. b. d. K. Akd. Wiss. Wien. 87, 1. 333. — Z. K. 8. 541. 1884.

Madelung, Z. K. 7. 75.

Nordenskiöld, G. F. F. 121—24. — Z. K. 10. 504. 1885.

Thürach, Semestralbericht der chem. Ges. Würzburg. — Z. K. 11. 419—22. 1886.

Woitschach, Abhdl. der natf. Ges Görlitz. 17 141. — Z. K. 7. 82—88. 1883.

1884. von Chrustschoff, Bull. Soc. franç. min. 7. 222—30. — Tscherm. Mitt. 6 172. 1885. — Z. K. 11. 1886.

Corceix, Bull. soc. min. Fr. 7. 209. — C. r. 98. 1446. — Z. K. 11. 639. 1886.

Dölter u. Hussack, N J. M. 1884 I. 18—44. — Z. K. 11. 77. 1886.

Klein, Z. K. 9. 46.

Thürach, Über das Vork. mikrosk. Zirkone und Titanmin in den Gesteinen; Würzburg 1884. — Verh. d. phys. med. Ges. N. F. 18. Nr. 10. 203—284. — Z K. 11. 419—22. 1886.

1885. Hidden, Am. J. Sc. (3). 29. 249—51. — Z. K. 11. 295. 1886.

Hussak, Mitt. d. naturw. Ver. f. Steiermark. Jhrg. 1885. Graz. — Vgl. auch Z. K. 13. 54. 1888 u. Z. K. 10. 429. 1885.

Koch, Orv. term. tud. Értesitö 1885. 10. 185. — Z. K. 13. 66. 1888.

Linnemann, Sitzb. d. Akad. Wiss. Wien. 1885. 427. — Mthft. VI. 533—35.

Lit.

1885. Rosenbusch, Mikrsp. Physiogrph. Stuttgart. 1885. Bd. I. p. 310—14. Bd. II. p. 28. 79. 145. 364.

Sandberger, Ztschft. d. geolg. Ges. 35. 193—95 — Z. K. 10. 405.

1886. Blomstrand, Bih. K. Vet. Hdl. 12. II. Nr. 10.

von Chrustschoff, Tscherm. Mitt 7. 423. — Z. K. 13 619—21. 1888.

Hubbard, Sitzb. d. ndrh. Ges. f. Nat. Bonn 1886. 214—20. — Z. K. 13. 600. 1888.

Lacroix, C r. 102. 1329. — Z. K. 13. 425. 1888.

Michel, Bull. Soc. franç. min. 9. 215 — Z. K. 14. 278. 1888.

Rammelsberg, Minchem. Erglhft. I. 271.

1887. Artini, R. Accademia dei Lincei Memorie 1887. 4. — Z. K. 14. 509. 1888.

Dick, Nature 36. 91. — Z. K. 15. 525. 1889.

Frommknecht, Ztschft. f. Nat. 60. 154. — Z. K. 17. 111. 1890.

Gehmacher Z. K. 12. 50—54.

Genth, Am. Philos. Soc. 18 IV. — Z. K. 14. 295. 1888.

Klement, Tscherm. Mitt. 8. Jan. 1887.

Kunz, Mineral Resourees of the U. St. f. 1887. fr. T. Dag. Wash. 1887 u. 88. — Rep. of the Geol. Surv. of Canada Ottowa 1888. — Z. K. 17. 420. 1890.

Negri, Rivista di Mineralogia e Cristallografia Italiana 1887. 1. 17—20. — Atti R. Instituto Veneto [6.]. 5 651—58. — Z. K. 14. 515. 1888.

Osann, N. J. M. 1887. I. 115—16. — Z. K. 14. 497 1888. (Azorit.)

Panebianco, Atti del R. Instituto Veneto di scienzo lettere e arti 1887. 5. Ser. 6. — Z. K. 14. 513. 1888.

Roth, Sitzb. Pr. Akd. Wiss Mat. nat. 265—84.

Spezia, Atti della R. Accademia delle Scienze di Torino 1887. 22. — Z. K. 14. 503—4. 1888.

1888. Becquerel, Ann. chim. phys. (6). 14. 170. — Z. K. 18. 331. 1891.

Hautefeuille u. Perrey, C. r. 107. 1000—1001. — Z. K. 18. 328. 1891.

Hidden, Am. J. Sc. [3]. 36. 380—83. — Z. K. 17. 413. 1890.

Koch, Jhrb. d. Kgl. preufs. Geol. Landesanstalt 47.

v. Kokscharow jun., Mat z. Min. Russ St. Petersbourg 1888. 10. 321. — Z. K. 19. 615. 1891.

Lossen, Jhrb. d. preufs. geol. Landesanstalt 48.

Osann, N. J. M. 1888. I. 117—30. — Z. K. 17. 311. 1890 (Azorit.)

Pisani, Bull. Soc. franç. de Min. 11. 300—302. — C. r. 107. 298. — Z. K. 18. 523. 1891.

Porter, R. Soc. New South — Wales 1888. 78—89. — N. J. M 1890. II. 206—7.

Sauer, Ztschft. geol. Ges. 40. 138. — Z. K. 18. 428. 1891.

Stelzner, Jhrb. d. k. k. geol. Reichsanstalt Wien 37. 317.

1889. Derby, Am. J. Sc. (3). 37. 109—13. — Z. K. 19. 78. 1891.

Dick, Z. K. 15. 525.

Hidden u. Mackintosh, Z. K. 15. 295.

Lit.

1889. Knop, Ber d. 22. Vers. d. Oberrh. geol. Ver. 1889.
　　　　10. Nachtrag. Ber. d. 23. Vers. 1890. 20. —
　　　　Z. K. 20. 300. 1892.
　　　Lacroix, C. r. 109. 39. — Z. K. 19. 523. 1891.
　　　Peter August von Sachsen Koburg, Tscherm. Mitt.
　　　　10. 451—63. — Z. K. 20. 295. 1892.

1890. Brögger, Z. K. 16. 101—115.
　　　Budai, Orv. term. tud. Értesitö 1890. 15. 311—14
　　　　ung , 364—65 dtsch. — Z. K. 20 316. 1892.
　　　Genth, Am. J. Sc.(3). 40. 114—126.—Z. K. 20. 472. 1892
　　　Grattarola, Proc. Soc. Toscana Sci. Nat. 1890. —
　　　　Z. K. 23. 170. 1894.
　　　Gürich, N. J. M 1890 I. 103. — 7. Z. K. 21 150. 1893.
　　　Hussak, Boletim da Commisso Geogr. e. Geolog.
　　　　de stado de S. Paulo 1890. No. 7. 244. — Z. K.
　　　　21. 407. 1893.
　　　Lacroix, Bull. Soc. franç. Min. 13. 100—106. —
　　　　Z. K. 21. 268. 1893.
　　　N. J. M. 1890 II. 97—99.

1891 Brögger u. Bäckström, Z. K. 17. 268.
　　　Derby, Am. J. Sc. (3). 41. 308—11.
　　　Hidden, Am. Chem. J. [3] 14. 140—41.
　　　Jannettaz, Bull. Soc. franç. Miner. 14. 67.
　　　Koch, Jhrb. d. Kgl. preufs. Geol. Landesanstalt p. 28.
　　　Lacroix, Bull. Soc. franç. Min. 14. 314—26. — C.
　　　　r 113. 751. — Z. K. 22 585—86. 1894.
　　　Lossen, Jhrb. d. Kgl. preufs. Geol. Landesanstalt p. 28
　　　Loczka, Budapest II 493. — C. C. 1892. II 493.
　　　Schmidt, Természetrajzi Fürzetek 13. 86—92. —
　　　　Z. K. 19. 56.

1892. v. Chrustschoff, Bull de l'acad. impér. sc. St. Péters-
　　　　bourg. 1892 (2). 35. 443—47. — N. J. M. 1892.
　　　　II. 232—36. — Z. K. 24. 167. 1895.
　　　Genth, Am. J. Sc. (3). 44. 381—89
　　　Hussak, Tscherm. Mitt. 12. 456—75.
　　　Jannettaz, C. r. 144. 1352. — Bull. soc. franç. Min.
　　　　15. 133. — Z. K. 24. 523—24. 1895.
　　　Jolly, Min. Mag. a. Journ. Min. Soc. 45. 10. 1—7.
　　　　Z. K. 24. 202. 1895.
　　　Venable, Journ of. Analytikal and Aplied Chemistry.
　　　　(Amerika.) 5. 551.

1893. Connard, C. r. 116. 896—98.
　　　v. Fedorow, Z. K. 21. 657—59.
　　　Kemp, Transact. N. Y. Acad. Sc. 13. 76 — The
　　　　Ore Deposits at Franklin Furnace and Ogdens-
　　　　burg. — Z. K. 25. 286. 1896.
　　　Mac Mahon, Min. Mag. and Journ. of the Min.
　　　　Soc. 46. 1893. 10. 79—122. — Z. K. 25. 294. 1896.
　　　Saborsky, Z. K. 21. 259. — N. J. M Beil. Bd 7. 361.

1894. Adams, Am. J Sc. [3]. 48. 10—16.
　　　Artini, Giornale di Min. Crist e. Petr d. Sansoni
　　　　2. 177 — Z. K. 13. 180. 1894.
　　　Brögger, Viddenskabsselskabets Skrifter I. Math.
　　　　nat. Kl. 1894. No. 4.
　　　Flink, Z. K. 23. 366
　　　v. Jeremjeff, Verh. d. K. russ. min. Ges. 31.
　　　　362—63. — Z. K. 26. 333. 1896.
　　　Pratt, Am. J. Sc. [3]. 48. 212—15. — Z. K. 26. 524. 1896.
　　　Rutley, Min. Mag. and Journ of the Min. Soc. 48.
　　　　10. 278—79. — Z. K. 27. 107. 1897.

1895. Card, Record Geol. Surv. New. Sud. Wales 4. 130.
　　　　— Z. K. 30 91. 1899.
　　　Grofser, Sitzb. ndrh. Ges. f. Nat. Bonn. 1895.
　　　　100—104. — Z. K. 29. 405. 1898.
　　　Holmquist u. Högbom, G. F F. 17. 100. — Z. K.
　　　　28 506. 1897.
　　　Hussak, Min. Mag. No. 50. 11. 80—88. — Z. K.
　　　　28. 213. 1897.
　　　v. Jeremejeff, Verhdl. d. K. russ. min. Ges 1895
　　　　Ser. III. 33. 429—42. — Z. K. 28. 519—21 u.
　　　　523. 1897.
　　　Laspeyres u. Kayser, Z. K. 24. 484—93.
　　　Rammelsberg, Hdb. Erghft. II. 447.
　　　Retgers, Ztschrft. f. phys. Chem. 16. 577. — Z. K.
　　　　29. 176. 1898.
　　　Vogt, Ztschrft. f. pr. Geol. 1895. 367. 444. 465
　　　　Z. K 29. 404. 1898.

1896. Brown u. Judd Philos. Fran. 187. 151—228. —
　　　　Z. K 30. 86. 1899.
　　　v. Ieremejeff, Verh. d. K. russ. min. Ges. Ser. II.
　　　　1896. 34. 1. Lief. 63—68. — Z. K. 30. 388. 1899.
　　　Lüdecke, Min. des Harzes, Berlin b. Bornträger
　　　　1896. p. 470.
　　　Petterd, A. Catalogue of the Minerals of Tasmania
　　　　Launceston 1896. — Z. K. 31. 199. 1899.
　　　Schwandtke, Die Drusenmineralien des Striegauer
　　　　Granits. Leipzig 1896 — Z. K 30. 666. 1899.
　　　Traube, N. J. M. Beilagebd. 10. 470—76. — Z. K.
　　　　30. 401. 1899.
　　　Vaccari, Rivista di Min. e. Crist. ital. di Bane-
　　　　bianco 1896. 16. 93. — Z. K. 30. 198. 1899.

1897. Brögger, Videnskabsselskabets Skrifter I. Math.
　　　　nat. Kl. Nr. 7. — Z K. 31. 315. 1899.
　　　Derby, Min. Mag. and Journ. of the Min. Soc. 53.
　　　　11. 304—10. 1897, — Z. K. 31. 195—97. 1899.
　　　v. Jeremejeff, Bull de l'Acad. Imp. Sc. St. Péters-
　　　　bourg. 7. Nr. 289—95. — Z. K. 31. 513. 1899.
　　　Kemp, Trans Am. Inst. Min. Eng. 1897. 27. 146.
　　　　— Z. K. 31. 300. 1899.
　　　Laspeyres, Z. K. 27. 597—99.
　　　Lindgren, Am. J. Sc. [4]. 4. 63. u. Annual Report. U.
　　　　S. Geol. Surez. Part. III. 673. — Z. K. 31.
　　　　295. 1899.
　　　Reijerink, N. J. M. 1897. I. 403—474. — Z. K. 31.
　　　　627. 1899.
　　　Stelzner u. Sickel, Ztschft. f. pr. Geol. 1897.
　　　　41—53 — Z. K. 32. 185. 1900.

1898. B. u. H. Ztg. 1898 57 u. 1899. 58. — Z. K. 35.
　　　　288. 1902.
　　　Flink, Medd. om. Grönl. 14. — Z. K. 32. 616. 1900.
　　　Gemböck, Z. K 29. 329.
　　　Grammont, Bull. Soc. franç. min. 21. 95—131. —
　　　　Z. K. 32 637. 1900.
　　　Hidden, Am. J. Sc. [4]. 6. 316 u. 381—83. —
　　　　Z. K. 32. 598. 1900.
　　　Hidden u. Pratt, Am. J. Sc. [4]. 6. 323—26. — Z. K.
　　　　32. 606. 1900
　　　Naumann—Zirkel, Elem. Min. — 13. Aufl. 480.
　　　Pratt, Am. J. Sc. [4]. 5. 126—28.
　　　Turner, Am. J. Sc. [4]. 5. 421—28.

Lit.
1899 Flink, Boeggild u. Winter, Medd. om. Grönl. 24.
    1—213. — Z. K. 34. 639—91. 1901.
    Hussak, Tscherm Mitt. 18. 334—41 u. 342—59.

Lit.
1899. Mrazek, Bull Soc. sc. Bukarest 1899. 8. 106. — Z. K.
    34. 710. 1901.
    Spezia, Accademia Reale delle Scienze di Torino
    34. 1899. — N. J. M. 1900 I. 344.

Nr.	Spez. Gew.	Mineral	Entdeckung		Vorkommen	Chemische Zusammensetzung					Jahr der Ana- lyse	Autor der Analyse	Literatur
			Jahr	Name des Entdeckers		Cert- erden	Ytter- erden	Thor- erde	Zirkon- erde	Übrige Be- standteile			
1.	4,53 -4,615	Zirkon		Romé de l'Isle u. Werner	Ceylon				68,0	Si. Fe. Cu.	1789	Klaproth	Beob. u. Entdeck. aus der Naturkunde 3. B. 2 St. Berlin 1789. Beitrg. 1. 203—26. 1795.
2.	4,545 -4,62	Zirkon (Hya- cinth)			„				70,0	„	1795	„	Beitrg. 1. 227—32.
3.	4,485	Zirkon			Fredriksvärn				65,0	„	1802	„	Beitrg. 3. 266—71.
4.	—	Zirkon (Hya- cinth)			Ceylon				64,5	„	vor 1806	Vauquelin	Journ. des Mines Nr. 26. 106.
5.	4,48 -4,5	Zirkon			Circars Ostindien				64,5	„	1810	Klaproth	Beitrg. 5. 126—30.
6.	—	„			Expailly bei Le Puy en Velay				67,16	„	1824	Berzelius	K. Vet. Akd. Hdl. 1824. II. P A. 4. 131. 1825. B. J. 5. 213. 1826.
7.	4,615	„			Fredriksvärn				64,81	„	1846	Henne- berg	J. pr. 38. 508.
8.	4,7	„			Lichtfield Maine				63,33	„	1847	Gibbs	P A. 71. 550.
9.	4,602 -4,625	„			Grenville Canada				67,3	„	1851	Hunt	Phil. Mag. (4). 1. 328.
10.	4,595	„			Reading Pennsylvania				63,5	„	1853	Wetherill	Am. J. Sc. (2). 15. 443.
11	3,1	Zirkon (Erd- mannit)			Fredriksvärn				65,97	„	1853	Berlin	P A. 88. 162.
12.	—	Zirkon			Buncombe Co.				65,3	„	1859	Hof- meister	J. pr. 76. 11.
13.	—	„			Ceylon				66,42	„	1869	Forbes	Chem. N. 1869 b. Coch- ran Chem. N. 25. 305. 1872.
14.	—	„			Expailly bei Le Puy en Velay				66,03	„	1870	Nylander	N. J. M. 1870 488.
15.	—	„			Fredriksvärn				64,0	„	1870	John	Ramb. Hdb. 171. 1875. b. Brögger Z. K. 16. 102. 1890.
16.	4,2	„			„				66,76	„	1870	Wacker- nagel	„
17	—	„			Miask				65,32	„	1870	Reuter	Ramb. Hdb. 171. 1875.
18.	—	„			Ceylon				64,8	„	1872	Cochran	Chem. N. 25. 305.
19.	—	„			„				64,52	„	1872	„	„
20.	—	„			„				66,71	„	1872	„	„
21	—	„			„				64,25	„	1872	„	„
22.	—	„			„				66,31	„	1872	„	„
23.	—	„			Norwegen				64,05	„	1872	„	„
24.	—	„			„				64,4	„	1872	„	„
25.	4,538	„			El Paso Colorado				60,98	„	1877	König	Am. Ph. Soc. Philad. 16. 5. 18. — Z. K. 1. 432.
26.	4,627	„			Isergebirge				65,01	„	1879	Janovsky	Sitzb. Wiener Akad. Wiss. 30. VI. 1879. Ber. 13. 139. 1880.
27.	4,635	„			„				65,77	„	1879	„	„

Nr.	Spez. Gew.	Mineral	Entdeckung		Vorkommen	Chemische Zusammensetzung					Jahr der Analyse	Autor der Analyse	Literatur
			Jahr	Name des Entdeckers		Certerden	Yttererden	Thorerde	Zirkonerde	Übrige Bestandteile			
28.	—	Zirkon (Beccarit)			Hügelzug Saffragan Ceylon				62,16	Si. Fè. Ca.	1879	Grattarola	Atti. Soc. Tosc. di Sci. Nat. Pisa 4 fasc. 2. 1879. Z. K. 4. 398. 1880.
29.	4,593 –4,655	Zirkon			Figline bei Prato Toskana				67,46	„	1881	Corsi	Boll. Com. Geol. [2], 2. 125. 1881. Z. K. 6. 282. 1882.
30.	4,593 –4,655	Zirkon			Figline bei Prato Toskana				66,82	„	1881	Corsi	Boll. Com. Geol. [2] 2. 125. 1881. Z. K. 6. 282. 18811882.
31.	3,985	„			Schwalbenberg bei Königshain i.d. Oberlausitz	Spur	3,47	2,06	55,28	„	1882	Woitschach	Verh. d. naturf Ges. Görlitz. 17. 141. Z. K. 7. 87. 1883.
32.	4,675	„			Grafschaft Cadell N.-Süd-Wales Australien				66.62	„	1882	Helms	bei Liversidge The Minerals of New. South Wales sec. Ed. Sidney 1882. Z. K. 8. 94. 1884.
33.	4,3883	„			Laacher See				65,06	„	1886	v. Chrustschoff	Tscherm. Mitt. 1886. 7. 423. Z. K. 13. 620. 1888.
34.	—	„			Beucha bei Brandis Kgr. Sachsen				63,89	„	1886	„	„
35.		„			Murk				65,13	„	1886	„	„
36.	4,4451	„			Altenbach				65,34	„	1886	„	„
37.	—	Zirkon (Azorit)			Saõ Miquel Azoren				66,3	„	1888	Osann	N. J. M. 1888. L 117. Z. K. 18 311. 1890.
38.	4,507	Zirkon			Mary Hill Madison Co. Nd.-Carolina				63,42	„	1890	Genth	Am J. Sc. (3) 40 126. Z. K. 20 472. 1892.
39.	4,6936	„			Australien				67,31	„	1891	Loczka	bei Schmidt Z. K. 19. 57.
40.	—	„			Alnö				64,94	„	1895	Holmquist	G. F. F. 17. 100. Z. K. 28. 506. 1897.

Der Zirkon gehört dem quadrat. Kristallsystem an und ist isomorph mit Rutil, Cassiterit, Thorit und Polianit. Er zeigt meist säulenförmige od. pyramidale Kristalle Bruch muschelig bis uneben, H. 7—8. spez. Gew. 4,5 bis 4,7 auch niedriger und höher, Glühen pflegt dasselbe etwas zu erhöhen. So fand Des Cloizeaux (1881) für Zirkon von Nordcarolina vor dem Glühen 4,42 nach 4,52 vom Isergebirge vor — 4,52 nach 4,72. Es gibt farblose, auch weiße und wasserhelle Zirkone, jedoch ist das Min. meist gefärbt und zeigt mancherlei graue, gelbe, grüne, besonders aber rote und braune Farbentöne; die durchsichtigen orangegelben und roten Varietäten werden meist Hyazinthen benannt, und sind die mit diesem Namen bezeichneten Mineralien als vollkommen identisch mit Zirkon zu betrachten. v. Kraatz, Koschlau und Wöhler führen die verschiedene Färbung des Zirkons auf organische Beimengungen zurück, während Spezia (1899) feststellt, daß die Farbe außerdem auf anorganische Substanz (Eisenverbd.) zurückzuführen sei. Es gelang ihm nach Belieben Kristalle dunkler zu färben oder fast gänzlich zu entfärben, je nachdem er sie in der Oxydations- oder Reduktionsflamme erhitzte. Eine Beobachtung, die schon im Jahre 1801 von Schuhmacher gemacht worden war.

Die Chemische Zusammensetzung ist $ZrSiO_4$ oder ZrO_2SiO_2 entsprechend 67,12% ZrO_2 und 32,88% SiO_2. Die Analysen ergeben diese Zahlen ziemlich konstant. Von Säuren wird der Zirkon nicht in merklicher Weise angegriffen. Künstlich dargestellt von v. Chrustschroff (1893).

Historisches. Romé de l'Isle hat anscheinend zuerst das Mineral als eine besondere Art unter dem Namen Jargon de Ceylon eingeführt. Das spezifische Gewicht wurde zuerst von Brisson zu 4,416 angegeben. Die Mineralogen führten den Jargon damals bald unter dem Saphir, bald unter dem Topas oder Rubin, bald unter Diamant oder Hyazinth auf. Werner wies ihm unter dem Namen Zirkon (Silex Circonius) eine eigene Stelle in seinem Mineralsysteme an. Klaproth hat dann 1789 in dem Minerale von Ceylon eine neue Erde Terra circonia, die Zirkonerde, entdeckt. Bald darauf (1795) fand Klaproth, daß die Zirkonerde auch ein Hauptbestandteil des Hyazinthes von Ceylon ausmachte, und schon er hebt die große Ähnlichkeit dieses Minerals, dessen spez. Gew. er zu 4,545—4,602 angibt mit dem Zirkon hervor. Bald darauf wurde der Zirkon bei Fredriksvärn in Norwegen gefunden.

Dieses Vorkommen wurde zuerst von Schumacher (1801) in einem 1798 in Kopenhagen in der Gesellschaft für Naturgeschichte gehaltenen Vortrage ausführlich beschrieben, welcher dem Minerale wegen der Gleichheit mit dem Zirkon den vorläufigen Namen Zirkonit gab. In dem norwegischen Zirkone glaubte Svanberg 1845 ein neues Element, das Norium, entdeckt zu haben, wie später Sorby (1869) in dem Jargon (Zirkon) von Ceylon ein Element Jargonium zu finden meinte, nachdem schon 1825 Breithaupt in der Ostranit benannten Zirkon-Malakonvarietät ein neues Element Ostranium gefunden zu haben glaubte.

Vorkommen. Der Zirkon ist ungemein verbreitet und zwar makroskopisch als eingewachsene Kristalle in Elaeolithsyeniten, in Graniten und Syeniten, im körnigen Kalk, im Amphibolit Basalten etc. Aufgewachsen auf Klüften etc. Lose in edelsteinführenden Sanden, besonders der Gold- und Diamantvorkommen.

Mikroskopisch ist der Zirkon ungemein verbreitet. Er tritt in Gesteinen als primärer Gemengteil meist als wohlgebildete oder etwas abgerundete Kriställchen, niemals derbe auf; selbst in Gesteinsschutt und in regeneriertem Gestein pflegt er nur wenig abgerollt zu sein. So findet er sich akzessorisch beigemengt in sehr vielen Felsarten, so in massigen wie Graniten, Syeniten, Porphyren, Trachyten wie in kristallinischen Schiefern. Ferner in Sandsteinen, Grauwacken, Sanden und anderen Gesteinen.

Deutschland. Siebengebirge. Im Trachyt des Drachenfels 0,12 mm lange Kristalle: von Chrustschoff 1886. — Im Konglomerat der Hölle einer Schlucht, die sich etwas oberhalb vom Ausgange des Nachtigallentales bogenförmig in der Richtung zum Wintermühlenhof hinaufzieht, fand Grosser (1895) Zirkon im Sanidinit.

Laacher See. In den Drusen trachytischer Auswürflinge, welche wesentlich aus Sanidin mit graulichweissem Nosean oder mit schwarzem Glimmer, Hornblende, Augit und Magneteisen bestehen, rosenrote, am Licht bleichende langprismatische flache Kristalle spez. Gew. 4,3883: v. Chrustschoff 1886, Hussak 1883 — Weifse, hellgelbgrüne oder wasserklare, ganz kleine Zirkonkristalle von pyramidalem Typus H 6,5—7 fand Hubbard (1886) in den Auswürflingen des Laacher Sees. Er vergleicht die Kristalle mit denen des Azorit von San Miguel (Azoren) und glaubt lezteren mit Zirkon identifizieren zu können.

Taunus. Im Serizitschiefer und im Basalt bei Wiesbaden und Naurod. Im Taunusquarzit und Tonschiefer von Bingerbrück und von Rheinstein. Im Diabasschutte von Kirchhofen bei Weilburg und im Basaltschutt von Hasselbach bei Weilburg — Thürach 1884.

Kreuznach. Im Porphyr: Frommknecht 1887. — Im Porphyrit von Waldböckelheim b. Krzn.: Thürach 1884. —

Oberpfalz. Im Quarzporphyr von Zenau bei Kemnath: Thürach 1884. — Im Granit von Nabburg: Sandberger 1885.

Vogesen. Im Granit von St. Nabor 0,08 mm lange Kristalle: v. Chrustschoff 1886. — Im Muskovitgranit von Zabern mit Turmalin und Anatas, im Granitgneis von Altweiler sowie im Muskovitbiotitgranit von Altweiler und von Bressoir — Derby 1897.

Schwarzwald. Im Granit der Herrenalb, scharf ausgebildete Kristalle, Gröfse 0,12 mm; im Granit von Gernsbach 0,09 mm lang. v. Chrustschoff 1886. — Im Granit von Schapbach, in den Gneisen von Wolfach und auch in den Buntsandsteinen des Schwarzwaldes wasserhelle Kristalle Sandberger 1885. — In den Feldspatreichen Gneisen des Gallenbachtales 0,4 mm grofse Krystalle; im Steinporphyr von Baden-Baden und im Titanit von Welschingen bei Engen Thürach 1884. — Im Porphyr von Pfalzenberg bei Baden: Frommknecht 1887.

Heidelberg. Im Muskovitgranit und porphyrischen Granit in ersterem mit Monazit: Derby 1897. — Sandberger 1885.

Bergstrafse. Im Granit von Windeck bei Weinheim, im Plattenporphyr des Wagenberges bei Weinheim neben Rutil wasserhelle Zirkone: Thürach 1884. Sandberger 1885. — Im Glimmerdiorit von Auerbach und Knoden (Odenwald): Thürach 1884.

Bayern. Im Granit von Wörth bei Regensburg in den fränkischen Lettenkohlen und Schilfsandstein, vor allem im oberen Keuper- (sog. Stuben) Sandstein, ebenso in den Sanden des Maintales, gleichviel ob sie alt oder mittelpleistozän oder alluvial, sind Zirkone überall weit verbreitet als mikroskopisch kleine Kristalle: Sandberger 1885. — Aufserdem im Hauptgranitzuge des Fichtelgebirges so am Katharinenberg bei Wunsiedel, im Muskovitbiotitgranit ebenso von Reuth bei Gefrees mit Monazit und Xenotim und in den Gneisschichten und Glimmerdiorit des Spessarts sowie im Quarzporphyrschutt von der Harthoppe bei Seilauf (Spessart): Thürach 1884. Derby 1897. — Im Pegmatit von Oberhessenbach und von Glattbach (Spessart) mit Xenotim und auch Monazit, im Granitgneise vom Grauberg (Spessart) sowie von Ruhwald bei Geilbach: Derby 1897. — Im Muskovitgranit von Selb mit Xenotim und Monazit: Derby 1897.

Harz. In Eruptivgesteinen: im Gabbro vom Radautal bei Harzburg 5 mm lang, weifs bis rötlichweifs, am häufigsten in grossen Ausscheidungen von Labrador, doch auch von Hypersten, im Gabbro des Forstortes Koleborn, im Ocker und Ramberggranit, im Granit am Ilsestein, im Kersantit vom Michaelstein im Hypersten-Quarz-Porphyrit von Elbingerrode, im Porphyrit von Ilfeld, in einem Gneis-Geschiebe aus dem Schneeloch am Brocken, im Granitporphyr am Bocksberg bei Friedrichsbrunn, im Granitit des Breitenberges, im Biotit-Augit-Gabbro des Trittwegs und Silberhorns bei Harzburg, im Quarz-Keratophyr von Blankenburg, im Auerberg-Porphyr und in einem Feldspat-Gestein, welches die Vesuviangesteine am Bocksberge durchquert. In Sedimentgesteinen: In der Kulm-Grauwacke des Ziegelkrugs bei Klaustal begleitet von Anatas, Rutil, Turmalin und Kaliglimmer. In

der Tanner Grauwacke von Harzgerode, in den Karpholithzone der devonischen Schiefer von Mansfeld, in ober-
devonischen Schiefern und unterdevonischen Phylliten von Wippra, in der mittleren Hornfeldzone am Ramberg,
in Tonschiefern in Niveau des Hauptquarzitz. — Luedecke 1896.

In der **Rhön** aus dem Phonolithtutt von Schackau und von Käuling im Basaltschutt vom Dammersfeld
und vom Kreuzberg: Derby 1897.

Thüringen. Im Granitporphyr von Liebenstein. Im Porphyr bei Ober-Schönau, so in dem des Kanzler-
grundes sowie am Sumpfberg und am Hellenbach. Im Porphyr am gebrannten Stein bei Mehlis und am Lieben-
bachtal bei Zelle. Im Mühlsteinporphyr am Schmückegraben, im Wilden Gerntal unterhalb Gehberg und am
Veserer Berg: Frommknecht 1887. — Im Steinporphyr von Asbach bei Schmalkalden und im Glimmerdiorit von
Brotteroda: Thürach 1884. — Im Granitgneise von Streitkopf und von Ruhla sowie vom Trusetal; im Pegmatit
von Stützenbach: Derby 1897. — An der Heldburg spez Gew. 2,494. Luedecke 1879.

Schlesien. Aus dem Pegmatit des Schwalbenberges bei König shain in der Oberlausitz analysierte
Woitschach (1882) ein Zirkonartiges Mineral vom spez. Gew. 3,985 in dünnen Splittern grünlichgelb durchscheinend,
an der Oberfläche von einer schokoladenbraunen Zersetzungsrinde umgeben, ein Teil der Zirkonerde scheint durch
Zerit, Ittererden und Thorium vertreten zu sein (An. 27). Das Mineral fand sich hier mit Aeschynit, Malakon,
Fergusonit und Orangit und Woitschach macht auf die Ähnlichkeit dieser Lagerstätte mit denen von Miask und
Hitteroe aufmerksam. — Im Muskovitgranit von Königshain: Derby 1897. — S t r i e g a u Reg.-Bez. Breslau Im Granit
vom Fuchsberge neben Magnetit, Rutil und Anatas v. Chrustschoff 1886. — Thürach 1886. — Im Granit von Striegau
als Einschluß von Traube häufig in der Nähe der Drusen beobachtet: Schwandtke 1896. — Im Pegmatit von Striegau
besonders am Fuchsberge neben Xenotim und Orthit — Derby 1897.

Sachsen. In den Porphyren von Hänichen bei Dresden, von Zwickau und Wildsdruff: Frommknecht 1887. —
Im Zirkon-Granitporphyr und in der Grauwacke von Beucha b. Brandis analysiert von v. Chrustschoff 1882 (An. 34)
durchschnittlich 0,19 mm lang. — Im Granulit bei Kaufungen und Wühlau bei Penig und von Leinbach bei Chemnitz,
im Syenit von Erbstollen bei Dresden: Thürach 1884. — Von der Himmelfahrt Fundgrube im Freiberger Gneisgebiet
(B. u. H. Ztg. 1883). Im Muskovitbiotitgranit von Eibenstock und Johanngeorgenstadt mit Rutil, Monazit und
Xenotim: Derby 1897.

Österreich. Böhmen. Vom Isergebirge auf der Schlesisch-Böhmischen Grenze analysierte Janowsky 1879
Zirkon von spez. Gew. 4,6. (An. 22 u. 23.) Vgl. a. Zirkon vom Isergebirge des Cloizeaux (1881).

Im Kaolin von Karlsbad neben Monazit und Anatas. Im Pegmatit von Ronsper (Böhmen) mit Granat,
Turmalin und Monazit. Im Muskovitgranit von Asch (Böhmen) mit Anatas. Im Muskovitbiotitgranit von Frauental
selten, neben Turmalin, Andalusit und Anatas. Im Granitgneis von Albersweiler: Derby 1897.

Mähren: Aus dem Gneisgeschiebe der Murk analysierte v Chrustschoff (1886) 0,07 mm lange gerundete
Kriställchen, reich an Einschlüssen wässriger Flüssigkeit (An. 35) Am Berge Zjdar bei Zöptau sehr kleine grünlich
oder bräunlichschwarze Kristalle: vom Rath und Zepharovich 1881.

Siebenbürgen. Im siebenbürgischen Gebirge in einem Graben zwischen Hondol und Magura im Sande Zirkon
in winzigen, weingelben Kristalle: Budai 1890. — Vorkommen in Siebenbürgen siehe auch Koch in Klausenburg (1885).

Ungarn. Im Pegmatit von Offenbanya sehr selten, mit Turmalin, Granat und Eisenmineralien. Im
Granitgneis von Repistye: Derby 1897.

Tirol. Schon 1845 beschreibt von Kobell Zirkon von den Roten Wänden des Pfitschgrundes über dessen
Kristallform: Daber (1859), vom Rath (1859), Hessenberg (1861), Mallard (1877), Madelung (1883) und Klein (1884) berichten.
Der Zirkon kommt hier sowohl in der braunen als auch in der farblosen Varietät vor, er wird meist von Diopsid,
Chlorit, Epidot, Titanit und Granat begleitet und sitzt auf einem dichten Gemenge dieser Mineralien auf. Vgl. a.
Gehmacher (1887). — Im Selrainer Tal finden sich kurzsäulige Zirkonkriställchen im Chlorit, Biotit, Muskovit und im
Feldspat: Gemböck 1898. — Im Quarzporphyllit von Wiltau: Thürach 1884.

Kärnthen. Auf der Villacher Alpe 600 m über dem Bleiberger Tale — Stelzner 1888.

Steiermark. Im feldspatführenden körnigen Kalk von Stainz — Hussak in Graz 1885.

Schweiz. Bei Davos im Pegmatit jedoch selten. Im Biotitgranit vom Breitenstock mit Turmalin — Derby 1897.
Im Gotthardtunnel Zirkonzwillinge zuerst von Meyer 1878 beobachtet; siehe auch Fletscher 1881. Im Binnental
Wallis. — Pisani 1888.

Norwegen. Auf den südnorwegischen Gängen ist der Zirkon nach Brögger (1890) eines der häufigsten acces-
sorischen Gangmineralien, namentlich mit Pyrochlor auf den Gängen der Fredriksvärngruppe und den damit verwandten
Gängen. Auf den Inseln des Langesundfjords kommt er oft in bedeutender Masse vor, während er auf den übrigen
Gängen des Langesundfjords nur untergeordnet auftritt. Den Zirkon von Fredriksvärn hat schon 1801 Schuhmacher genauer beschrieben. Klaproth lieferte 1802 die erste Analyse (An. 3) dieses Vorkommens. Er hatte das Mineral
von Abildgaard in Kopenhagen als Vesuvian erhalten, erkannte es aber als Zirkon Dieser Zirkon von durchscheinend hellbrauner Farbe spez. Gew. 4,485 stammte aus einem Gestein von rötlichem Feldspat mit schwarzer
basaltischer Hornblende. In den Graniten resp. Syeniten der Gegend von Christiania ist der Zirkon nach Brögger
(1890 u. 1894) ebenfalls recht häufig als rein mikroskopischer Bestandteil, dagegen seltener in winzigen Körnchen
und Kristallen. Im Hornblendegranit bei Sognsvand nördlich von Christiania fand Brögger 5 mm große, tiefbraune,
matte Zirkonkristalle. Weitere Nachrichten über norwegisches Zirkonvorkommen geben Nordenskiöld (1883) über Zirkon

mit Fergusonit, Clereit und Yttrogummit von Garta bei Arendal — Solly 1892 von Nörestad bei Risör — Brögger 1897 von Rade bei Moos — Roth 1887 von Roslagen — Derby 1997 im Pegmatit von Hitteroe. — Nach Vogt 1995 findet sich in den norwegischen Apatitgängen selten Zirkon. Analysiert wurde das Vorkommen von Fredriksvärn von Klaproth (An. 1 und 3), Henneberg (An. 7), Berlin (An. 11 Erdmannit), John (An. 15) und Wackernagel (An. 16).

Schweden. Auf der Halbinsel Alnö im Süden von West Norland, analysiert von Holmquist 1895. (An. 40.) — Skepsholmen bei Stockholm mit Orthit — Berzelius 1824.

Finnland. Im Biotitgranit von Wiborg — Derby 1897.

Rufsland. Im Ural besonders im Ilmengebirge mit dem Bezirk von Miask ist der Zirkon ziemlich häufig. Breithaupt (1829) fand ihn wohl als erster in den Gruben von Miask mit Monazit. Dufrenoy (1849) fand, dafs der Goldsand vom Ural ca. 3% Zirkonkristalle enthielt. Die erste Analyse eines Zirkons von Miask führte wohl um 1870 Reuter aus. (An. 17.) Mit der Kristallform beschäftigten sich v. Fedorow (1893), v. Jeremejeff (1895) (s. a. Madelung 1883 und Grammont 1898). In den Smaragdgruben am Ufer des Tokowájaflusses im Ural fand von Jeremejeff (1877) Zirkon in einem grobkörnigen Feldspat eingewachsen, von dunklem Glimmer begleitet. Aus den Goldseifen des Kyschtimschen Bergreviers Ural beschreibt v. Jeremejeff (1895 und 1896). Zwillingskristalle von Zirkon, von denen einer hellgelblichbraun, der zweite rötlichbraun, der dritte schwarzbraun gefärbt, fett (diamantähnlich) glänzend, Durchmesser der Kristalle 1—1,3 cm spez. Gew. 4,5387. Von demselben Vorkommen, beschreibt er lose Zirkonkristalle, welche mit den Kristall verschiedenfarbiger feldspatartiger Mineralien verwachsen sind und wahrscheinlich bei der Zertrümmerung der granitischen Gebirgsarten durch Wasserfluten in die Goldseifen gelangten. Die Kristalle zeigen weifslich bis graue, weifs bis graulichschwarze, weingelbe und hyazinthrote bis gelblichbraune und bräunlichschwarze Farbe, oft verschiedene Färbung des inneren Kerns und der peripherischen Hülle.

Weiter wurde von v. Jeremejeff (1895) Zirkon in den goldführenden Sanden am Flusse Ssuchaja (»Ssuchája róssypj«) im Nertschintskischen Bezirke gefunden. Bei Beresowsk (Ural) fand sich Zirkon mit Magnetit, Monazit und Titanit, jedoch seltener, ferner im Biotitgranit von Jekaterinburg — Derby 1897.

In Südrufsland: Beim Dorfe Anatolia bei Mariupol am Asowschen Meere, im Gouvernement Jekaterinoslaw, wurde er ebenfalls von v. Jeremejeff 1897 nachgewiesen.

Sibirien. Sogenannter Engelhardit (Zirkon) aus der Modesto-Nikolajewskischen Goldwäsche am Flusse Wjerchnje — Podgoljetschnaja im System der oberen Tunguska ein 3 × 2 mm grofser, gut glänzender und durchsichtiger Krystall — v. Jeremejeff 1894.

Balkan. Rumänien. Im Granit am Berge Jacov-deal und Muntele Rosu bei Turcoaia Dobrogea — Mrazek 1899.

Italien. Toskana. Im Euphotid von Figline bei Prato an den weniger dichten Stellen des Gesteins auftretend Zirkon in diamantglänzenden, schwach rötlichgelben oder farblosen einen Stich ins Grünliche zeigenden Kristallen in einer Länge von 5--10 mm auf 2 mm Dicke und ausnahmsweise von 20 auf 3 mm, spez. Gew. für trübe Kristalle im Mittel zu 4,593; für durchsichtige 4,655. (Anl. 29 und 30): Corsi 1881. — Zusammen mit Rutil im Glimmer und Quarzitschiefer von Massa Marittima Toskana: Thürach 1884. — In den tizinischen Sanden aus der Umgegend von Pavia reichlich und sehr verbreitet, farblos, fleischfarbig und rot: Artini (1894). — Im Vizentinischen, bei Novale, bemerkte Artini (1887) auf einem steilen Bergpfade zahlreiche Zirkonkristalle, welche einem höher gelegenen Porphyr oder vulkanischen Tuff entstammen. Die Zirkone sind farblos, gelblich und hyazinthrot; ihr Durchmesser reicht von Bruchteilen eines Millimeters über 0,5 cm. Vaccari (1896) beschreibt einen gelben Zirkonkristall von Novale von den Dimensionen 8 × 6,5 × 13,5 mm spez. Gew. 4,65. — In den Sanden von Lonedo (Vinzenza) fand Panebianco (1887) häufig hyazinthrote, seltener strohgelbe oder farblose Zirkone, oft über 1 mm dick Negri (1887) hat dieselben kristallographisch genauer untersucht, spez. Gew. 4,63.

Elba. Auf den Feldspaten granitischer Gänge bei Le Fate unweit San Piera in Campo und Facciatoia grüne Kristalle mit Mikrolit. In den Drusenräumen der granitischen Gänge von Le Fate und Grotta d'Oggi — Corsi (1881 und 1882). — Bei Grotto Doccei viele aber kleine Verwachsungen von Zirkon mit Xenotim, seltener isolierte Körner neben Monazit und Orthit — Derby 1897.

Frankreich. Dep. Haute Loire. Aus der Gegend von Expailly bei le Puy en Velay beschreibt Geslin 1821 Zirkon. Berzelius analysierte schon 1824 dieses Vorkommen. (An. 6.) — Lacroix (1890) fand, dafs die Hyazinthe von Expaily und Coupé bei le Puy die Reste von Einschlüssen im Gneis seien. Er fand ferner (1891) in den Trachyten von Menet (Cantal) und von Monac bei Saint Julien-Chapteuil H. L. Zirkon teils in roten prismatischen Kristallen eingewachsen, teils pyramidale Kristalle von rötlicher bis brauner Farbe (vgl. a. Rutley 1894). — In den Sanden des Mesorin bei Autun Bourgogne — Levy 1878. — Im Kaolin von Limoges Zirkon neben Magnetit, Turmalin, Ilmenit und Anatas — Derby 1897. — Auvergne im Muskovitgranit von Berzet mit blauem Anatas und Monazit — Derby 1897. — Im Basalte vom Puy de Montaudou bei Royat -- Connard 1893.

Pyrenäen. Im Pegmatit des Vallée de Burbe ganz vereinzelt; im Muskovitbiotitgranit von Lauchon — Derby 1897. — Im Gedrit des Tales von Héas — Lacroix 1886. — In den Pegmatiten, welche die Gipoline von Itsatsou bei Louhousson Basses Pyrénés durchsetzen, Zirkon in schokoladebraunen Kristallen — Lacroix 1891.

Portugal. Im Muskovitgranit und Muskovitbiotitgranit von Porto und im Biotitgranit der Serra de Conillas — Derby 1897.

Belgien. In den Ardennen. Klemment 1887.

Holland. Retgers (1895) berechnet den Zirkongehalt des Dünensandes an der Westküste Hollands auf 0,03 %.

England. Im Bagshot Sand des Stadtteil Hampstead von London fand Dick (1887) 0,75 % Zirkon teils als Kristalle, teils in Körnern. Im Muskovitbiotitgranit von Cornwall und von Devonshire neben Monazit — Derby 1897.

Grönland. Nach Flink Böggild und Winter (1899) ist Zirkon in makroskopischen Kristallen in den grönländischen Syeniten wahrscheinlich ziemlich selten. Nach dem Berichte Gieseke's (1878) kommt er nur auf dem kleinen Eilande Kitsigsut an der Küste zwischen Sanerut und Nunarsuit in nennenswerter Weise vor. Im Sodalyth-syenit von Kangerdluarsuk und Tunugdliarfik dagegen fand Flink Zirkon nur als Zersetzungsprodukt von Eudyalit, (s. a. Flink 1898). Auf Narsarsuk (vgl. bei Parisit) findet sich Zirkon mit Eudialyt und Ägirin. Flink (1899) unterscheidet zwei Typen. Type I bis 3 cm Gröfse, Farbe aschgrau bis leicht bräunlich, kleinere Individuen leicht amethystfarbig oder lila. Type II kleiner, höchstens 1 cm grofs, Farbe haarbraun bis nahezu schwarz, bei ganz geringer Durchsichtigkeit.

Kanada. Von Grenville am linken Ufer des Ottowa Flusses, ungefähr zwischen Hull und Montreal, analysierte Hunt 1851 (An 9) einen Zirkonkristall vom ungef spez. Gew. 4,6. — Bei Renfrew fand Hidden 1881 einen 35 gr schweren dunkelbraunen Zirkon (Zwilling). Ebendaher scheinen die von Fletscher 1881 beschriebenen Kristalle von Zirkon zu stammen, von denen einer 408 gr wog und ein anderes Exemplar im Gewichte von 52,75 gr ein Zwilling war. Diese von Hidden und Fletscher fast gleichzeitig beschriebenen Zirkonzwillinge sind dadurch interessant, dafs hier zum ersten Male Zwillingsbildung beim Zirkon an einem anderen als mikroskopischen Mafs-stabe gefunden wurde. — Pratt (1894) beschreibt Zirkon aus dem Nephelinsyenite von Dungannon und Faraday Ontario. — Nach Vogt (1895) findet sich in den kanadischen Apatitgängen ziemlich reichlich Zirkon (vgl. a. Kunz 1888).

Ver. Staaten. Maine. Aus der Gegend von Lichtfield analysierte Gibbs 1847 Zirkon vom spez. Gew. 4,7. (An. 8.)

Massachusetts. In Lawrence — Kunz 1887.

New York. In der Stadt New York im nördlichen Teile an den Washington Heigths in den Höhlungen eines Pegmatitganges im Glimmerschiefer Zirkon neben Monazit und Xenotim — Hovey 1895. — Hidden (1888) gibt das spez. Gew. des in einem Pegmatitgange eines Gneises gefundene Zirkon mit 5,73 an. — Kemp (1897) fand Zirkon bei Port Henry, N. Y.

Pennsylvanien. Bei Eckhardts Furance in Banks Co. mit Orthit u. Ilmenit — Genth 1855. — Aus der Gegend von Reading am Schuylkill River analysierte Wetherill (1853) Zirkon vom spez. Gew. 4,595. (An. 10.)

New Jersey. Im Granite der Trotter Mine von Franklin zusammen mit Orthit und Thorit — Kemp 1893.

North Carolina. Alexander Co. im Schlämmsand der Mihollands Mill Grube 2 mm lange und 0,2 bis 0,5 mm dicke Kristalle, sowie ebenda im zersetzten Granit Zirkonkristall umschlofsen von Xenotim — Hidden 1881 und 1888.

Burke Co. In den goldführenden Sanden von Brindletown hellbraune Zirkone in regelmässiger Verwachsung mit gelblich grauen Xenotimen — Hidden 1881.

Henderson Co. Auf der Freemann Mine am Green River und zu Price Land, drei Meilen südwestlicher in lockeren, granitischen und gneisartigen Gesteinen (vgl. a. bei Auerlith) — Hidden und Mackintosh 1889. — Hidden und Pratt (1898) beschreiben von der Meredeth Freemann Zirkon Mine Zwillingskristalle im Biotitgneis von 1—30 mm Länge und 1—25 mm Breite, graulich und rötlichbraun begleitet von Pyrit in Würfeln, Flufsspat, Quarz, Ilmenit, Granat, Auerlit, Epidot und Allanit. Der Auerlith in paralleler Verwachsung mit unzersetztem grauen und braunen Zirkon. — Hidden (1888) beschreibt von Green River Port Office Zirkon und Xenotim in eigentümlicher Verwachsung neben Xenotim, Monazit und einem dem Samarskit verwandten Mineral und zwar hauptsächlich dunkelbrauner Zirkon.

Mitchel Co. Auf der Deake Mica Mine mit Xenotim und Monazit — Hidden 1888.

Macon Co. Zirkon mit Monazit als winzige Kristalle und Körner in den Geschieben der Mason Branch, ungefähr 5½ engl. Meilen südlich von Franklin — Hidden und Pratt 1898.

Madison Co. Bei Mary Hill fand Genth (1890) Zirkon als seltenen Begleiter von Monazit in Kristallen von beträchtlicher Gröfse. Ein Kristall von 40 mm Länge und 23 mm Breite, spez. Gew. 4,507 wurde analysiert. (An. 38.) — Über Zr. von N. C. vgl. a. Des Cloizeaux 1881 und Genth 1887.

South Carolina. Bei Storeville Anderson Co. Zirkon zusammen mit Orthit, Fergusonit, Yttrogummit und Columbit — Hidden 1891.

Wyoming. Zirkonvorkommen im granulitartigen Gneis von Rok Springs in der Nähe des Pilot Butte als 0,06 mm lange Kristalle, zonar gebaut und gestreift zusammen mit Granat, Rutil, Titanit, Brookit und Erzkörnern beschreibt v. Chrustschoff 1886. Ein ganz gleiches Vorkommen beschreibt er von Ogden Canon, jedoch ist aus der Mitteilung nicht ersichtlich, ob dies in der Nähe des vorigen Vorkommens ist, oder ob er etwa Ogden im Norden des Staates New Jersey meint.

Colorado. Aus der Umgegend des Pikes Peak in El Paso Co. analysierte König 1877 Zirkon vom spez. Gew. 4,538 (An. 25); derselbe beschreibt dieses Vorkommen in folgender Weise: Die Mineralien liegen in massivem, grauem Quarz. Zirkon findet sich in glänzenden, braunen bis schwarzen Kristallen entweder im Quarze oder im Astrophylit eingewachsen, von mikroskopischer Kleinheit bis 6 mm Kantenlänge. Grofs und Hillebrand fanden ebenda Zirkon mit Quarz in Granit höchst glänzend und ganz durchsichtig, meist rötlichgelb schwankend zwischen rot und honiggelb, selten tief smaragdgrün, spez. Gew. 4,709. — Vom Mount Antero Chaffee Co. analysierte Genth (1892) sogenannten Cyrtolith vom spez. Gew. 4,258, der aufser ca. 61% ZrO_2 auch ungefähr 0,6% ThO_2 enthält. (Vgl. An. 8 u. 9 bei Cyrtolith.) — Vgl. a. Hidden 1885 und Lacroix 1889.

Idaho. Im aus Graniten und begleitenden Ganggesteinen entstandenen goldhaltigen Sande und Kiese der Pleistozän und Neozenzeit im Idaho Bassin, 30 Meilen nördlich von Boise City, begleitet von Monazit, Ilmenit und rotem Granat, ebenso bei Placerville — Lindgren 1897.

Californien. In den Goldsanden fand Dufrénoy (1849) 9,2% Zirkon.

Mexiko. Im Meteoreisen von Toluca in Mexiko fand Laspeyreres (1895 u. 97) als Gemengteil wohl ausgebildete Zirkonkristalle, deren Kristallform er genauer beschreibt, in denen aber, wegen der geringen Menge, Zirkonium chemisch nicht nachgewiesen werden konnte, so dafs eine Verwechselung mit anderen Mineralien nicht ganz ausgeschlofsen erscheint.

Brasilien. In dem Diamantsande der flachen Salobro genannten Küstengegend am Rio Pardo, in der Nähe der Mündung desselben, in den Jequitinhonha (Bahia) kommt nach Corceix (1884) Zirkon in ziemlich grofser Menge in wohlausgebildeten bis 2 mm langen Kristallen vor, teils durchsichtig (spez. Gew. 4,42), teils weifslich mit geflossener Oberfläche (spez. Gew. 4,39); auch kommen amethystfarbene Körner vor. Derselbe fand, dafs die Sande des Rio Matipo, eines Nebenflusses des Rio Doce, wesentlich aus farblosen oder gelblichen Zirkonkristallen bestehen. — Hussak (1899) beschreibt Zirkon aus dem Diamantsande vom Rio Paraguassú (Bahia), ebenso aus dem Diamantsande der Mine Nova Liberia bei San Isabel de Paraguassú. — Hussak (1895) fand Zirkon als kleine weifsgelbe Säulen im Sande der Grube Tripuly bei Ouro Preto in Minas Geraës neben Xenotim und Monazit. — Peter August von Sachsen Koburg (1889) beschreibt von Caldas Minas Geraës mehrere Zentimeter grofse Zirkonkristalle von dunkelbrauner Farbe, welche im Sande des Rio Verdinho sich fanden und anscheinend aus Nephelinsyenit stammten. — 1899 beschreibt Hussak Zirkon aus den Sanden des Rio Verdinho am Fufse der Serra de Caldas stammend und auf letzterer selbst mit Favas vorkommend. 1890 erwähnt er Zirkon aus dem goldhaltigen Sande, einige Kilometer von der Mündung des kleinen Flusses Pedro Cubas, der linksseitig bei Xiririca in den Ribeira mündet. — Derby (1889) fand in einem feinkörnigen Granitit, welcher in einem mächtigen Gange am Wege von Engenho Novo nach Jacarepagua an der äufsersten Grenze von Rio de Janeiro ansteht, Zirkon neben Monazit in beträchtiger Menge. Er fand denselben ferner akzessorisch neben Xenotim und Monazit in den Gneisen, Graniten und Syeniten der Provinzen Minas Geraës, Rio de Janeiro, São Paulo, Clara, Rio Grande de Sul, (s. Derby 1889 und 1891 und Hussak 1892).

Argentinien. Im Pegmatit von Cerro del Morro Provinz San Luis gut entwickelte rostbraune Kristalle — Sabersky 1893. — Mit Monazit in den Gneisen, Graniten und Dioriten von Buenos Ayres und Cordoba — Derby 1889.

Chile. In den Kupfergängen — Stelzner und Sickel 1897.

Afrika. Im als Serpentintuff bezeichneten, graugrünen Muttergestein der Diamanten von Jagersfontain im Oranje-Freistaat fand Knop (1889) Zirkon in hellen, rötlichen Körnern bis Erbsengröfse — Fauqué und Levy hatten schon 1879 Zirkon im diamanthaltigen Gestein von Süd-Afrika beobachtet. — Nach neueren Mitteilungen werden in Swazie-Land gröfsere Mengen Zirkon gefunden.

Deutschsüdwestafrika. In Damara und Namaqua Land Zirkon eingesprengt in Granit und Hornblendegesteine — Gürich 1890.

Azoren. In den im Jahre 1563 aus dem Krater Lagoa do Fogo auf São Miguel ausgeworfenen Sanidiniten finden sich kleine, schwach grünlich gefärbte Kristalle von sogenanntem Azorit, der von Hubbard (1886) und Osann (1887 und 1888) mit Zirkon identifiziert wurde. Hubbard fand das spez. Gew. zu 4,53. Osann analysierte dies Material. (An. 37.)

Sauer 1888 fand den Zirkon als akzessorische Beimengung des aus Granit stammenden Riebeckit von der Insel Socotra vor Cap Guardafui an der Ostküste Afrikas. — Über Zirkon von Madagaskar berichtet Jannettaz 1891.

Asien. Ceylon. Das am längsten bekannte Vorkommen ist das von Ceylon. Im Zirkon von Ceylon, der von Romé de l'Isle zuerst unter dem Namen Jargon von Ceylon beschrieben, von Werner Zirkon benannt worden war, entdeckte Klaproth 1789 die Zirkonerde. (An. 1.) Sein Mineral war von blafsgelbgrüner und rötlicher ins Rauchgraue übergehender Farbe, spez. Gew. 4,53—4,615. Schon vorher hatte Brisson das spez. Gew. zu 4,416 bestimmt. Ausführlicher beschrieben wurde das Mineral 1793 von Emmerling und 1794 von Widemann. 1795 analysierte Klaproth den Hyazinth von Ceylon, spez. Gew. 4,545—4,62, und fand denselben von fast gleicher Zusammensetzung wie den Zirkon. (An. 2.) — 1869 analysierte dann Forbes nach Cochran (1872) Zirkon von Ceylon. (An. 9.) Cochran selbst veröffentlichte 1872 eine Reihe von Analysen ceylonischen Zirkons ohne genauere Angabe des Fundortes. (An. 18—22.) Zirkon von Ceylon s. a. Madelung 1883 und Klein 1884, vgl. a. Beccarit.

Vorder-Indien. Aus dem nördlichen Circars analysierte Klaproth 1810 Zirkon. (An. 5.) Das Mineral war mehr dem norwegischen als dem schon früher beschriebenen ceylonischen Vorkommen ähnlich. Karsten hat das von Klaproth analysierte Material näher beschrieben. Farbe gelblichbraun bis bräunlichrot. Diamant — bis Fettglanz; kantendurchscheinend, spez. Gew. 4,48—4,5.

Hinter-Indien. Burma. Nach Brown und Judd (1896) findet sich Zirkon im Kalkstein und in Gneisen in dem rubinführenden Gebiet (Mogok), 90 Meilen N.N.O. von Mandalay Burma.

Japan. In den Auswürflingen der japanischen Vulkane Asama Yama, Fusi Yama, Jaki Yama und Swawasi Yama — Hussak 1883.

Australien. Neu Süd-Wales. Zirkon vom spez. Gew. 4,675 aus dem Granit am Mitta Mitta und am Moama River westlich Illiamalong Hill in der Grafschaft Cadell wurde, wie Liversidge (1882) anführt, von Helms analysiert. (An. 32.) — Aus dem nördlichen Neu Süd-Wales erwähnt Porter 1888 Zirkon. — Card (1895) fand ihn in den Edelsteinsanden von Duckwaloi Greek in der Nähe von Oberon im Hinterland von Sydney. — Zirkon am Brocken Hill N. S. W., (s. B. u. H. Ztg. 1898).

Zirkonkristalle, welche als Geschiebe in Australien (ohne nähere Ortsangabe) gefunden wurden, beschreibt Schmidt (1891). Dieselben sind von v. Hanthen und von Szabó als dunkelbraun gefärbte Exemplare geschildert, einige waren mehr weißlichgrau bis graugelb gefärbt. Analysiert von Loczka, welcher ein spez. Gew. von 4,696—4,694 angibt. (An. 39.)

Tasmanien. Zirkonvorkommen am Housetop Mountain Tasm. erwähnt Petterd 1896.

Beccarit (Zirkon).

Lit.
1879. Grattarola (Beccarite, varieta di Zirkone di Ceylon) Atti Soc. Tosc. di Scienze Nat. Pisa 4 fasc. 2. 1879. — Z. K. 4. 398. 1880.

Grattarola beschreibt 1879 ein zirkonartiges Mineral von Ceylon, das er Beccarit benennt und das zwar dem Zirkon nahe verwandt, aber nicht identisch mit diesem sei. Das Mineral war von Beccari von Point de Galles mitgebracht und im Geröll am Hügelzuge Saffragan gefunden worden. Grattarola beschreibt dasselbe als ein olivengrünes bald an Epidot, bald an Olivin erinnerndes Mineral, dessen Merkmale bis auf die Farbe alle auf Zirkon hindeuten. H. = 8; unschmelzbar, unlöslich in Säuren, glasig-harziger Glanz. Die chemische Zusammensetzung (vgl. die Analyse 28 bei Zirkon), weicht von der des Zirkons dadurch ab, daß der Gehalt an Zirkonerde geringer ist als bei jenem, wohingegen sich größere Mengen von Kalk und Aluminiumoxyden in dem Minerale befinden. Durch diese, sowie Abweichungen in dem optischen Verhalten, glaubte sich der genannte Autor berechtigt, das Mineral vom Zirkon zu trennen.

Malakon, Cyrtolith (Anderbergit-Alvit), Tachyaphaltit, Ostranit, Oerstedit und Auerbachit.

Als Verwitterungsprodukte des Zirkons sind die Mineralien Malakon, Cyrtolith (Anderbergit-Alvit) Tachyaphaltit, Ostranit und Oerstedit aufzufassen. Der **Auerbachit** von Mariupol, Gouvernement Jekaterinoslaw, wäre nach der Analyse Hermanns ein ganz reiner Zirkon, $ZrO_2 SiO_2$, jedoch wird der Wert dieser 1858 ausgeführten Analyse wohl nicht mit Unrecht angezweifelt (vgl. An. 8 bei Malakon). Der Azorit von den Azoren ist als Zirkon aufzufassen.

Malakon.

Lit.
1844. Scheerer, P. A. 62. 436. — B. J. 25. 328. 1846.
1848. Damour, Ann. Chim. 3. 24.
1851. Hermann, J. pr. 53. 32.
1863. Nordenskiöld, Öfd. K. Vet. Fhdl 1863. 443.
1864. Nordenskiöld, P. A. 122. 615.
1867. Cooke b. Knowlton, Am. J. Sc. (2). 43. 217. — J. pr. 101. 473.
Knowlton, Am. J. Sc. (2). 43. 217 u. 44. 224.

Lit.
1883. Woitschach, Abh. d. naturf Ges. Görlitz 17. 141. — Z. K. 7. 82—88.
1891. Hidden, Am. Chem. J. (3). 14. 140—41.
1896. Ramsay u. Travers, Proc. Royal Soc. 60. 443. — Z. K. 30. 88. 1899.
Schwantke, Diss. Breslau. (Leipzig 1896.)
1898. Travers, Proc. Royal Soc. London 64. 130. — Z. K. 32. 285. 1900

| Nr. | Spez. Gew. | Mineral | Entdeckung | | Vorkommen | Chemische Zusammensetzung | | | | | Jahr der Analyse | Autor der Analyse | Literatur |
			Jahr	Name des Entdeckers		Cerit-erden	Ytter-erden	Thor-erde	Zirkon-erde	Übrige Bestandteile			
1.	3,903	Malakon (Zirkon)	1844	Scheerer	Hitteroe		0,34		63,40	Si. Fe. Ca. Mg. H₂O etc.	1844	Scheerer	P. A. 62. 436.
2.	—	„			Villale bei Chanteloube, Dpt. Haute Vienne				61,44		1848	Damour	A. ch. ph. (3) 24.
3.	—	„			Ilmengebirg.				59,82		1851	Hermann	J. pr. 53. 32.
4.	—	Malakon (Adel-folit)			Rosendahl b. Björkboda, Finnland				47,42		1863	Nordenskiöld	Öfv K. Vet. Akd. Fhdl. 1863. 443. P. A. 122. 615. 1864.

Nr.	Spez. Gew.	Mineral	Entdeckung		Vorkommen	Chemische Zusammensetzung					Jahr der Analyse	Autor der Analyse	Literatur
			Jahr	Name des Entdeckers		Cert-erden	Ytter-erden	Thor-erde	Zirkon-erde	Übrige Bestandteile			
5.		Malakon			Rockport, Massachusetts	1,4—2,24			60 -64,6		1867	Knowton	Am. J. Sc. (2). 43. 217. 44. 224.
6.	3,985 -4,04	„			„				66,93		1867	Cooke	Am. J. Sc. (2). 43. 217. J. pr. 101. 473.
7.		„			Dresden am Plauensch. Grund im Untergrund-gestein				53,54		1895	Zschau	Ch. Ctrbl. 1895. I. 809.
8.	—	**Auer-bachit**	1858	Hermann	Mariupol, Gouv. Jeka-terinoslaw				55,18	Si, Fe, H₂O.	1858	Hermann	J. pr. 73. 209.

Malakon. Kristallsystem quadratisch; Farbe bläulichweifs an der Oberfläche bräunlich oder schwärz-lich, spez. Gew. 3,9—4,1. H = 6.

Vorkommen. **Deutschland.** Im Untergrundgestein des Plauenschen Grund bei Dresden, Zschau. (An. 7.) — In dem Granitgebirge von Königshain in der Oberlausitz auf den Feldspatbruchstücken des Schwalben-berges in kleinen, hellgelben bis braunen Kristallen im Innern milchweifs und selbst in dünnen Splittern undurch-sichtig — Woitschach 1883. — Im Striegauer Granit fand Websky Malakon-Kristalle in Kalifeldspat und Aphosiderit eingewachsen — Schwandtke 1896.

Norwegen. Auf Hitteroe, spez. Gew. 3,9003, von Scheerer 1844 analysiert. (An. 1.)

Finnland. Zu Rosendahl bei Björkboda als Adelfolit bezeichnet, von Nordenskiöld 1863 analysiert. (An. 4.)

Rufsland. Ilmengebirge, von Hermann 1851 analysiert. (An. 3.)

Frankreich. Vilalle bei Chanteloube Departement Haute Vienne — Damour 1848.

Ver. Staaten. Massachusetts im Granit von Rockport, 1867 von Knowton analysiert (An. 5), ebendaher in demselben Jahre von Cooke analysiert (An. 6), spez. Gew 3,985—4,04. — Nord-Carolina Grassy Greek — Hidden 1891.

Cyrtolith-Anderbergit-Alvit.

Lit.
1855. Forbes u. Dahll, J. pr. 66. 447.
1867. Knowton, Am. J. Sc. (2). 43. 217 u. 44. 224.
1876. Nordenskiöld, G. F. F. 3. 229. — Z. K. 1. 384. 1877.
1877. Engström, Diss. Upsala. — Z. K. 3. 191—201. 1879.
1886. Blomstrand, Bih. K. Vet. Hdl. 12. II. Nr. 10. 1—10. — Z. K. 15. 83. 1889.
1887. Nordenskiöld u. Lindström, G. F. F. 9. 26. — Z. K. 15. 97. 1889.
1888. Hillebrand, Proc. Colorado Sc. Soc. 3. 38—47. — Z. K. 19. 639. 1891.

Lit.
1889. Bäckström, Z. K. 15. 83.
Blomstrand, Z. K. 15. 83. (Cyrtolith u. Anderbergit.)
Hidden u. Mackintosh, Am. J. Sc. (3). 38. 474—86. — Z. K. 19. 93. 1891.
Lindström, Z. K. 15. 97. (Anderbergit.)
1891. Hidden, Am. Chem. J. [3]. 14. 140—41.
1892. Genth u. Penfield, Am. J. Sc. (3). 44. 381—89 — Z. K. 23. 598. 1894.
1893. Hidden, Am. J. Sc. (3). 46. 98. — Z. K. 25. 105. 1996.
1898. Hidden u. Pratt, Am. J. Sc. (4). 6. 463—68· — Z. K. 32. 600. 1900.

Nr.	Spez. Gew.	Mineral	Entdeckung		Vorkommen	Chemische Zusammensetzung					Jahr der Analyse	Autor der Analyse	Literatur
			Jahr	Name des Entdeckers		Cert-erden	Ytter-erden	Thor-erde	Zirkon-erde	Übrige Bestandteile			
1.	—	Cyrtolith (Malakon Zirkon)	1867	Knowton	Rockport Massachu-setts	1,91			60,98	Si. Fe. Ca. Mg. Cu. Na. H₂O.	1867	Knowton	Am. J. Sc. (2). 43. 217; 44. 224. Z. K. 1. 384. 1877.
2.	3,29	„	1876	Norden-skiöld	Ytterby.	3,98	8,49		41,78	„	1876	Norden-skiöld	G. F. F. 3. 229.
3.	—	„			„		14,19		36,75	„	1886	Blom-strand	Bih. Vet. Akad. 12.
4.	-	Cyrtolith (Ander-bergit)			„	Spur	10,93		41,17	„	1886	„	Bih. Vet. Akad. Hdl. 1886. 12ᴵᴵ. Nr. 10. 1—10. — Z. K. 15. 82. 1889.

Nr.	Spez. Gew.	Mineral	Entdeckung		Vorkommen	Chemische Zusammensetzung					Jahr der Analyse	Autor der Analyse	Literatur
			Jahr	Name des Entdeckers		Cert-erden	Ytter-erden	Thor-erde	Zirkon-erde	Übrige Bestandteile			
5.	3,70	Cyrtolith?			Devils Head Mt. Douglas Co. Colorado Pikes Plak Region	0,25	7,04	1,16	+Ta. 47,99		1888	Hillebrand	Poc. Colorado Sc. Soc. 1888. 3. 38—47. — Z. K. 19. 639. 1891.
6.	3,60	,,			,,		7,24	+Ce. 1,20	+Ta. 47,88		1888	,,	,,
7.	3,64	,,			,,		7,68	+Ce. 0,6	+Ta. 51,00		1888	,,	,,
8.	4,258	,,			Mount Antero Chaffee Co. Colorado			0,60	61,38		1892	Genth u. Penfield	Am. J. Sc. (3). 44. 381—89. — Z. K. 23 598. 1894.
9.	4,258	,,			,,			0,65	60,89		1892		,,
10.	3,601 — 3,46	Alvit			Alve, Helle u. Narestö	0,27	22,01	15,13	3,92	Si. Ca. Al. Be. Mg. Cu, Sn. H_2O.	1885	Forbes u. Dahll	J. pr. 66. 447.
11.	—	,,			Alve bei Arendal	3,27	1,03		32,48	,,	1887	Lindström	bei Nordenskiöld G. F. F. 1887. 9, 26. — Z. K. 15, 97. 1889.

Cyrtolith Anderbergit Alvit.

Kristallsystem quadratisch. Farbe gelbbraun. Die Kristalle sind optisch isotrop, also unzweifelhaft Pseudomorphosen.

Vorkommen. **Schweden.** Von *Nordenskiöld* 1897 auf Ytterby (Schweden) entdeckt und als kleine, anscheinend quadratische Kristalle mit Fergusonit, Xenotim und Arhenit zusammen auf Platten von schwarzem Glimmer aufgewachsen, von gelb bis gelbbrauner Farbe, durscheinend, H = 5,5—6, spez. Gew. 3,29, beschrieben und analysiert. — 1886 analysierte Blomstrand eine an Zr. reichere Varietät (An. 3 und 4), die dieser als eine selbständige Mineralspezies auffaſst und mit dem Namen **Anderbergit** belegt. Nach Bäckströms (1889) mikroskopischer Untersuchungen kann der Anderbergit kein ursprüngliches Mineral sein, sondern ist eine Pseudomorphose.

Ver. Staaten. Massachusetts bei Rockport im Granit von Knowlton 1867 gefunden und analysiert. (An. 1.) — Colorado Douglas Co. bei Devils' Head Mountain in der Pikes Peak Region, spez. Gew. 3,6—3,7, analysiert von Hillebrand. (An. 5—7.) — Chaffee Co. am Mount Antero, spez. Gew. 4,258, analysiert von Genth und Penfield (An. 8.) — Nord-Carolina. In den Geschieben der Mason Branch, ungefähr 5½ engl. Meilen südlich von Franklin Macon Co., erscheint der Cyrtolith als Umwandlungsprodukt des Zirkons. Die Farbe ist außen dunkelbraun und innen gelblichbraun, spez. Gew. 3,71 — Hidden und Pratt 1898. — Grassy Greek Hidden 1891. — Texas Llano Co. am Westufer des Colorado River zu Bluffton, an dem beim Gadolinit beschriebenen Fundort, fanden Hidden und Mackintosh (1889) sehr reichlich Cyrtolith sowohl derb als kristallinisch, spez. Gew. 3,652, — ebenda im Pegmatit mit Makintoshit und Fergusonit — Hidden 1893.

Alvit. Der Alvit aus der Gegend von Arendal (Norwegen) ist mit dem Cyrtolith nahe verwandt, (vgl. Analyse).

Lit.

1853. Berlin, P. A. 88. 160.

Tachyaphaltit.

Nr.	Spez. Gew.	Mineral	Entdeckung		Vorkommen	Chemische Zusammensetzung					Jahr der Analyse	Autor der Analyse	Literatur
			Jahr	Name des Entdeckers		Cert-erden	Ytter-erden	Thor-erde	Zirkon-erde	Übrige Bestandteile			
	3,6	Tachy-aphaltit		Weibye	Krageroe			12,32	38,96	Si. Fe. Al. H_2O	1853	Berlin	P. A. 88. 160.

Der Tachyaphaltit aus den Granitgängen bei Krageroe, welcher von *Weibye* entdeckt und von Berlin analysiert wurde, steht ebenfalls dem Malakon nahe. Spez. Gew. 3,6. (Vgl. An.)

Ostranit.

Der Ostranit ist ein in Verwitterung begriffener und etwas unsymetrisch gestalteter Zirkon von Brevig Norw.

Oerstedit.

Der Oerstedit von Arendal, rötlichbraune, diamantglänzende Kristüllchen von den Formen des Zirkons, scheint durch Verwitterung wasserhaltig gewordener Zirkon mit Titangehalt zu sein.

Die Hauptverwendung finden die Zirkoniummineralien zur Gewinnung von Zirkonoxyd für die Nernst-Lampen. Der Preis des Minerals ist zurzeit ca 12 Mark per Kilogramm für gute Kristalle. — Für kleinkristallinische Sandware ca. 2 Mark per Kilogramm.

Thorit.
(Orangit-Uranothorit.)

Lit.
1828. Berzelius u. Esmark, P. A. 15. 633.
1829. Berzelius, K. Vet. Ak. Hdl. 1829. St. I. — P. A. 16. 395.
1836. Esmark, Mag. f. Naturw. Christiania. 2. Ser. 2. 277.
1839. Rose, P. A. 48. 555.
1843. Scheerer, N. J. M. 1843. 642.
1845. Scheerer, P. A. 65. 298.
1847. Dufrenoy, Traité d. Min. 3. 579.
1848. Weibye, Karsten u. v. Dechens Arch. 22. 538.
1851. Bergemann, P. A. 82. 561.
      Krantz, P. A. 82. 586. — L. A. 80. 267.
1852. Bergemann, P. A. 85. 558. — 87. 608.
      Berlin, P. A. 85. 555.
      Damour, Ann. d. mines. 4. Sér. 5. 587. — C. r. 34. 685. — P. A. 85. 555.
1854. Dauber, P. A. 92. 250.
1856. Forbes, Edinb. new phil. journ. 1856. 60.
1858. Zschau, Am. J Sc. (2). 26. 359.
1859. Scheerer, B. u. H. Ztg. 19. 124. u. N. J. M. 1860. 569.
1861. Chydenius, Diss. Helsingfors 1861. — P. A. 119. 43.
1862. Des Cloizeaux, Man. de Min. 133.
1866. Breithaupt, B. u. H. Ztg. 1866. 82.
1875. Rammelsberg, Hdb. d. Minchem. I.
1876. Nordenskiöld, G. F. F. B. III. Nr. 75. 226—29. — Z. K. 1. 383—84. 1877.
1877. Forster, Heddle Trasact. of the Roy. soc. of Edinb. 28. 197—271.
1878. Damour, Bull fr. Min. 33—35. — Z. K. 3. 637—38. 1879.
1879. Nordenskiöld, G. F. F. IV. 1. 28—32. — Z. K. 3. 201—2.

Lit.
1880. Collier, Journ. Am. Chem. Soc. 2. 73. — Ber. 13. 1740. — Z. K. 5. 514. 1881.
1882. Lindström, G. F. F. 5. 270. — Z. K. 6. 513. 1882.
      Nilsen, Öfv. K. Vet. Fhdl. 7. — C. r. 95. 784—86. — Ber. 15. 2519 u. 2524. — Z. K. 9. 224. 1884.
      Penfield, Am. J. Sc. (3). 24. — Z. K. 7. 368—69. 1883.
1883. Brögger, N. J. M. 1883. I. 80.
      Nilson, Ann. Chim. [5]. 30. 429—32.
      Woitschach, Abbandl. d. natf. Ges. Görlitz. 17. 147. — Z. K. 7. 87. 1883.
1887. Nordenskiöld, G. F. F· IX. 26. u. 434. — N. J. M. 1889. I. 396. — Z. K. 15. 97. 1889.
      Krüss u. Nilson, Ber. 20. 2137—40.
1888. Krüss u. Nilson, Ber. 21. 558.
      Krüss u. Kiesewetter, Ber. 21. 2310—20.
1890. Brögger, Z. K. 16. 116.
1891. Hidden u. Mackintosh, Am. J. Sc. (3). 41. 438. — Z. K. 22. 420. 1894.
1893. Kemp, Transakt. N. Y. Acad. Sc. 13. 76. — Z. K. 25. 286. 1896.
1894. Hamberg, G. F. F. 16. 327. — Z. K. 26. 90. 1896.
1895. Lochyer, Proc. Royl. Soc. 59. 133. — Z. K. 30. 87. 1899.
      Ramsay, Collie u. Travers, Journ. Chem. Soc 67. 684. — Z. K. 28. 222. 1897.
1900. Urbain, Ann Chim. (7). 19. 202—10.
1901. Schilling, Diss. Heidelberg 1901. — Z. angewdt. Ch. 15. 921. 1902.

Nr.	Spez. Gew.	Mineral	Entdeckung		Vorkommen	Chemische Zusammensetzung					Jahr der Analyse	Autor der Analyse	Literatur
			Jahr	Name des Entdeckers		Cert-erden	Ytter-erden	Thor-erde	Zirkon-erde	Übrige Be-standteile			
1.	4,63	Thorit	1828	Esmark	Lövö bei Brevig			57,91		Mg. K. Na. P. H$_2$O. Si. Fe. Ur. Al. Mn Pb. Ca.	1829	Berzelius	K. Vet. Akd. Hdl. 1829. St. 1. P. A. 16. 392.
2.	5,397	Thorit Orangit			Brevig			71,247			1851	Berge-mann	P. A. 82. 561.
3.	5,19	„			„			71,65			1852	Damour	C. r. 34. 685.
4.	—	„			Biörnö bei Brevig			73,29			1852	Berlin	P. A. 85. 557.
5.	4,686	Thorit			Brevig			56,997			1852	Berge-mann	P. A. 85. 560.
6.	4,888 -5,205	Thorit Orangit			„			73,80			1861	Chy-denius	Diss. Helsingf. 1861. P A. 119. 43.
7.	4,38	Thorit			Arendal	1,39		50,06			1876	Norden-skiöld	G. F. F. B. III. 7. 226—29. Z. K. 1. 383. 1877.
8.	4,126	Thorit Urano-thorit			Champlain-see			52,07			1880	Collier	J. Am. Chem. Soc. 2. 73. Z. K. 5. 514—15. 1881.
9.	4,63	„			Arendal			50,06			1882	Lind-ström	G. F. F. 5. 500. bei Brögger, Z. K. 16. 121. 1890.

Nr.	Spez. Gew	Mineral	Entdeckung		Vorkommen	Chemische Zusammensetzung					Jahr der Analyse	Autor der Analyse	Literatur
			Jahr	Name des Entdeckers		Cerit-erden	Ytter-erden	Thor-erde	Zirkon-erde	Übrige Bestandteile			
10.	4,8	Thorit Urano-thorit			Hitteroe			48,66			1882	Lind-ström	G. F. F. 5. 500. Z. K. 6. 513. 1882.
11.	4,114	Thorit Calcio-thorit	1887	Brögger	Låven und Arö			59,35			1887	Cleve	C. Brögger, G. F. F. 9. 259. Z. K. 16. 127. 1890.
12.	4,43 -4,54	Thorit Thoro-gummit			Bluffton am Colorado River Llano Texas	6,69		41,44			1889	Hidden u.Mackin-tosh	Am. J. Sc. (3). 38. 474—86. Z. K. 19. 90—91.
13.	4,303 -4,322	Thorit			Landbö Norwegen			52,53			1891	Hidden	Am. J. Sc. (3). 41. 440—41.
14.	—	Thorit Urano-thorit			„		1,0	45,0			1891	„	„
15.	—	„			Brevig			50,05			1901	Verfasser	Schilling,Diss.Heidelberg 1901.—Z angew. Ch. 15. 921. 1902.
16.	—	„			„			50,28			1901	„	„
17.	—	Orangit			Arendal			69,92			1901	„	„
18.	—	„			„			69,98			1901	„	„
19.	—	„			„			70,02			1901	„	„
20.	4,2	Urano thorit			Champlain-see			51,07			1903	„	—
21.	4,7	Thorit			Arö			54,50			1903	„	—
22.	5,2	Orangit			Areneal			74,20			1903	„	—

Kristallsystem quadratisch isomorph mit Rutil, Cassiterit, Zirkon etc. Die Kristalle haben meist säulenförmigen Habitus (Prismen mit Pyramiden). H. ca. 4,5 spez. Gew., beim Thorit 4,1—4,7, beim Orangit 4,8—5,4. Die Farben des Thorit resp. Orangit sind sehr verschieden. An den reinsten Varietäten Orangit herrscht eine hübsche Orangefarbe, welche durch verschiedene gelbe und braune Nüancen in tiefbraune Farben übergeht. Der Thorit ist gewöhnlich pechschwarz und rötlich- bis bräunlichschwarz, seltener schwarz mit einem Stich ins Grünliche. Der Orangit ist in den schönsten Varietäten durchsichtig bis durchscheinend mit starkem Glasglanz, der Thorit gewöhnlich kantendurchscheinend bis undurchsichtig in etwas dickeren Platten teils mit Glasglanz, teils fettartig glänzend.

Chemische Zusammensetzung. Der reine Thorit ist höchst wahrscheinlich analog dem Zirkon, Rutil, Cassiterit als ThO_2SiO_2 oder $ThSiO_4$ zusammengesetzt. Jedoch ist aller bisher gefundener Thorit als Produkt einer mit Wasseraufnahme verbundenen Umwandlung aufzufassen, bei der eine Menge anderer Oxyde in größerer oder kleinerer Menge aufgenommen wurden, und bei der in manchen Fällen wahrscheinlich erst Orangit, später Thorit gebildet wurde.

Den Wassergehalt haben Autoren wie Nordenskjöld (1876), Rammelsberg (1875) usw. wohl mit Recht als sekundär erkannt, d. h. daß der Thorit durch Wasseraufnahme in eine optisch isotrope Substanz übergegangen ist.

Für diese Auffassung findet auch Brögger (1890) Anhaltspunkte in optischen Untersuchungen.

Das Uran ist nach Nilson (1882) als Uranoxyd UO_2 an Stelle der Thorerde ThO_2 vorhanden. Diese Annahme gewinnt an Wahrscheinlichkeit durch die von Blomstrand (J. pr. 137. 200. 1884) an den natürlich vorkommenden Uranaten ausgeführten Untersuchungen, bei welchen sich ergab, daß auch hier UO_2 für ThO_2 eintreten kann. Es entspricht dann auch in den Analysen ein höherer Urangehalt einem relativ kleineren Thoriumgehalte. Vielleicht dürfte auch der kleine Bleigehalt auf eine geringe isomorphe Beimischung von Blei statt Thorium zurückzuführen sein.

Nilson (1882) hebt hervor, daß im Thorit nicht weniger als sechs metallische Grundstoffe vorhanden sind, welche Oxyde nach der Formel RO_2 bilden können, nämlich Thorium, Uran, Cer, Mangan, Zinn und Blei. In den relativ reinen Orangiten betragen nach Brögger (1890), die übrigen Bestandteile nur ca. 1 bis 3 %, nämlich Ca, Al, Na, K, Fe und Mn als Oxyde, welche er Verunreinigungen zuschreibt.

Noch mehr verunreinigt sind die Thorite von Brewig, besonders aber die Uranothorite von Arendal, was Nilson auf eine Einmischung akzessorischer Bestandteile, wie von Apatit, Ferrihydrat und irgend einem Bleimineral zurückführt. Brögger macht vor allem auf die große Verunreinigung des Thorits von Pjelland bei Arendal durch Eisenoxyd aufmerksam.

Er sucht zu beweisen, daß alle Bestandteile, mit Ausnahme des Thoriums und der Kieselsäure, Verunreinigungen seien. So sollen Cer und Ytererden sowie die Phosphorsäure auf Beimischungen von Monazit resp. Xenotim beruhen, die stets mit Thorit zusammen vorkommen.

Historisches. Der Thorit wurde 1828 vom Probste M. Thr. Esmark, einem Sohne des berühmten Professors der Mineralogie und Geologie an der Universität Christiania, Jens Esmark, endeckt. Dieser fand ihn auf der Insel Lövö im Langesundfjord im Syenite vor.

1829 lieferte Berzelius, welcher das Mineral von dem Entdecker erhalten hatte, eine Analyse desselben und entdeckte dabei ein neues Element, das Thorium.

(Orangit.) Im Herbst 1850 fand der bekannte Mineralienhändler Dr. A. Krantz in Bonn unter mehreren neuen norwegischen Mineralien eines mit der Bezeichnung Varietät vom Wöhlerit. Das Mineral erwies sich als etwas neues und er führte es unter dem Namen Orangit, mit Bezug auf seine Farbe, in die Wissenschaft ein.

Schon Krantz macht in seiner ersten Veröffentlichung auf die innige Verwachsung des Minerals mit Thorit aufmerksam. Er beschreibt zwei Exemplare, welche ganz von einem Thorit-Saume umgeben sind und deutet an, dafs sich hieraus vielleicht auf ein Übergehen des Thorit in Orangit schliefsen läfst, eine Ansicht, die, wie wir später sehen werden, wohl als richtig anzusehen ist.

Dieses von Krantz gefundene Material wurde von Professor Bergemann analysiert. Dieser fand darin eine ihm unbekannte Erde, die er Donarium nannte, die sich aber später als mit Thorium identisch herausstellte. Damour (1852), welcher bald darauf die Identität von Donarium und Thorium nachwies, zog hieraus den Schlufs, dafs der Orangit dasselbe Mineral wie Thorit sei und sich wesentlich von jenem nur durch die Farbe unterscheide. Bergemann, welcher zwar die Identität von Donarerde und Thorerde anerkannte, blieb aber bei der Ansicht, dafs Orangit und Thorit verschiedene Mineralien seien, indem er aufser dem Unterschied in der Farbe die im spezifischen Gewicht hervorhob. Scheerer begründete 1859 die Auffassung, dafs der Orangit nur als eine reinere und frischere Varietät des Thorit anzusprechen sei. Er zeigte, dafs die beiden Mineralien nicht nur chemisch sehr nahe stehen, sondern sich auch mineralogisch eng aneinander schliefsen. Er beobachtete, dafs der Thorit meist die äufseren Partien des im Zirkon-Syenit Norwegens eingewachsenen Orangits bilde, wobei mitunter das eine, mitunter das andere Mineral die Oberhand habe. Beide Mineralien besitzen nach Scheerer keine scharfen Grenzen gegeneinander, sondern sind oft innig miteinander verwachsen, wobei der Thorit stellenweise die inneren Teile gröfserer Orangitpartien aderartig durchschwärmt. Gerade hieraus glaubt er zu der Vorstellung neigen zu dürfen, den Thorit als Umwandlungsprodukt des Orangits zu betrachten.

Auch Chydenius erklärte 1861 nach genauem Studium beide Mineralien für identisch, jedoch mit verschiedenem Wassergehalte und verschiedenem spezifischen Gewicht.

Breithaupt beschreibt 1866 eine derbe Masse von Orangit und Thorit in der Art zusammengewachsen, dafs der Orangit als das ältere Gebilde von dem Thorit umgeben wird. Er führt aus, dafs bei dieser Stufe beide Massen in ihrer charakteristischen Beschaffenheit erscheinen, mit dem lebhaftesten Glanze, und dafs sich die Spaltungsrichtungen des einen in das andere bei völlig paralleler Spiegelung fortsetzen.

Nordenskiöld bestätigt 1876 die Auffassung, dafs Orangit das ursprüngliche Material sei.

1880 entdeckte Collier in der Eisenerzregion von Champlain im Staate New York ein dem Thorit sehr ähnliches Mineral, dem er wegen seines hohen Urangehaltes den Namen Uranothorit gab.

Einen gleich hohen Urangehalt zeigen aber auch vielfach die norwegischen Thorite und Nilson (1882) konstatiert, dafs der gröfsere Urangehalt keine besondere Mineralspezies gegenüber dem Berzeliusschen Thorit bedingt.

Vorkommen. **Deutschland.** Im Granitgebirge von Königshain in der Oberlausitz, Orangit im Feldspat von Döbschütz und im Pegmatit des Schwalbenberges zwischen den Zirkonen als stark glänzende, durchscheinende Partien von honig- bis pomeranzengelber Farbe — Woitschach 1883.

Norwegen. Auf der Insel Lövö in der Nähe von Brevig von *Esmark* 1828 im Syenite entdeckt und von Berzelius analysiert (An. 1), spez. Gew. 4,63, schwarz; Pulver blafs-braunrot; brüchig mit mattem Fettglanz. — Scheerer (1843) fand Thorit auf der Insel Smedholmen als konstanten Begleiter eines bräunlichen, langen und dünnstrahligen Natron Mesotyp (Bergmannit). — Aus der Nähe von Brevig stammte auch der von Krantz 1850 entdeckte Orangit. Er beschreibt denselben in Feldspat eingewachsen, begleitet von Mosandrit, schwarzem Glimmer, Thorit, Zirkon und Erdmannit; analysiert von Bergemann (An. 2), spez. Gew. 5,397. — Verfasser analysierte 1901 Thorit von Brevig (An. 15—16) braun-braunschwarz, Bruch muschelig, Fettglanz, H. 4,5. — 1876 entdeckte Nordenskiöld den Thorit, der bis dahin nur in der Nähe von Brevig gefunden war, in mehreren zollgrofsen Kristallen auf den Feldspatgängen von Arendal (An. 7). Farbe harzbraun, fast undurchsichtig, fettglänzend, Bruch flachmuschelig. H. 4,5, spez. Gew. 4,18, auf Platten von schwarzem Glimmer aufgewachsen. — Von ebendaher analysiert Lindström 1882 Thorit (Uranothorit) (An. 9). — Verfasser analysierte (An. 17—10) Orangit von Arendal auf Feldspat aufgewachsen. Farbe rötlichbraun — bis orange, mit wasserhellen Stückchen eingesprengt, Fettglanz; ferner hellgelb durchsichtigen Orangit, spez. Gew. 5,2 (An. 22). — Hamberg (1894) beschreibt Thorit von der Fjeldvandsgrube bei Arendal.

Brögger berichtet 1883 über eine neue Fundstelle des Thorits bei Moos.

Im Jahre 1887 berichtet A. E. Nordenskiöld von zwei neuen Fundorten des Thorits in Norwegen. »Im Glimmerschiefer von Linland bei Lenesfjord, Kirchspiel Spangereid, kommt Thorit in grofsen Kristallen vor, schwarz aussehend oder rotbraun, wie der von Arendal und Hitterö, oder als schön gelb durchscheinender Orangit, in Glimmer wie gewöhnlich auf Pegmatit. Alvit und Magneteisen begleiten den Thorit.« Ferner fand ihn Nordenskiöld am Grenzkap des Hafens Svinör bei Lindesnäs in gröfseren Massen und Kristallen, den vorigen ähnlich, doch meist dunkler. Auch fand er hier Orangit.

Hidden und Mackintosh analysierten 1891 Thorit von Landbö (An. 13), spez. Gew. 4,303—4,322, und Lindström 1882 von Hitteroe (An. 10), spez. Gew. 4,8. — Verfasser analysierte (An. 21) Thorit von Arö, spez. Gew. 4,7 schwarzbraun, Pulver braun.

Schottland. *Forster Heddle* entdeckte 1877 Orangit in Ben Blreck.

Ver. Staaten. New York. In der Eisenerzregion von Champlain entdeckte *Collier* 1880 Thorit, den er wegen des hohen Urangehaltes Uranothorit bezeichnete, der aber vollkommen identisch mit Thorit ist. Farbe dunkelrotbraun, gelbbrauner Strich, halbmuscheliger Bruch und harz- bis glasartiger Glanz. H. 5, spez. Gew 4,126 (An. 8). Verfasser analysierte (An. 20) von diesem Fundorte schwarzbraunen Thorit, spez. Gew. 4,2 ca. 10 % Uran enthaltend.

New Jersey. Im Granit der Trotter Mine von Franklin mit Orthit und Zirkon — Kemp 1893.

Der Preis der Thoritmineralien war zur Zeit sehr hoch bis zu 300 Mark per Kilogramm. Heute beträgt er für Thorit ca. 40—60 Mark je nach der Vollkommenheit des Kristalles, für reinen Orangit ca. 80 Mark per Kilogramm. Zur technischen Gewinnung des Thoriumoxydes kommen dieselben nicht mehr in Betracht da die meisten Lager erschöpft sind und die Industrie im Monazitsand eine billigere Quelle hat.

Vom Thorit leiten sich eine Anzahl Mineralien ab, deren Bildung Brögger so auffaßt, daß das betreffende Mineral eine erhärtete Gallertmasse ist, zu deren Bildung vorzugsweise der Thorit das Material abgegeben hat. Als auf diese Weise gebildet beschreibt Brögger die amorphen Mineralien Calziothorit, Eukrasit und Freyalith. Er hält es für wahrscheinlich, daß es aufser diesen drei genauer untersuchten Thorerdemineralien noch eine ganze Reihe anderer gibt, welche andere Mischungen darbieten. Hierhin wäre vor allem wohl der amerikanische Auerlith zu rechnen. Von der Betrachtung ausgehend, daß Thorit und Orangit selbst immer amorphe wasserhaltige Umwandlungsprodukte eines kristallisierten, wasserfreien Minerals sind, glaubt Brögger die Bildung der drei erwähnten amorphen Mineralien Kalziothorit, Eukrasit und Freyalith auch als einfache Pseudomorphosen des ursprünglichen wasserfreien Thorit ansehen zu können, oder vielleicht auch von wasserfreien Thoriten, in welchen ein Teil des ThO_2 durch CeO_2 etc. sowie durch andere Oxyde ersetzt gewesen wäre. Aus der unregelmäfsig, nierenförmigen Begrenzung aber, welche nicht nur diesen Mineralien, sondern auch den meisten Orangiten und Thoriten eigen ist, hält Brögger die Auffassung für wahrscheinlicher, daß konzentrierte Lösungen von Thorit und verschiedenen anderen, namentlich auch an Ceritoxiden reichen Mineralien, auf den schon gebildeten Gängen zirkulierten und hier und da zu Gallerten eintrockneten.

Thoro-Gummit.

Lit.
1889. Hidden u. Mackintosh, Am. J. Sc. (3). 38. 474—86. — Z. K. 19. 88. 1891.

Als ein Umwandlungsprodukt von Orangit-Thorit, resp. Uranothorit, ist wohl der von *Hidden* und *Mackintosh* entdeckte Thoro-Gummit anzusehen. Das Mineral ist von dunkel gelbbrauner Farbe, hat eine gröfsere Härte als der Gummit, 4—4,5, und ist gewöhnlich nur derb, obwohl auch einige wohlbegrenzte, zirkonähnliche Kristalle aufgefunden worden sind. Es besitzt eine charakteristische Farbe und wird nach dem Glühen mattgrünlich, wodurch es sich vom Freyalith, Eukrasit und Thorit unterscheidet, welche Spezies ihm sonst in einigen Beziehungen gleichen. Sein spezifishes Gewicht schwankt zwischen 4,43 und 4,53. Leicht löslich in Salpetersäure. Nach ihrer Analyse (An. 12 bei Thorit) betrachten Hidden und Mackintosh das Mineral als ein gewässertes Thorosilikat von Uranium, als ein Uranosilikat von Thorium oder als Doppelsilikat von Uranium und Thorium. Vielleicht dürfte hier eine fortgeschrittene Vertretung des Thoriums durch Uran, wie dies beim Uranothorit der Fall zu sein scheint, vorliegen.

Vorkommen. Das Mineral wurde von *Hidden* und *Mackintosh* an dem beim Gadolinit näher beschriebenen Fundort in Llano-Co Texas innig vergesellschaftet mit Fergusonit und Cyrtolith gefunden. Stücke bis zu drei Unzen Gewicht selten, hauptsächlich in sehr kleinen Fragmenten.

Calziothorit.

Lit.
1887. Brögger, G. F. F. 259.

Lit.
1890. Brögger, Z. K. 16. 127—28.

Unter dem Namen Calziothorit führte Brögger eine Thoritvarietät ein, welche sich durch einen hohen Calziumgehalt auszeichnet. Das vollständig amorphe Mineral, welches bisher spärlich auf den Inseln Låven und Arö im Langesundfjord gefunden wurde, tritt in kleinen Körnern und ungefähr nufsgrofsen, reinen, nierenförmigen Klumpen in Analcim und stark zersetztem Feldspat eingewachsen auf. Farbe schön weinrot; durchscheinend. H. = 4,5; spez Gew. = 4,114. Eine von Cleve ausgeführte Analyse (An. 11) ergab einen Calziumgehalt von fast 7 %, während der gewöhnliche Thorit nur geringe Mengen Ca als Verunreinigung enthält, und führte zu der Formel $5 [ThSiO_4]$ $2 [Ca_2SiO_4] +$ ca. 10 aq. Brögger fafst das Mineral als eine erhärtete Gallertmasse auf, zu deren Bildung Thorit neben aufgelöstem Calziumsilikat das Material abgegeben haben.

Auerlith.

Lit.
1888. Hidden und Mackintosh, Am. J. Sc. (3). 36. 461 — Z. K. 15. 295—96. 1889. — Ber. 22. 227. 1889.

Lit.
1891. Hidden u. Mackintosh, Am. J. Sc. (3). 41. 438. 1891. — Z. K. 22. 419. 1894.
1898. Hidden u. Pratt, Am. J. Sc. (4). 6. 323—26. — Z. K. 32. 599. 1900.

Nr.	Spez. Gew	Mineral	Entdeckung		Vorkommen	Chemische Zusammensetzung					Jahr der Analyse	Autor der Analyse	Literatur
			Jahr	Name des Entdeckers		Cerit-erden	Ytter-erden	Thor-erde	Zirkon-erde	Übrige Bestandteile			
1.	4,422 –4,766	Auerlith	1888	Hidden u. Mackintosh	Freemann Mine am Green River Henderson. Co. N. Carl.			69,23		H_2O. CO_2. Si. P. Fe. Ca. Mg. Al.	1888	Hidden u. Mackintosh	Am. J. Sc. (3). 36. 461. — Z. K. 15. 295—97. 1889. Ber. 22. 227. 1889.
2.	4,422 –4,766	"			"			70,13		"	1888	"	"
3.	4,051 –4,075	"		.	Price Land Henderson Co. N. Cav.			72,16		"	1889	"	Am. J. Sc. (3). 41. 438. 1891. Z. K. 22. 419. 1894.

Ebenfalls als ein Umwandlungsprodukt des Thorit ist wohl der von *Hidden* und *Mackintosh* als besondere Mineralspezies eingeführte Auerlith anzusehen. Das Mineral ist zu Ehren des Erfinders der Glühlichtbeleuchtung, Dr. Karl Freiherr Auer von Welsbach, benannt. Die Kristallform ist quadratisch und gleicht der des Zirkons und Thorits. Die Farbe schwankt auf der Bruchfläche von blafszitronengelb bis zu verschiedenen Abstufungen von orange zu tief — braunrot. Das Mineral ist halbdurchscheinend bis opak, an der Oberfläche gelblichweifs, sehr brüchig und leicht zerbröckelnd. Die Härte schwankt von 2,5 bis 3, doch ritzen blofs einige Kristalle den Kalkspat. Das spezifische Gewicht schwankt innerhalb weiter Grenzen von 4,051—4,766; das höchste besitzen die dunkel-orangeroten Kristalle. Die chemische Zusammensetzung führt zu der Formel ThO_2 (SiO_2 $^1/_3$ P_2O_5) $2H_2O$, welche einem Thorit entspricht, in welchem ein Teil der Kieselsäure durch die äquivalente Menge Phosphorsäure vertreten ist, wenn $3SiO_2 = 1P_2O_5$ ist. Man kann das Mineral auch als eine Mischung eines wasserhaltigen Thoriumphosphates mit einem wasserhaltigen Thoriumsilikat betrachten, ähnlich dem Vorkommen des Zirkons in paralleler Verwachsung mit Xenotim. Das Mineral ist leicht löslich in Salzsäure unter Abscheidung von gelatinöser Kieselsäure. Es ist unschmelzbar und wird bei starker Glühhitze mattbraun, beim Abkühlen wieder orange

Vorkommen. **Ver. Staaten.** Das Mineral wurde bisher nur an zwei Stellen, in Henderson Co. Nord-Carolina aufgefunden, nämlich auf der Freemann Mine am Green River und zu Price Land, drei Meilen südwestlicher. An beiden Orten findet es sich in lockeren granitischen und gneisartigen Gesteinen, innig verbunden mit Zirkonkristallen, auf welch letzteren es öfter als eine sekundäre Bildung in paralleler Stellung aufgewachsen ist. So fanden Hidden und Pratt (1898) den Auerlith im Biotitgneis der Freemann Mine in paralleler Verwachsung mit unzersetztem grauen und braunen Zirkon. Die Analyse des Vorkommens auf der Freemann Mine findet sich unter 1 und 2, desjenigen von Prices Land unter 3. Letzteres enthält mehr P_2O_5 und dementsprechend weniger SiO_2 als jenes von der Freemann Mine. Das spezifische Gewicht nimmt in dem Mafse ab als die P_2O_5 zunimmt.

Verfasser möchte den Auerlith für einen stark zersetzten Thorit ansehen, dessen Phosphorsäuregehalt von beigemengtem Monazit herrührt. Er fand bei der Untersuchung norwegischer Thorite, dafs die stark zersetzten Thorite mit niedrigerem spezifischen Gewicht stets gröfsere Mengen von Phosphorsäure enthielten, während diese an den frischen Varietäten fast ganz fehlte.

Mackintoshit.

Lit.
1893. Hidden u. Hillebrand, Am. J. Sc. (3). 46. 98. — Z. K. 25. 105—6. 1896.

Nr.	Spez. Gew	Mineral	Entdeckung		Vorkommen	Chemische Zusammensetzung					Jahr der Analyse	Autor der Analyse	Literatur
			Jahr	Name des Entdeckers		Cerit-erden	Ytter-erden	Thor-erde	Zirkon-erde	Übrige Bestandteile			
	5,438	Mackintoshit	1890	Hidden u. Mackintosh	Bluffton am Westufer d. Colorado River. Llano Texas		1,86	45,80	0,88	P. Ur Si. Fe. Ca. Mg Pb Na. Li. K. H_2O	1893	Hillebrand	Am. J. Sc. (3). 46. 98.

Der Mackintoshit ist das Muttermineral des Thorogummit. Es kommt in Bluffton am Westufer des Colorado River Llano Co. Texas in den Pegmatitgängen zusammen mit Cyrtolith und Fergusonit vor. Das schwarze, undurchsichtige Mineral ist makroskopisch dem Cyrtolith sehr ähnlich, doch etwas stärker glänzend. Ohne Spaltbarkeit, Bruch muschelig bis hakig. H. = 5,5, spez. Gew. 5,438. Das Mineral ist quadratisch und Zirkon und Thorit in Habitus und Winkeln ähnlich. Kristalle bis 1 cm dick. Von Säuren wird das Mineral nur unvollkommen zersetzt, jedoch soll es nach Hillebrand durch ein Gemenge von H_2SO_4 und HNO_3 vollständig gelöst werden. Hillebrand hat das Mineral analysiert (vgl. An.). Seine Analyse stimmt nahezu mit derjenigen des Thorogummits überein. Vielleicht ist auch der Mackintoshit schon ein sekundäres Produkt. Für das ursprünglich wasserfreie Mineral würde sich nach Hidden dann die Formel $3 Si 4 (U 3 Th) O_{14}$ ergeben

Eukrasit.

Lit.
1877 Paykull, G. F. F. 3. 350—52. — Z. K. 2. 308—9. 1878.

Lit.
1878. Damour, Bull. fr. Min. 1 33 — Z. K 3. 637. 1879· 1890. Brögger, Z. K. 16. 129—30.

Nr.	Spez. Gew	Mineral	Entdeckung		Vorkommen	Chemische Zusammensetzung					Jahr der Ana- lyse	Autor der Analyse	Literatur
			Jahr	Name des Entdeckers		Cerit- erden	Ytter- erden	Thor- erde	Zirkon- erde	Übrige Be- standteile			
	4,39	Eukrasit	1877	Paykull	Brevig	14,03	5,95	35,96	0,60	Si. Ti. Sn. Mn. Fe. Al. Ca Mg. H_2O Na. K.	1877	Paykull	G. F. F. III. 350—51. Z. K. 2. 308. 1878 u. Brögger. Z. K. 16. 129—30. 1890.

Unter dem Namen Eukrasit (εὐκρᾶσις) führte *Paykull* ein von ihm entdecktes Thorerde reiches Mineral ein. Nach *Paykulls* Angabe war das Mineral rhombisch kristallisiert. Brögger fand jedoch, daß das von jenem benutzte Mineralstück vollkommen amorph sei. Das Mineral ist spröde, mit unebenem muscheligem Bruch, fettartigem Glanz. Farbe schwarzbraun; Strich braun. In Splittern schwach durchscheinend. H. 4,4—5, spez. Gew. 4,39. Vor dem Lötrohre schmilzt es in Splittern schwierig und wird etwas entfärbt; von HCl teilweise, unter Entweichung von Cl, in H_2SO_4 vollständig löslich

Vorkommen. Norwegen bei Barkevik als tiefbraune, plattenförmige Masse, mit einer 1 mm dicken, braungelben Ockerkruste bedeckt, von schwarzem chloritisiertem Biotit etc. durchsetzt und mit violettem Flußspat gemengt, auf tiefrotbraunem Feldspat, Elaeolith, schwarzem Glimmer etc.

Freyalith.

Lit.
1878. Damour, Bull. fr. Min. 1. 33—35. — Z. K. 3. 637—38. 1879.

Lit.
1890. Brögger, Z. K. 16. 131—33.

Nr.	Spez. Gew	Mineral	Entdeckung		Vorkommen	Chemische Zusammensetzung					Jahr der Ana- lyse	Autor der Analyse	Literatur
			Jahr	Name des Entdeckers		Cerit- erden	Ytter- erden	Thor- erde	Zirkon- erde	Übrige Be- standteile			
	4,06 -4,17	Freyalith	1878	Esmark	Barkevik- scheeren	31,27		28,39	6,31 +Al	Si. Al. Fe. Mn. Na. K. H_2O.	1878	Damour	Bull. d. l. soc. min. d. France 1. 33—35. Z. K. 3. 637—38 u. 16. 131—33.

Der Freyalith wurde von *Esmark* entdeckt und von Damour untersucht. Er bildet amorphe, kleine, nierenförmige Klumpen, welche nach Brögger als erhärtete Gallerte anzusehen sind. Farbe braun bis hellbraun, in dünnen Splittern halbdurchsichtig; Strich gelblichgrau; ritzt schwach Glas. Spez. Gew. 4.06—4,17. In Säuren leicht löslich; vor dem Lötrohre bläht das Mineral sich auf, ohne zu schmelzen.

Vorkommen. Norwegen bei Brevik.

Halloidsalze.

In der Klasse der Halloidsalze finden sich drei Mineralien, welche als Fluorverbindungen der seltenen Erden aufzufassen sind: der Yttrocerit, Fluocerit und Tysonit, von welchen an dieser Stelle nur Yttro- und Fluocerit abgehandelt werden sollen, während der Tysonit mit dem naheverwandten Fluokarbonat Bastnäsit zusammen behandelt werden wird.

Yttrocerit.

Lit.
1816. Berzelius, Schwgg. J. 16. 241.
1827. Gibbs, B. J. 6. 233.
1844. Jackson, Proc. Boston N. Gh. Soc. 1844. 166.

Lit.
1870. Rammelsberg, Ber. 3. 858.
1896. Petterd, A. Catalogue of the Minerals of Tasmania Launceston 1896. — Z. K. 31. 199. 1899.

Nr.	Spez. Gew.	Mineral	Entdeckung		Vorkommen	Chemische Zusammensetzung					Jahr der Analyse	Autor der Analyse	Literatur
			Jahr	Name des Entdeckers		Cerit-erden	Ytter-erden	Thor-erde	Zirkon-erde	Übrige Be-standteile			
1.	—	Yttrocerit	1816	Berzelius	Finbo	16,4 –18,2	8,1 –9,1			Ca. H₂O. F.	1816	Berzelius	Schwgg. J. 16. 241.
2.	—	„			Massachusetts	13,3	15,5				1844	Jackson	Proc. Boston. N. H. Soc. 1844. 166.
3.	3,363	„			Finbo	9,3	14,87				1870	Rammelsberg	Ber. 1870. 857.
4.	3,363	„			„	16,14					1870	„	„

Der Yttrocerit ist wesentlich ein Ca-Fluorid mit Metallen der Cerium und Yttriumgruppe (ca. 15—20 %); derb. H. = 4—5, spez. Gew. 3,3—3,4. Farbe violettblau, ins Graue und Weiße spielend; schwach glänzend.

Vorkommen. Das Mineral findet sich sehr selten in kleinen kristallinisch-körnigen Aggregaten und als Überzug. In Schweden bei Finbo, Broddbo und Fahlum in Quarz mit Albit und Topas, analysiert von Berzelius und Rammelsberg (An. 1, 3 u. 4). In Nord-Amerika in Massachussetts analysiert von Jackson 1844. — Bei Franklin New Jersey und Amity in New York Gibbs 1827. — Australien am Mount Ramsay Tasmanien — Petterd 1896.

Fluocerit.

Lit.	Lit.
1824. Berzelius, P. A. 1. 29.	1891. Weibull, Z. K. 18, 619.
1886. Weibull, G. F. F. 8. 475. — Z. K. 15. 431 1889	1898. G. F. F. 20. 50. — Z. K. 32. 612. 1900.

Nr.	Spez. Gew.	Mineral	Entdeckung		Vorkommen	Chemische Zusammensetzung					Jahr der Analyse	Autor der Analyse	Literatur
			Jahr	Name des Entdeckers		Cerit-erden	Ytter-erden	Thor-erde	Zirkon-erde	Übrige Be-standteile			
		Fluocerit		Haidinger	Broddbo	82,64	1,12			Al. Fl. Cl. H₂O. Ca. CO₂.	1824	Berzelius	P. A 1. 29
	5,7	„			Österby in Dalarne	82,6	3,9			„	1886	Weibull	G. F. F. 8. 475. — Z. K. 15. 431. 1889.
	5,7	„			„	82,65	4,3			„	1886	„	„
	5,7	„			„	81,45	3,41			„	1886	Tedin	„
	5,7	„			„	81,43	4,23			„	1886	„	„

Ein bisher nur in geringer Menge gefundenes Mineral, das sehr reich an seltenen Erden ist, ist der Fluocerit.

Kristallsystem Hexagonal. H. = 4, spez. Gew. 5,7—5,9; Bruch uneben und splitterig. Farbe blaßrotgelb; undurchsichtig bis kantendurchscheinend; Glanz wachsartig. **Chemische Zusammensetzung** Berzelius hielt das Mineral für eine Verbindung von Cerfluorür und Fluorid. Weibull fand, daß demselben die Formel (Ce La Di)₂ OFl₄ zukomme, das Mineral also ein basisches Haloidsalz von Cerfluorid sei, welches einer beginnenden Umwandlung unter Austausch von Fluor gegen Wasser unterworfen gewesen ist. Außer den oben angeführten Metallen enthält der Fluocerit auch einige Prozent Yttriummetalle. Der gelbliche **Hydrofluorit** von Finbo, wahrscheinlich das schließliche Produkt der eben erwähnten Zersetzung, soll eine Verbindung von Cerfluorid und Cerhydroxyd sein.

Vorkommen. Anscheinend wenig verbreitet, bisher nur in Schweden gefunden. Berzelius analysierte schon 1824 Material von Broddbo. Von Österby in Dalarne untersuchte und analysierte Weibull sowie Tedin den Fluocerit, der dort auf Pegmatitgängen mit Gadolinit und Orthit vorkommt.

Karbonate.
(Chloro- und Fluokarbonate.)

Bei den Mineralien aus der Ordnung der Karbonate finden wir einige Fluokarbonate der seltenen Erden im Bastnäsit und dem Parisit mit seinen Verwandten.

Bastnäsit und Tysonit.
(Hamartit.)

Lit.
1838. Hisinger, Öfv. Ak. Stockholm 1838. 139. — B. J. 20. 249.
1841. Hust, Min. I. 296. 1841.
1868. Nordenskiöld, Öfv. Ak. Stockholm 1868. 399. — P. A. 136. 228.
1874. Radominski, Ber 7. 483.

Lit.
1880. Allen u. Comstock, Am. J. Sc. (3). 19. 367. — Z. K. 5. 509. 1881.
1891. Hidden, Am. J. Sc. (3). 41. 439. — Z. K. 22. 420. 1894.
1899. Hillebrand, Am. J. Sc. (4). 7. 51—57. — Z. K. 34. 95. 1901.

Nr.	Spez. Gew.	Mineral	Entdeckung		Vorkommen	Chemische Zusammensetzung					Jahr der Analyse	Autor der Analyse	Literatur
			Jahr	Name des Entdeckers		Ceriterden	Yttererden	Thorerde	Zirkonerde	Übrige Bestandteile			
1	—	Bastnäsit (bas Fluocerium)	1838 1841	Hisinger Hust	Bastnäsgrube bei Riddarhyttan	93,5				Fl CO_2. H_2O.	1838	Hisinger	Öfr Ak Stockholm. 1838 139. B J. 20 249.
2.	—	Bastnäsit (Hamartit)	1868	Nordenskiöld	„	74,26					1868	Nordenskiöld	Öfr. Ak. Stockholm. 1868. 399. P A. 136. 228.
3.	4,93	Bastnäsit			Kårarfvet	67,4					1874	Radominski	Ber. 7. 483.
4.	5,18 —5,2	„			Pikes Peak Colorado	75,8					1880	Allen u. Comstock	Am. J. Sc. (3). 19. 367. — Z. K. 5. 509. 1881.
5	5,12	„			Cheyenne Mountain Pikes Peak Colorado	64,0	10,0				1899	Hillebrand	Am. J. Sc. (4). 7. 51—57. — Z. K. 34. 95. 1901.
6.	6,12 --6,14	Tysonit (Bastnäsit)	1879	Tyson u. Wood	Pikes Peak Colorado	70,56					1880	Allen u. Comstock	Am. J. Sc. (3). 19. 390. — Z. K 5. 509. 1881.
7.	6,14	Tysonit			Cheyenne Mountain Pike's Peak Colorado	69,20	31,0[º]				1899	Hillebrand	Am. J. Sc. (4). 7. 51—57. — Z. K. 34. 95. 1901.

Fluorverbindungen der Ceriterden sind die Mineralien Bastnäsit und Tysonit. Beide stehen in inniger Beziehung zueinander, so zwar, dafs das erstere Mineral aus dem letzteren entstanden ist, indem sich die einfache Fluorverbindung des Tysonit in das Fluorkarbonat Bastnäsit verwandelt hat. Das länger bekannte Mineral ist der Bastnäsit. *Hisinger* hat dasselbe 1838 als »basisches Fluocerium« von der Bastnäsgrube Riddarhyttan analysiert und beschrieben. *Hust* (1841) belegte es mit dem Namen »Bastnäsit«. *Nordenskiöld* (1868) erkannte das Mineral als ein Fluokarbonat und benannte es Hamartit, indes hat der von *Hust* gegebene Name die Priorität. Die hexagonale Kristallform des Bastnäsit gehört wahrscheinlich dem ursprünglichen Mineral, dem Tysonit, an und sind die Kristalle in ihrem jetzigen Zustande Pseudomorphosen. H 4—4,5, spez. Gew. 4,93—5,2, Glas- bis Harzglanz; Farbe tief- bis rötlichbraun; Strich hell gelblichgrau. Chemische Zusammensetzung CO_3 [(Ce La Di) F]. Vor dem Lötrohr unschmelzbar; in konc. H_2SO_4 löslich unter Freiwerden von CO_2 und HF. Der Tysonit wurde von *Tyson* und *Wood* nahe dem Pikes Peak (Colorado) gefunden und von Allen und Comstock (1880) näher untersucht. Das Mineral bildet meist die inneren Partien der Bastnäsitkristalle. H. 4,5—5, spez. Gew. 6,007—6,14; Glas- bis Fettglanz; Farbe hell wachsgelb; Strich fast weifs Vor dem Lötrohr schwärzt es sich, ohne zu schmelzen. Unlöslich in HCl und HNO_3, löslich in H_2SO_4 unter Entwickelung von HF. Im geschlossenen Rohr dekrepitiert die Substanz und färbt sich blafsrötlich. Die chemische Zusammensetzung: (Ce La Di) F.

Vorkommen. **Schweden.** Auf der Bastnäsgrube bei Riddarhyttan und beim Hofe Kårarfvet von *Hisinger, Nordenskiöld* und Radominski analysiert.

Amerika. Colorado. In der Pikes Peak-Region. Allen und Comstock (1880) beschreiben hexagonale Kristalle, teilweise in Feldspat eingewachsen Der gröfste Kristall von mehr als einem Zoll Durchmesser. Die kleineren Kristalle bestanden meist durch und durch aus Bastnäsit Bei den gröfseren bildete der Tysonit den mittleren Streifen vieler der gröfseren prismatischen Kristalle des Bastnäsit, in einer Breite von einigen Linien bis zu einem halben Zoll. Hidden (1891) fand in derselben Region in der Nähe von Monitou Springs Bastnäsit und Tysonit. Die gefundene Menge belief sich auf etwa 6 kg. Die äußeren Schichten der größeren Fragmente wurden gebildet von tafeligen hexagonalen Kristallen von klarer tiefbrauner Farbe und einer Größe bis zu zwei Zoll, während die inneren größeren Partien aus wachsgelbem, unzersetztem, zum Teil völlig durchsichtigem Tysonit bestanden. Spez. Gew. 6,007. In beiden Mineralien fand Hidden ein weißes Zersetzungsprodukt in größeren Partien. Spez. Gew. 4,145. Es zeigte hohen Cergehalt und Hidden glaubt es für ein Gemenge von Bastnäsit mit Lanthanit halten zu können. In neuerer Zeit hat Hillebrand (1899) Bastnäsit und Tysonit von Cleyenne Mountain, ebenfalls in der Pikes Peak-Region, analysiert.

Parisit.

Lit.
1845. Bunsen, L. A. 53. 147.
1862. Korovaeff, J. pr. 85. 442.
1864. Damour u. Delville, C. r. 59. 270.
1874. Des Cloizeaux Manuel 1874. 2. 162.
1889. Vrba, Z. K. 15. 210—12.
1890. Brögger, Z. K. 16. 650—54.

Lit.
1894. Nordenskiöld u. Lindström, G. F. F. 16. 336. — Z. K. 26. 85—86. 1896.
1899. Penfield u. Warren, Am. J. Sc. [4]. 821—24.
1902. v. Fedorow, Z. K. 35. 101. Reiß u. Stübel, Z. K. 35. 299.

Nr.	Spez. Gew.	Mineral	Entdeckung		Vorkommen	Chemische Zusammensetzung					Jahr der Analyse	Autor der Analyse	Literatur
			Jahr	Name des Entdeckers		Cert-erden	Ytter-erden	Thor-erde	Zirkon-erde	Übrige Bestandteile			
1.	—	Parisit		Paris	Muxo-Musotal Columbien	50,78				CO₂. Ca. F. H₂O.	1845	Bunsen	L. A. 53. 147.
2.	4,784	„			Kyschtimk Ural	64,37					1862	Korovaeff	J. pr. 85, 442.
3.	4,358	„			Muxo-Musotal Columbien	52,82					1864	Damour u. Delville	C. r. 59. 270.
4.	—	Parisit			(Narsarsuk) Igaliko Grönland	52,1	2,5				1894	Nordenskiöld u. Lindström	G. F. F. XVI. 336. Z. K. 26, 85. 1896.
5.	4,128	„			Ravalli Co. Montana	54,60					1899	Warren	b. Penfield. Am. J. Sc. (4). 8. 21—24. Z. K. 32. 7. 1900.
6.	4,302	„			Musotal Columbien	60,41					1899	„	„
7.	3,902	„			Narsarsuk in Fjord v. Tunugdliarfik Süd Grönland	51,02	1,23				1899	Flink	b. Flink, Böggild u. Winter. Medd. om Grönl. Koppenhagen 1899. 24. 1—213. Z. K. 34. 646. 1901. vgl. auch Flink Medd. om Grönl. 14. 1898. Z. K. 32. 616. 1900.

Ein an seltenen Erden reiches, bisher aber nicht sehr häufig gefundenes Mineral ist der Parisit. Er wurde nach Vrba zuerst von Medici-Spatha als selbständige Spezies erkannt und nach dem Fundorte — dem Musotale — Musit benannt. Von Bunsen 1845 genauer untersucht und da der Name Musit für eine Pyroxenvarietät von der Musso-Alpe schon verwendet war, nach dem damaligen Besitzer der Smaragtgruben im Musotale dem Entdecker des Minerals J. Paris benannt. Die Farbe ist bräunlichgelb in das rötliche streifend, bei dem von Ravalli Co Montana fast gleichförmig gelbbraun und bei dem von Narsarsuk wachsgelb, auch grau und haarbraun. Strich gelblichweiss. Das Mineral ist brüchig und leicht zu pulverisieren, splitterig-muscheliger Bruch; Glasglanz im Bruch, kantendurchscheinend. Das spezifische Gewicht des Parisit von Narsarsuk ist nach Flink 3,902; des von Muso nach Flink 4,392; nach Damour 4,358; nach Vrba 4,364; nach Warren und Penfield 4,302 und des von Ravalli nach demselben 4,128. H. 4,5. Seiner chemischen Zusammensetzung nach ist der Parisit ein kalkhaltiges Fluorkarbonat der Ceriummetalle deutbar als Ce₂[CO₂]3 CaF₂; ungefähr ein Drittel des Cers ist durch Didym und Lanthan vertreten. Vor dem Lötrohr ist das Mineral unschmelzbar und strahlt ein intensives weißes Licht aus. Geglühte Splitter sind hellbraun und rissig. In Säuren löst sich das Mineral unter Abgabe von CO₂.

Vorkommen. Norwegen. Auf Ober-Orö (Süd-Norwegen) beobachtete Brögger (1890) auf Kristallen des Eudidymit kleine Kristalle, die teils dem Parisit angehörten, teils dem von Brögger entdeckten Weibyeit. Beide Mineralien waren so innig miteinander verwachsen, daß sie nicht getrennt werden konnten. Beide Substanzen wurden darum zusammen von Forsberg analysiert und soll diese Analyse unter Weibyeit angeführt werden (vgl. dort).

Rufsland. Ural. Aus dem Geschiebe (Kischtimit) in den Kichtimskischen Goldwäschen am Ural, analysierte Korovaeff 1862 Parisit (An. 2). Das Fehlen von Ca in dieser Analyse sowie das hohe spez. Gew. von 4,784 deuten jedoch auf umgewandelten Parisit.

Grönland. In Süd-Grönland kommt der Parisit häufiger vor. Die Syenitregion an den Fjorden von Tunugdliarfik und Kangerdluarsuk in der Umgebung von Julianehaab ist sehr reich an seltene Erden enthaltenden Mineralien. Ein hervorragender Fundpunkt für diese Mineralien speziell auch den Parisit, welcher von dort zuerst von Nordenskiöld 1894, später von Flink 1899 beschrieben wurde, ist Narsarsuk. Flink beschreibt diese Fundstelle wie folgt: »Narsarsuk (d. i. die grofse Ebene) liegt im Innern der Landzunge, welche von dem Igaliko- und Tunugdliarfikfjord gebildet wird; der nächste von Grönländern bewohnte Platz ist Igaliko am Fjord desselben Namens. Narsarsuk bildet ein ziemlich ebenes Plateau, das sich etwa 2—3 km von Nord nach Süd und etwas über 1 km in die Breite erstreckt. Gegen Nordost erhebt sich die mächtige Bergmasse von Igdlerfigsalik, von der es durch ein Tal getrennt ist, während sein mittlerer Teil etwa die Wasserscheide zwischen den beiden genannten Fjords bildet. Am Südwestrande des Plateaus befindet sich eine unregelmäfsige Einsenkung mit ein paar Seen, von denen der gröfsere, südliche, sein Wasser nach dem Igaliko, der nördliche nach dem Tunugdliarfikfjord entsendet. Südwestlich dieser Depression hebt sich das Gelände wieder zu einer bergigen Anhöhe Iliortafik, welche gegen Itivdlersuak zu nach dem schmalen Landstreifen abfällt, auf welchem sich der Verkehr zwischen Igaliko und Tunugdliarfik abwickelt.

Das Hauptgestein dieses Areals ist Syenit, an den südlichen, westlichen und nördlichen Grenzen indessen Granit. Der Granit taucht ringsum unter den Syenit und scheint eine bassinförmige Einsenkung zu bilden, in welche der Syenit sich ergofs. Am Kontakt ist der Syenit quarzitähnlich, weifs und sehr feinkörnig bis beinahe dicht, diese Kontaktzone ist an manchen Stellen ziemlich breit. Der Syenit dagegen ist sowohl am Kontakt als in der Mitte vom selben Charakter, nämlich etwas grobkörnig und stark verwittert; an der Oberfläche ist er mit einer mehr oder minder dicken Schicht von Grufs bedeckt, auf dem sich fast keinerlei Vegetation entwickelt. Die beiden oben erwähnten Seen liegen auf der Grenzlinie des Granits und Syenits.

Der Fundort der seltenen Mineralien liegt im nördlichsten Teile des Plateaus von Narsarsuk in kurzer Entfernung von dem steilen Abhange gegen den Tunugdliarfikfjord, fast genau da, wo dieser den Korok genannten Arm abzweigt und umfafst nur ein ganz kleines Areal von etwa 500 m Länge und wenig über 100 m Breite. Nur an dieser Stelle finden sich die seltenen Mineralien, an allen anderen Stellen ist das Gestein von gleichmäfsigem Korn, während es hier pegmatitisch ist. Wie überall, so ist auch hier das Gestein in situ stark verwittert und zerbröckelt; viele der Mineralien wurden nur in den losen Blöcken und Stücken, welche den Boden bedecken, gesammelt.«

Der Parisit ist an dieser Fundstelle recht häufig und kommt nur kristallisiert vor. Die Kristalle sind jedoch meistens nur klein, Individuen von 1—2 mm Länge und 0,5 mm Dicke sind am häufigsten Diese Kristalle bilden oft lose zusammenhängende Krusten über gröfseren Partien anderer Mineralien, wie Aegirin und Feldspat, oder füllen die Zwischenräume zwischen anderen Mineralien. Vereinzelt finden sich auch Kristalle von 1 cm Länge. Die gröfseren Kristalle bestehen in der Regel aus einer gröfseren Anzahl kleiner Einzelindividuen in paralleler Verwachsung, der gröfste so gebaute Kristallstock hatte nach Flink eine Länge von 6 cm und eine Breite von 3 cm. Analysiert wurde dieses Vorkommen von Nordenskiöld und Lindström 1894 (An. 4) und von Flink 1899 (An. 7). Nordenskiöld (1894) hat den auf Aegirin als kleine 0,5—2 mm lange, 0,2—6 mm dicke, gelbe, spitz-pyramidale Kristalle aufgewachsenen Parisit von Igaliko eingehender kristallographisch untersucht.

Ver. Staaten. Von Ravalli Contry Montana beschreibt Penfield 1899 Parisit von spez. Gew. 4,128 mit Pyrit in zersetztem Ryolith oder Trachyt vorkommend; analysiert von Warren (An. 5). Das ältest bekannte Vorkommen des Parisit ist aus den Smaragdgruben des Musotales in Columbia. Es wurde zuerst 1845 von Bunsen analysiert (An. 1). Später (1867) von Damour und Deville (An. 3). In neuerer Zeit von Penfield und Warren (1899) und von Reifs und Stübel (1902) beschrieben. Analysiert von Warren (An. 6).

Lit.   **Weibyeit.**
1890. Brögger, Z. K. 16. 650—54.

| Nr. | Spez. Gew. | Mineral | Entdeckung | | Vorkommen | Chemische Zusammensetzung | | | | | Jahr der Ana-lyse | Autor der Analyse | Literatur |
			Jahr	Name des Entdeckers		Cert-erden	Yiter-erden	Thor-erde	Zirkon-erde	Übrige Be-standteile			
—		Weibyeit (Parisit)	1890	Brögger	Ober-Arö Lange-sundfj	66,96				CO_2. Ca. Sr. Fe.	1890	Forsberg	b. Brögger, Z. K. 16. 652.

Ein bisher nur in ganz geringen Mengen gefundenes, an Ceriterden reiches Mineral, ist der von *Brögger* gefundene Weibyeit. Die chemische Zusammensetzung dieses Minerals weist auf eine nahe Verwandtschaft zum hexagonalen Bastnäsit hin, während die Kristallform grofse Ähnlichkeit mit der des quadratischen Tapiolit zeigt. Die Kristallform des Weibyeit ist aber nach *Bröggers* optischen Untersuchungen rhombisch, obschon das Mineral äuſserlich eine quadratische, dem Zirkon ähnliche Form zeigt. Die Kristalle sind sehr klein, gewöhnlich nur ca. ¹/₂ mm groſs, ausnahmsweise ca. 2 bis 3 mm groſs. Die Kristalle, welche mit einer dünnen, gelben, matten Ockerkruste bedeckt waren, waren so innig mit Parisit verwachsen, daſs es nicht möglich war, dieselben von diesem zu einer von Forsberg ausgeführten Analyse zu trennen, so daſs sich die Resultate derselben auf ein Gemenge von Parisit und Weibyit beziehen.

Vorkommen. **Norwegen.** Der Weibyeit wurde von *Brögger* mit Parisit auf einem auf der Westseite der kleinen Insel Ober-Arö (Övre Arö) auf Analcim, Eudidymit und Natrolith aufgewachsen gefunden.

Ancylit.

Lit.
1899 Flink, Boeggild u. Winter, Medd. om. Grönl. 24. 1—213. — Z. K. 34. 649—52. 1901.

Nr.	Spez. Gew.	Mineral	Entdeckung		Vorkommen	Chemische Zusammensetzung					Jahr der Analyse	Autor der Analyse	Literatur
			Jahr	Name des Entdeckers		Cerit-erden	Ytter-erden	Thor-erde	Zirkon-erde	Übrige Be-standteile			
	3,95	Ancylit	1897	Flink	Narsarsuk i. Fjord v. Tu-nugdliarfik, Süd-Grön-land	46,26		0,20		CO_2. Fe. Mn. Sr. Ca. H_2O. F.	1899	Mauzelius	Meddeleser om Grön-land, Kopenhagen 1899. 24. 1—213. Bull. Soc. franç. Min. 23. 25—31. Z. K. 34. 651. 1901.

Zu den von *Flink* auf seiner Reise in Grönland neu entdeckten Mineralien gehört der an Ceriterden reiche Ancylit, welcher dem Weibyeit Bröggers nahezustehen scheint. Der Name, vom griechischen ἀγκύλος (gekrümmt) abge-leitet, wurde in Anbetracht der stets gekrümmten Flächen gewählt. Das Mineral findet sich nur in kleinen, schlecht entwickelten Kristallen. Das Kristallsystem ist rhombisch. Die Farbe des Ancylits variiert zwischen lichtgelben, orange und braunen Tönen. Die Krusten dünner Kristalle sind mehr gelblichgrün oder gelblichgrau. Auf dem Bruche Glasglanz; nur durchscheinend. Die Härte ist 4,5, wobei das Mineral einen gewissen Grad von Zähigkeit besitzt, so daſs beim Zerkleinern kleine Splitter abfliegen. Der Bruch ist muschelig; Spaltbarkeit wurde nicht wahrgenommen.

Das spezifische Gewicht fand Mauzelius durch Wägung in Benzol zu 3,95.

Vor dem Lötrohre ist der Ancylit unschmelzbar und nimmt nach dem Verluste der Kohlensäure eine braune Farbe an. Im geschlossenen Rohre gibt er reichlich Wasser ab und mit HCl. befeuchtet, erteilt er der Flamme eine intensiv rote Färbung. Leicht löslich in Säuren unter CO_2 Entwicklung. Das Mineral wurde von Mauzelius analysiert (vgl. An.) und folgende Formel für dasselbe gefunden $4 Ce(OH) CO_2 + 3 Sr CO_2 + 3 H_2O$. In chemischer Beziehung scheint eine gewisse Übereinstimmung mit dem Weibyeit Bröggers zu bestehen. Beide be-stehen hauptsächlich aus dem Karbonat der Ceriummetalle, jedoch ist die genaue Zusammensetzung des Weibyit nicht genügend genug bekannt um einen Vergleich zu ziehen. Optisch zeigen die beiden Mineralien Verschieden-heiten. Wahrscheinlich handelt es sich hier, wie schon öfter beobachtet, um zwei zwar nahe verwandte, aber nicht völlig identische Mineralien, von denen das Vorkommen des einen den grönländischen Gängen, dasjenige des anderen den norwegischen angehört.

Vorkommen. Das Vorkommen des Ancylit beschränkt sich zurzeit noch auf die Ebene Narsarsuk in Grönland, deren genaue Lage beim Parisit beschrieben ist. Hier fanden sich die gröſseren Ancylitkristalle zusammen mit nadelförmigen Aegirin, oder in haarförmigen, verfilzten Massen des letzteren zusammen mit klaren Albitkristallen und dunkelbraunem Zirkon als letzte Bildung. Die Krusten kleiner Ancylitkristalle fanden sich an einer anderen Stelle auf stark korrodiertem Feldspat, mit Cordylit, welcher jünger zu sein scheint.

Cordylit.
(Barium-Parisit.)

Lit.
1899. Flink, Boeggild u. Winter, Medd. om. Grönl. 24. 1—213. — Z. K. 34. 647—49. 1901.

Nr.	Spez. Gew	Mineral	Entdeckung		Vorkommen	Chemische Zusammensetzung					Jahr der Ana-lyse	Autor der Analyse	Literatur
			Jahr	Name des Entdeckers		Cerit-erden	Ytter-erden	Thor-erde	Zirkon-erde	Übrige Be-standteile			
	4,31	Cordylit (Parisit)	1897	Flink	Narsarsuk i. Fjord v. Tu-nugdliarfik, Süd-Grön-land	49,39	Spur	0,30		CO_2. Fe. Ba. Ca. H_2O. F.	1899	Mauzelius	bei Flink, Boeggild, Winter und Ussing Medd. om Grönl. Kop. 1899. 24. 1—213. Bull. Soc. franç. Min. 33. 25—31. Z. K. 34. 647—49. 1901.

Dem Parisit sehr nahe steht ein von *Flink* auf seiner Reise 1897 neu gefundenes Mineral, das in seiner Zusammensetzung wie jener wesentlich ein Karbonat der Ceritmetalle ist, nur an Stelle von Ca gröfsere Mengen von Ba enthält. Der Name ist vom griechischen κορδύλη Keule, wegen der oft keulenförmigen Form der Kristalle, abgeleitet. Das Mineral fand sich nur kristallisiert. Die Kristalle sind stets nur sehr klein und einzelne erreichen höchstens 3 mm Länge und 1 mm Dicke, die meisten kaum 1 mm Das Kristallsystem ist hexagonal-holoëdrisch. Die Cordylitkristalle sind meist an einem Ende aufgewachsen und deshalb nur einseitig ausgebildet, doch fanden sich auch seitlich aufgewachsene Kristalle mit doppelter Endigung oder sich kreuzende Individuen. Die Kristalle zeigen am Ende eine keulenförmige Verdickung, genau so wie ein Szepterquarz Die Farbe des Minerals ist ein bleiches Wachsgelb, oft beinahe ganz farblos, manchmal aber auch bräunlichgelb. Im frischen Zustande sind sie beinahe ganz durchsichtig und klar, bei oberflächlicher Zersetzung werden sie ockergelb und matt. Auf frischem Bruche Glas- bis Diamantglanz, auf der Basis im allgemeinen Perlmutterglanz. Die Härte des Cordylits ist 4,5, ziemlich brüchig, Bruch muschelig Spez. Gew. 4,31 nach Mauzelius.

Beim Erhitzen vor dem Löthrohr zerspringt das Mineral heftig in dünne Plättchen nach der Basis. Bei sehr intensiver Hitze werden Splitterchen braun, schmelzen aber nicht, mit HCl befeuchtet färbt sich die Flamme grün. Das Mineral löst sich leicht in HCl unter Entwicklung von CO_2. Es wurde von Mauzelius analysiert (vgl. An.) und aus dieser Analyse von *Flink*, Boeggild und Winter die Eormel $Ce_2 F_2 Ba C_3 O_9$ berechnet. Diese Formel entspricht genau der von Penfield und Waren (Z. K. 32. 8.) für den Parisit angenommenen Formel. Chemisch sind Cordylit und Parisit übereinstimmend, das eine die Ca-, das andere die Ba-Verbindung. Auch das spezifische Gewicht beider Mineralien ist übereinstimmend.

Vorkommen. Das Mineral ist bis jetzt nur an einer einzigen Stelle in Narsarsuk von *Flink* gefunden worden. Es kommt dort teils in losen Gesteinsstücken, teils im anstehenden Pegmatit vor, begleitet von Parisit, Neptunit und Ancylit. Auch auf Aegirin, besonders in Sprüngen desselben, oder auf Neptunit und tafeligen Lepidolithkristallen ist er aufgewachsen.

Lanthanit.

Lit.
1853. Blake, Am. J. Sc. (2). 16. 47.
1854. Smith, Am J. Sc. (2). 18. 372.

Lit.
1857. Genth, Am J. Sc. (2). 23. 415. B. J. 18. 218.
1876. Rammelsberg, Ber. 9. 1582.

Nr	Spez. Gew.	Mineral	Entdeckung		Vorkommen	Chemische Zusammensetzung					Jahr der Analyse	Autor der Analyse	Literatur
			Jahr	Name des Entdeckers		Cert erden	Yiter erden	Thorerde	Zirkonerde	Übrige Bestandteile			
	2,666	Lanthanit		Haidinger	Bethlehem Lehigh. Pennsylvan.	54,90				$H_2O.CO_2$	1853	Blake	Am. J. Sc. (2). 16. 47.

Der äufserst seltene Lanthanit, auch Hydrocerit, ist ein wasserhaltiges Lanthankarbonat $La_2 [CO_3]_8 + 9 H_2O$ Kristallsystem rhombisch. H. = 2, spez. Gew. 2,6—2,7. Farbe weifs, gelb oder rosenrot, perlmutterglänzend bis matt.

Vorkommen. Auf der Bastnäsgrube bei Riddarhytta in Schweden mit Cerit. Ver. Staaten, zu Bethlehem Lehigh Co., Pennsylvanien.

Uransaure Salze — Uranate.

Uraninit.

(Uranpecherz.)

Lit.
1833. Kersten, L. A. 8. 285.
1847. Scheerer, P. A. 72. 561—71.
1854. Wöhler, P. A. 54. 600.
1860. Genth, L. A. 114. 280.
1877. Kerr, Am. J. Sc. [3]. 14. 496. — Z. K. 4. 385. 1880.
    Lindström, G F. F. 4. 28.
1880. Comstock, Am. J. Sc. [3]. 19. 220. — Z. K. 4. 615
    bis 616.

Lit.
1881. Hidden, Am. J. Sc. (3). 22. 489. — Z. K. 6. 517.
1883. Blomstrand, G. F. F. 7. 59—101. — J. pr. (2). 29.
    191. 1884. — Z. K. 10. 497. 1885.
    Foullon, Jhrb. d. k. k. geol. Reichsanstalt p. 1. —
    Z. K. 10. 424. 1885.
    Nordenskiöld, G. F. F. 7. 121—24. — Z. K. 10.
    504. 1885.
1884. Svenonius, G. F. F. 6. 204—207.

1885. Rammelsberg, Jhrb. Berl. Akad. Wiss. 1885—97. —
Z. K. 13. 418—19. 1888.
vom Rath, Sitzb. d. Ndrh. Ges. f. Nat. Bonn 1885
56—59. — Z K. 13. 62. 1888.
1888. Hillebrand, Am J. Sc. (3). 36. 295. — Z. K. 17. 404.
1890.
1889. Hidden, Am J. Sc. (3). 38. 494.

1890. Hillebrand, Am J. Sc. (3). 40. 384—94. — Bull. of the
U. St. Geol. Surv. Washington 1891. 78. 43 bis
79. — Z. K. 20. 479—84. 1892.
1891. Hillebrand, Am J. Sc. (3). 42. 390—93. — Z. K
22. 569. 1894.
1895. Ramsay, Collie u. Travers, Journ. Chem. Soc. 1895.
67. 684. — Z. K. 28. 222. 1897.
1900. Hofmann u. Straufs, Ber. 33. 3126.

Nr.	Spez. Gew	Mineral	Entdeckung		Vorkommen	Chemische Zusammensetzung					Jahr der Analyse	Autor der Analyse	Literatur
			Jahr	Name des Entdeckers		Cerit-erden	Ytter-erden	Thor-erde	Zirkon-erde	Übrige Bestandteile			
1.	7,49	Uraninit Uran-pecherz			Garta bei Arendal	2,30	10,22	4,71		N U. Si. F Fe. Ca. etc.	1877	Lind-ström	G. F. F. 4 28.
2.	8,73	Uraninit (Brög-gerit)			Anneröd bei Moos	0,38	2,42	5,64			1883	Blom-strand	G. F. F. 7. 59—101. J. pr (2). 29. 191. 1884. Z K 10. 497. 1885.
3.	4,17	Uraninit? (Uranotil) (Uran-ophan)			Gartabruch b Arendal			3,5			1889	Norden-skiöld	G. F. F. 7. 121. Z. K. 10 505. 1885.
4.	—	Uraninit			Middletown			10,1			1888	Hille-brand	Am J. Sc. (3). 36. 295.
5.	—	„			Branchville Conn.			7,0			1888	„	„
6.	—	„			Colorado				7,0		1888	„	„
7.	—	„			Llano Texas		0,22	7,57			1889	Hidden	Am J. Sc. (3). 38. 494.
8.	8,93	„			Huges-näskilien bei Moos	0,43	1,03	6,63			1890	Hille-brand	Am. J. Sc. (3). 40. 384—94. Bull. of the U. St. Geol Surv. Washington 1891. 78. 43—79. Z. K. 20. 479—84 1892.
9.	9,086	„			Flat Rock Mine Mit-chel Co. N. Carl	0,76	0,20	2,78			1890	„	„
9a.	9,492	„			„			3,04			1890	„	„
10.	9,733	„			Brancheville Conn.			7,20			1890	„	„
11.	9,56	„			„			6,93	0,33		1890	„	„
12.	9,348	„			„			6,52			1890	„	„
13.	8,893	Uraninit (Brög-gerit)			Gustavs-gruben Anneröd bei Moos	0,45	1,11	6,06	0,06		1890	„	„
14.	8,29	Uraninit (Nivenit)			Llano Texas	2,70	9,46	6,69	0,34		1890	„	„
15.	9,145	Uraninit			Elvestad bei Moos	0,47	1,10	8,48	8,08		1890	„	„
16.	8,320	„			„			8,43			1890	„	„
17.	8,966	„			Skraatorp bei Moos	0,53	0,97	8,98			1890	„	„
18.	—	„			Skroeborg bei Arendal		9,76	3,66 +Ce.			1890	„	„
19.	7,50	„			Hales Squar-ry bei Glad-stonburg bei Middle-town Conn.	0,67	9,05	4,15			1890	„	„
20.	9,139	„						9,57			1890	„	„
21.	9,051	„			„		0,46	9,78			1890	„	„
22.	—	„			„			10,31			1890	„	„
23.	9,587	„			„	0,38	0,20	9,79			1890	„	„

Nr.	Spez. Gew.	Mineral	Entdeckung		Vorkommen	Chemische Zusammensetzung					Jahr der Ana- lyse	Autor der Analyse	Literatur
			Jahr	Name des Entdeckers		Cerit- erden	Ytter- erden	Thor- erde	Zirkon- erde	Übrige Be- standteile			
24.	9,622	Uraninit			Hales Squar- ry bei Glad- stonburg bei Middle- town Conn.			11,10			1890	Hille- brand	Am. J. Sc. (3). 40. 384—94. Bull. of the U. St. Geol. Surv. Washing- ton 1891. 78. 43—79 Z.K.20.479—84.1892.
25.	8,068	,,			Blak Hawk Color.	0,22		7,59			1890	,,	,,
26.	—	,,			Marietta S. Carolina	2,24	6,16	1,65	0,20		1891	,,	Am. J. Sc. (3). 42. 390—93. Z. K. 22. 569. 1894.
27.	9,055	,,			Villeneuve Ottowa Co. Quebec Canada	1,51	2,57	6,41			1891	,,	,,
28.	6,89	,,			Johann Ge- orgenstadt Sachsen			3,37			1891	,,	,,

Das Uranpecherz enthält vielfach mehr oder weniger große Mengen von seltenen Erden. Es gilt der chemischen Zusammensetzung nach als ein Uranat von Uranyl und Blei, wobei oft Uran und Blei durch Thorium oder Metalle der Cer- und Yttergruppe vertreten werden. Kristallform regulär, meist aber scheinbar amorph, derb und eingesprengt, auch nierenförmig von stengeliger und krummschaliger Struktur. H. = 5—6, spez. Gew. 8—9,7. Farbe pechschwarz, grünlichschwarz und graulichschwarz, Strich bräunlichschwarz, Fettglanz, undurchsichtig. Die derben Massen enthalten mehr seltene Erden als die Kristalle.

Vorkommen. (Erwähnt sind hier natürlich nur diejenigen Vorkommen, in denen seltene Erden nachgewiesen.) **Sachsen.** Johanngeorgenstadt mit ca. 3 %, Ytererden, analysiert von Hillebrand 1890, spez. Gew. 6,89 (An. 28).

Norwegen. In der Gegend von Moos, so bei Anneröd, 1883 analysiert von Blomstrand (vgl. Bröggerit), spez. Gew. 8,73 (An. 2). Auf den Gustavsgruben von Anneröd, 1890 analysiert von Hillebrand, spez. Gew. 8,893 (An 13). Hugesnaeskilien bei Moos, analysiert von Hillebrand, spez. Gew. 8,93 (An. 8). Elvestad bei Moos, analysiert von Hille- brand, spez. Gew. 9,145 und 8,32 (An. 15 u. 16). Skraatorp bei Moos, analysiert von Hillebrand, spez. Gew. 8,966 (An. 17). Bei Arendal auf dem Gartabruch, analysiert von Lindström 1877, spez. Gew. 7,49 (An. 1), von Nordenskiöld (1883) eine verwitterte Varietät mit dem spez. Gew. 4,17 (An. 3). Von Skroeborg bei Arendal, analysiert von Hillebrand (An. 18 u. 19).

Amerika. Kanada. Bei Villeneuve Ottowa Co. Quebec, analysiert von Hillebrand 1891, spez. Gew. 9,055 (An. 27).

Ver. Staaten. Connecticut aus der Gegend von Middletown, so bei Gladstonburg und Branchville, mehrfach von Hillebrand analysiert (vgl. Tab. An. 4, 5, 10, 11, 12, 20, 21, 22, 23, 24), An. 10 ist besonders reines Material. Colorado aus der Umgegend von Black Hawk — Hillebrand (An. 6 u. 25). Nord-Carolina Mitchel Co. — Hillebrand (An. 9 u. 9a). Süd-Carolina bei Marietta — Hillebrand (An. 26). Texas Llano Co. — Hidden 1889 (An. 7) und Hillebrand (Nivenit) (An. 14).

Cleveit.

Lit.	Lit.
1878. Nordenskiöld, G. F. F IV. 1 p. 28—32. — Z. K. 3. 201—2. 1879.	1895. Lockyer, Proc. Royl. Soc. 195. 59. 1. — Z. K. 30 87 1899
1883. Blomstrand, G. F. F. 7. 59—101. — J. pr. (2). 29. 191. 1884 — Z. K. 10. 497. 1885. Nordenskiöld, G F. F. 7. 121—24. — Z. K. 10. 504. 1885.	Ramsay Collie u Travers, Journ. Chem. Soc. 67. 684. 1895. — Z. K. 28. 222. 1897. Tilden, Proc. Royl. Soc. 1895. 59. 218. — Z. K. 30. 87. 1899. 1900. Hofmann u. Straufs, Ber. 33. 3126.

Nr.	Spez. Gew	Mineral	Entdeckung		Vorkommen	Chemische Zusammensetzung					Jahr der Ana- lyse	Autor der Analyse	Literatur
			Jahr	Name des Entdeckers		Cerit- erden	Ytter- erden	Thor- erde	Zirkon- erde	Übrige Be- standteile			
	7,49	Cleveit (Uraninit)		Norden- skiöld	Garta bei Arendal	2,95	9,99	4,60		Ur.Pb Fe. Ca. Mg. H₂O.	1878	Lind- ström	bei Nordenskiöld G.F. F. IV. Nr. 1 S 28—32. Z. K. 3. 201—2. 1879.
	7,49	,,			,,	2,33	10,34	4,76		,,	1878	berechnet Norden- skiöld	,,

Ein dem Uraninit nahe verwandtes, an seltenen Erden reicheres Mineral, ist der von *Nordenskiöld* als besondere Mineral-Spezies aufgeführte Cleveit. Derselbe wurde von *Nordenskiöld* 1878 zu Garta, in der Nähe von Arendal, entdeckt und zu Ehren Cleves in Upsala benannt. Er fand sich selten in Kristallen, gewöhnlich als unregelmäßige Körner in Feldspat eingewachsen. H. 5,5, spez. Gew. 7,49. Gleichzeitig mit dem Cleveit fand sich Yttrogummit vom Aussehen des Orangit, H. = 5, den Nordenskiöld als Endprodukt der Verwitterung des Cleveit auffaßt. Eine von Lindström ausgeführte Analyse ergab ca. 17—18 % seltene Erden. — Neuerdings bei Ryfyke, Norwegen, gefunden, reich an Helium.

Bröggerit.

Lit.
1884. Blomstrand, G. F. F. 7. 59. — J. pr. (2). 29. 191. — Z. K. 10. 497. 1885.
1890. Hillebrand, Am. J. Sc. (3). 40. 384—94. — Z. K. 20. 479—84 1892.
1895. Lockyer, Proc. Royl. Soc. 195. 59. 1. — Z. K. 30. 87. 1899

Lit.
1895. Ramsay Collie u. Travers, Journ. Chem. Soc. 67. 684. 1895. — Z. K. 28. 222. 1897.
Tilden, Proc. Royl. Soc. 1895. 59. 218. — Z. K. 30. 87. 1899.
1900. Hofmann u. Straufs, Ber. 33. 3126.
1901. Hofmann u. Heidepriem, Ber. 34. 914.

| Nr. | Spez. Gew. | Mineral | Entdeckung | | Vorkommen | Chemische Zusammensetzung | | | | | Jahr der Analyse | Autor der Analyse | Literatur |
			Jahr	Name des Entdeckers		Cert-erden	Ytter-erden	Thor-erde	Zirkon-erde	Übrige Bestandteile			
	8,73	Bröggerit	1884	Blomstrand	Anneröd bei Moos	0,38	2,42	5,64		Ur.Pb.Fe. Ca. Si. H₂O.	1884	Blomstrand	J. pr. 137. 191.
	8,893	„			Gustavsgruben bei Anneröd	0,45	1,11	6,06	0,06		1890	Hillebrand	Am. J. Sc. (3). 40. 394.
	9,06	„			Raade bei Moos		4,27	4,66			1901	Hofmann u. Heidepriem	Ber. 34. 914.

Eine andere Uraninit-Varietät ist der dem Cleveit nahe verwandte Bröggerit, welcher von Blomstrand 1884 genauer untersucht wurde. Blomstrand bezeichnet die Mineralien Cleveit und Bröggerit als Thouranine. Das Mineral wurde von *Brögger* in einer Feldspatgrube bei Anneröd, in der Nähe von Moos, gefunden. Kristallsystem regulär. H. 5—6, spez. Gew. 8,7—9. Farbe eisenschwarz. Das Mineral wurde von Blomstrand 1884 analysiert, spez. Gew. 8,73 (An. 1), von Hillebrand 1890, spez. Gew. 8,893 (An. 2) und in neuester Zeit von Hofmann und Heidepriem 1901, spez. Gew. 9,06 (An. 3).

Nivenit.

Lit.
1889. Hidden u. Mackintosh, Am. J. Sc. (3). 38. 474—86. — Z. K. 19. 91—92. 1891.

| Nr. | Spez. Gew. | Mineral | Entdeckung | | Vorkommen | Chemische Zusammensetzung | | | | | Jahr der Analyse | Autor der Analyse | Literatur |
			Jahr	Name des Entdeckers		Cert-erden	Ytter-erden	Thor-erde	Zirkon-erde	Übrige Bestandteile			
	8,01	Nivenit	1889	Hidden u. Mackintosh	Buffton Colorado River Llano Co. Texas		11,22	7,57		U. Fe. Pb. H₂O.	1889	Hidden	Am. J. Sc (3). 38. 474 bis 486. Z. K. 19. 91. 1891. vgl. Hillebrand Z. K. 22. 570. 1894.

Dem Uraninit resp. dessen Varietäten Cleveit und Bröggerit nahezustehen scheint das von *Hidden* und *Mackintosh* neu entdeckte Mineral Nivenit. Das Mineral wurde nach einem Herrn Niven benannt, der bei der Ausbeutung der Fundstelle der Yttriummineralien in Llano Co. Texas tätig war. Die Entdecker fassen es als ein gewässertes Thorium-Yttrium-Blei-Uranat auf. Sein spez. Gew. ist 8,01, H 5,5. Es ist sammetschwarz und im gepulverten Zustande braunschwarz, nach dem Glühen wird es braunschwarz. Leicht löslich in Salpetersäure und Schwefelsäure. (Vgl. An.)

Vorkommen. Das Mineral wurde an der beim Gaddinit beschriebenen Fundstelle zu Llano Co. Texas nur spärlich in derber Form gefunden, innig vergesellschaftet mit Fergusonit und Thorogummit.

Phosphate.

In der Klasse der Phosphate finden sich die für das Vorkommen der seltenen Erden wichtigsten Mineralien. Hier haben wir vor allem die aufserordentlich verbreiteten Mineralien Monazit und Xenotim die Phosphate der Cerit- resp. Ittererden.

Xenotim. (Hussakit)
(Ytterspat-Castelnaudit-Wiserin.)

Lit.

1824. Berzelius, P. A. 3. 203. (Ytterspat)
1839. Svanberg u. Tenger, B. J. 18. 218. (Ytterspat.)
1843. Scheerer, P. A. 60. 591.
1854. Smith, Am J. Sc. (2). 18. 377.
1855. Zschau, N. J. M. 1855. 513.
1858. Des Cloizeaux, Ann. des Mines 14. 349.
1866 Wartha, P. A 128. 166
1868. Websky, Ztschft. d. geolog. Ges. 20. 256.
1872. Brezina, Tscherm. Mitt. 1872 1. 7—22. — N. J. M. 1872. 527—28.
    Klein, N. J. M. 1872. 900—901.
1873. Rammelsberg, P. A. 150. 200—215.
1875. Radominsky, Ber. 8. 184
1876. Nordenskiöld, G F. F. 3. 7 226. — Z. K. 1. 384. 1877.
    Schiötz, Saerskilt aftryk af Vidensk. Selsk Forhandlingar, — N. J M 1876 306.
1877. v Lassaulx, N. J. M 1877 174—75 — Z. K. 1 526
1878. Nordenskiöld, G F F. IV. 1 28—32
1879. Klein, N. J. M. 1879. 536—38. — Z K 5. 393. 1881.
1881. Hidden, Am. J. Sc (3). 21. 244 — Z. K. 6 110. 1882
1882. Bertrand, Z K. 6. 294.
1883 Brögger, G F. F 6. 744—52 — Z. K. 10. 498. 1885.
    Woitschach, Abh. d naturf. Ges. z. Görlitz 17. 141. — Z. K. 7. 82—88. 1883.
1884. Seligmann, Z. K. 9. 420.
1885. Hidden, Am. J Sc. (3). 29 249—51.
1886. Corceix, G. r. 102 1024. — Z K 13. 414. 1888.
    Hidden, Am. J. Sc. (3). 32. 204. — Z. K. 19 506. 1887.
    vom Rath, Sitzb d. Ndrh. Ge. f. Nat. 1886. — Z. K. 13. 596. 1888.
1886—87 Flink, Bih. K. Vet. Hdl. 12 Afhd II. 2. — Z. K. 13. 404. 1888.
1887. Blomstrand, G. F. F. 9. 185 — Z. K. 15. 102—3. 1889.
1888. Becquerel, Ann. Chim. (6) 14. 170 — Z. K. 18 331. 1891.
    Duboin, C. r. 107. 622—24.

Lit.

Hidden, Am. J. Sc. (3). 36. 380—83. — Z. K. 17. 413. 1890.
Scharitzer, Z. K. 13. 15—22.
1889. Hidden u Mackintosh, Z. K. 15. 295—97.
    Vrba, Z. K. 15. 203 u. 205.
1890 Blomstrand bei Brögger, Z. K. 16. 68.
    Brögger, Z. K. 16. 68—69.
1891 Derby, Am. J. Sc. (3). 43. 308—11. — Z. K. 22. 409—10. 1894.
    Hidden, Am Chem J. (3). 14. 140—41.
    Hussak, Tscherm Mitt. 12. 429—47 u. 456—75. — Z. K 24. 429. 1895.
1892. Jannettaz, C. r. 144. 1352 — Bull. fr. Min. 15. 133. — Z. K. 24. 523—24. 1895.
    Rammelsberg, Hdb. Erhft. II. 137. 195.
1893 Hidden u Eakins, Am. J. Sc. (3). 46. 254—57. — Z. K. 25. 109. 1896.
    Penfield, Am. J Sc. (3). 45. 498. — Z. K. 25. 101. 1896
1895. Hovey, Bull Am. Mus. Nat. Hist 1895. 7 341—52. — Z. K. 28. 335. 1897.
    Hussak, Min. Mag. 50. 11. 80—88. — Z K. 28. 213.
    Niven, Am. J. Sc. (3). 50. 75. — Z. K 28. 318 1897
    Rammelsberg, Erghft. II 137—38.
    Ramsay, Collie u. Travers, Journ Chem. Soc. 67. 684. — Z. K 28. 222. 1897.
1896 Hoffmann, Rep. Geol. Survey of Canada 1896. Ottowa Pt. R 11—18. — Z K 34 211. 1901.
1897. Derby, Min Mag. Nr 53. 11. 304—10 — Z. K. 31. 195—97 1899
1899 Derby, Am. J. Sc. (4). 7. 343—56. — Z. K. 34. 101 1901.
    Hoffmann, Am. J. Sc. (4). 7. 243. — Z. K. 34. 99. 1901.
    Hussak, Tscherm. Mitt. 18. 342—59.
    Krejči, Sitzb. böhm. Ges. d. Wiss. 1899 Nr. XLIV. — Z. K 34. 705. 1901.
1901. Kraus u Raitinger, Z. K 34. 268—77.

Nr.	Spez. Gew	Mineral	Entdeckung		Vorkommen	Chemische Zusammensetzung					Jahr der Analyse	Autor der Analyse	Literatur
			Jahr	Name des Entdeckers		Cerit-erden	Ytter-erden	Thor-erde	Zirkon-erde	Übrige Bestandteile			
1.	4,5577	Xenotim (Ytter-spat)	1824	Beudant Tank	Lindesnäs		62,58			P. F. Fe Sn. Si. Al. U. Ca. Pb. H₂O.	1824	Berzelius	B. J 5. 203. P. A. 3. 203 n. 4. 145. 1825.
2.	—	Castel-naudit			Bahia		60,4	7,4			um 1850	Damour	Bull. geol. (2). 13. 542.
3	—	Xenotim			Clarksville Georgia	11,36	55,77				1854	Smith	Am. J. Sc. (2). 18. 377.
4.	—	„			Flekkefjord bei Hitteroe	7,98	60,25				1855	Zschau	N. J. M. 1855. 513.
5.	4,857	Xenotim Wiserin			Fibia St. Gotthardt		62,49				1866	Wartha	P. A. 128. 166.

Nr.	Spez. Gew.	Mineral	Entdeckung		Vorkommen	Chemische Zusammensetzung					Jahr der Analyse	Autor der Analyse	Literatur
			Jahr	Name des Entdeckers		Ceriterden	Yttererden	Thorerde	Zirkonerde	Übrige Bestandteile			
6.	—	Xenotim			Hitteroe	+Al. 8,25	54,88				1875	Schiötz	Saerskild aftryk of Vidensk-Selsk Forhandlingar. N. J. M. 1876. 306.
7.	4 6	„			São João da Chapoda Dattas Diamantina Minas Geraes Brasl.		64,1				1886	Corceix	C. r. 102. 1024. Z. K. 13. 414. 1888.
8.	4,6	„			„		63,75				1886	„	„
9.	4,6	„			„		62,6				1886	„	„
10	4,49	„			Hvalö	1,22	56,38	3,33	0,76		1887	Blomstrand	G F. F. 9 185. Z. K. 15. 102. 1889.
11.	4,492	„			Narestö bei Arendal	0,96	54,57	2,43	1,11		1887	„	„
12.	4,62	„			Aröscheeren	0,32	62,63	0,49			1890	„	bei Brögger. Z. K. 16. 68.
13.	4,477 4,522	„			Hitteroe	1,5	58,00				1892	Rammelsberg	Ram. Hdb. Erg. II 137. 1895.
14.	5,106	„			Cheyenne Mt. El Paso Colorado		67,78				1893	Penfield	Am. J. Sc. (3). 45. 498. Z. K. 25. 101. 1896.
15.	4,68	„ (grün)			Brindletown Burke Co. N. Car.	0,93	56,81	Spur.	1,95		1893	Eakins	bei Hidden Am. J. Sc. (3). 46. 254. Z. K. 25. 109. 1896.
16.	4,46	„ (braun)			„	0,77	55,43	Spur.	2,19		1893	„	„
17.	—	Xenotim (Hussakit)			Bandeira de Mello Bahia		60,03				1901	Kraus u. Raitinger	Z. K 34. 268—77.
18.	—	„			„		59,87				1901	„	„
19.	4,587	Hussakit (Xenotim)			Dattas Diamantina		60,24				1901	„	„
20.	4,6	Xenotim			Tvelestrand Norw.	4,2		52,0			1903	Verfasser	—
21.	4,5	„			„	4,9		48,2			1903	„	—

Der Xenotim ist das Hauptmineral für die Gewinnung der Yttererden. Er steht in naher Beziehung zu Fergusonit und Monazit. Er gehört dem quadratischen Kristallsystem an und die Kristalle ähneln sehr denen des Zirkons mit dem er fast stets zusammen auftritt, dabei eine charakteristische regelmäßige Verwachsung mit Zirkon zeigend. H. = 4,5, spez. Gew 4,45—4,7. Die Farbe ist rötlichbraun, haarbraun, gelblichbraun und fleischrot, auch honiggelb (der sog. Wiserin). Strich gelblichweiß bis fleischrot; Fettglanz; in dünnen Splittern durchscheinend.

Chemische Zusammensetzung: wesentlich: Neutrales orthophosphorsaures Yttriumsesquioxyd PO_4Y oder PO_4 (Y. Ce), welchem 61,47 % Yttererde und 38,53 % Phosphorsäure entspricht, wobei unter Yttrium im allgemeinen Yttererden zu verstehen sind, jedoch auch bis zu 11 % Cer (An. 3) und geringer Mengen von Thorium und Zirkon. Ramsay, Collie und Travers (1897) fanden Helium. Nach neueren Untersuchungen von Kraus und Raitinger 1901 ist der Xenotim ein Verwitterungsprodukt eines bis dahin unbekannten Sulfatophosphats, dem sie den Namen Hussakit geben und sie fassen das als Xenotim bekannte Yttriumorthophosphat als eine Pseudomorphose von Xenotim nach Hussakit auf, bei welcher durch Einfluß der natürlichen Wasser die H_2SO_4 ausgelangt und das Mineral so in das Yttriumorthophosphat übergeführt wurde. In diesem Minerale fanden Kraus und Raitinger neben 60 % reiner Yttererden und 33 % Phosphorsäure ca. 6 % Schwefelsäure. Sie schließen, daß die früheren Analytiker wie Corceix und Blomstrand, soweit sie unzersetztes Material (also Hussakit) hatten, die Schwefelsäure dadurch übersehen haben, daß sie das Mineral mit H_2SO_4 aufschlossen. Dafür, daß in dem gewöhnlichen Xenotim ein Umwandlungsprodukt vorliegt, spricht auch der sehr wechselnde Gehalt an den einzelnen seltenen Erden, die bei der Umwandlung in wechselnder Menge an Stelle des Yttriums eingetreten sind. Kraus und Raitinger analysierten (An. 18) aus dem Sande von Bandeira de Mello (Bahia) außer dem Hussakit auch einige trübe opake Kristalle, die von Hussak 1891 als Xenotim beschrieben worden waren und die sich mit noch ca. 2,5—3 % H_2SO_4 Gehalt als ein Zwischenprodukt der Umwandlung des Sulfatophosphats Hussakit in das schwefelsäurefreie Yttriumorthophosphat Xenotim erwiesen.

Der sogenannte Castelnaudit von Bahia, den Damour (An. 2) analysierte, sowie der honiggelbe Wiserin aus dem Alpengebiete (An. 5), sind als Xenotim aufzufassen, letzterer früher oft für Zirkon gehalten, scheint frei von Ceriterden zu sein.

Vorkommen. **Deutschland. Baden.** Im Muskovitgranit von Heidelberg jedoch nicht mit Sicherheit nachgewiesen neben Zirkon und Monazit — Derby 1897.

Bayern. Spessart. Im Pegmatit von Glattbach mit Zirkon und Monazit; im Pegmatit von Oberhessenbach Umwandlungsprodukte von Xenotim neben Zirkon und Monazit: Derby 1897. — Im Muskovitgranit von Selb mit Zirkon und Monazit: Derby 1897. — Fichtelgebirge; im Muskovitbiotitgranit von Reuth bei Gefrees mit Zirkon und Monazit — Derby 1897.

Sachsen. Im Pegmatit von Geyer, jedoch nicht sicher nachgewiesen mit Zirkon und Monazit — Derby 1897. In dem Granitgneis von Lochmühle bei Rochlitz neben Monazit, Zirkon und Anatas — Derby 1897.

Schlesien. Akzessorisch eingewachsen in Graniten und pegmatitischen Gängen bei Schreiberhau im Riesengebirge: Websky 1868. — Im Pegmatit des Schwalbenberges bei Königshain in der Oberlausitz mit Malakon und Orangit: v. Lassaulx 1877 und Woitschach 1882. — Im Pegmatit von Striegau neben Turmalin, Epidot, Zirkon, Anatas und Orthit — Derby 1897.

Österreich. Böhmen im Granitpegmatit von Schüttenhofen mit Monazit in Quarz oder Feldspat eingesprengt, spez. Gew. 4,308: Scharizer 1888. — Mit Monazit im Feldspatbruche u obrázku bei Pisek im Feldspat oder Beryll eingewachsen, kleine bis 5 mm breite Kristalle: Vrba 1889; — ebenda fand Krejči 1899 beide Mineralien mit Turmalin in einem ockergelben, aus Pyrit sich bildenden Eisenerz. Im Kaolin von Karlsbad mit Monazit, Anatas und Zirkon, jedoch nicht mit Sicherheit nachgewiesen — Derby 1897.

Schweiz. Aufgewachsen in honiggelben Kristallen (Wiserin) am Berge Fibia in der St. Gotthardgruppe, spez. Gew. 4,857 (An. 5): Wartha 1866. — Ebenda: Klein 1879. — Der Xenotim ist an der Fibia ziemlich häufig; mit gebogenen Flächen, mit Eisenerzen auf Adular. — Wallis im Binnental, einem Seitental des Rhônetals, auf der Alp Lercheltini: Klein 1879. — An der Wyssi-Turben Alp Binnental und vom Cavradi: Seligmann 1884. — Im Binnental in gleicher Weise wie an der Fibia mit kleinem tafeligen Eisenglanz, zuweilen mit Monazit auf Glimmerschiefer.

Norwegen. Bei Kap Lindesnäs an der Südspitze Norwegens von Tank gefunden und von Berzelius 1824 unter dem Namen Ytterspat analysiert (Ant. 1). Naröstö in der Nähe von Arendal in den Pegmatiten Xenotim in grofsen oft 1 kg schweren Garben — oder rosettenförmigen Drusen (Brögger 1883); ferner tritt der Xenotim in Masse auf in den Pegmatiten von Jorkjern und Lofthus, beide in der Nähe von Arendal; in vereinzelten Kristallen auch bei Nålleland, Alve etc. — Brögger 1883. Von Hvalö (spez. Gew. 4,49) und Naröstö (spez Gew. 4,492) bei Arendal analysierte Blomstrand 1887. Xenotim (An. 10 und 11).

Von den Aröscheeren beschreibt Brögger 1890 ein 1879 gefundenes Exemplar des nach seinen Angaben sonst auf den Gängen des Langesundfjords sehr seltenen Minerals (spez. Gew. 4,62), qualitativ von Lindström und quantitativ von Blomstrand untersucht (An. 12). In den Pegmatitgängen zwischen Moos und Fredrikstad, östlich vom Kristianiafjord, ist der Xenotim recht häufig; ein Kristall von Krageröe bei Fredrikstad, von weingelber Farbe halb durchsichtig von Brögger 1883 kristallographisch gemessen. Bei Berg in Råde wurden nach Brögger (1883) regelmäfsige Verwachsungen von Xenotim und Zirkon beobachtet, ebenso bei Krageroe.

Auf der Insel Hitteroe bei Flekkefjord von Zschau 1855 analysiert (An. 4). Schiötz (1876) führte mehrere Analysen dieses Vorkommens aus (Mittel An. 6), ferner Rammelsberg (An. 12), vgl. auch Flink 1886—87.

Verfasser analysiert Xenotim von Tvelestand rötlichbraun bis braunschwarz, spez. Gew. 4,6 (An. 20), und hellgelb bis rötlichgelb mit schwärzlichen Partien, spez. Gew. 4,5, teilweise stark verwittert (An. 21).

Schweden. Zu Ytterby mit Cyrtolith, Fergusonit und Arrhenit auf Platten von schwarzem Glimmer aufgewachsen — Nordenskiöld 1876.

Italien. Elba bei Grotto Doccei viele aber kleine Verwachsungen von Xenotim und Zirkon, sowie auch Monazit und Orthit — Derby 1897.

Frankreich. Im Kaolin von Limoges milchweifse Xenotime mit Zirkon, Turmalin, Magnetit, Ilmenit, Anatas, Pseudobrookit — Derby 1897.

Kanada. Im Calvin Township Nipissing, Distrikt Ontario, tief rotbrauner Xenotim, spez. Gew. 4,395, in dem Mikroklin eines aus Quarz, Mikroklin, Albit, Muskovit und Biotit bestehenden feinkörnigen Hornblendegneis durchsetzenden Granitgange — Hoffmann in Ottawa 1896, ebenda mit Polykras in einem grobkörnigen Granitgange — Hoffmann 1899.

Ver. Staaten. New York. Hidden (1888) beschrieb Xenotimkristalle von New York City, welche in einer Pegmatitader zwischen losen Gneis und Glimmerschieferflächen, jedoch nicht anstehend gefunden wurden. Nach Howey (1895) wurden bei Ausgrabungen an den Washington Heights, im nördlichen Teile der Stadt New York, in den Höhlungen eines Pegmatitganges im Glimmerschiefer Xenotim in Kristallen bis zu 8 mm Durchmesser und 6 mm Höhe neben Monazit, Turmalin, Zirkon etc. gefunden.

Kansas. Auf Manhattan Island am Harlem River Xenotim und Monazit mit Titaneisen in Oligoklas eingewachsen nahe einem Pegmatitgange anstehend — Niven 1895.

Colorado. Am Cheyenne Mt. El. Paso, spez. Gew. 5,106, analysiert von Penfield 1893 (An. 14), ferner Hidden 1885.

Nord Carolina. Burke Co. Im Brindletown Gold-Distrikt kommt Xenotim nach Hidden (1893) in den goldführenden Kiesen dieser Lokalität spärlich vor, anstehend wurde er noch nicht gefunden. Die gewöhnlichen Kristalle sind graubraun, undurchsichtig und erreichen nur ausnahmsweise einen Durchmesser von 2 cm. In dem Inneren eines dieser größeren braunen Kristalle wurde eine durchsichtige grüne Varietät gefunden, so daß erstere wahrscheinlich nur ein Umwandlungsprodukt der letzteren ist. Dieser grüne Xenotim wird von heißer HCl vollständig gelöst. Eakins (1893) hat beide Varietäten analysiert. Die grüne, spez. Gew. 4,68 (An. 15), die braune, spez. Gew. 4,46 (An. 16). Hidden neigt zu der Annahme, daß Xenotim vielleicht ein kieselphosphorsaures Salz ist. Der Gehalt an ThO_2 schwankt nach seiner Angabe sehr, eine Probe Xenotim von derselben Lokalität ergab über 4 %, eine andere 2,36 % ThO_2. Schon 1881 hatte Hidden aus den goldführenden Sanden von Brindletown gelblich graue Xenotime beschrieben mit einem Durchmesser bis zu 0,25 Zoll in regelmäßiger Verwachsung mit hellbraunen Zirkonen.

Henderson Co. Im zersetzten Granit von Davis Land, zwischen Zirkonia Station und Greenville, neben Monazit und einem samarskitartigen Mineral Zirkon und Xenotim in eigentümlicher Verwachsung, so daß dunkelbrauner Zirkon als innerer Kern von gelblich grauem Xenotim in paralleler Verwachsung umgeben wird: Hidden 1888 — Bei Green River Post Office im zersetzten Granit: Hidden 1888. — Auf der Freemann Mine am Green River mit Zirkon, sowie zu Price Land — Hidden und Mackintosh 1889.

Mitchell Co. Auf der Deake Glimmergrube verwachsen mit Zirkon wie der Xenotim von Davis Land — Hidden 1888.

Mac Dowell Co. bei Dysartville braun 3—5 mm groß, spez. Gew. 4,27 — Hidden 1888.

Rutherford Co. mit Malacon und Monazit — Hidden 1891.

Alexander Co. Mit Monazit haarbraune Kristalle 13 mm lang, 6 mm dick in Quarz eingewachsen, 3 engl. Meilen von der Emerald und Hiddenite Mine: vom Rath 1886. — Bei Stony Point mit Monazit haarbraun, teilweise durchsichtig, spez. Gew. 4,45—4,62: Hidden 1886. — In einem Quarzgange etwa eine Meile südöstlich Sulphur Springs durchsichtige Kristalle von Xenotim, deren größter einen Durchmesser von 3 : 11 mm besaß — Hidden 1893. — Zu Milhollands Mill ist Xenotim in winzigen Kristallen von haarbrauner Farbe gefunden — Hidden 1888.

In den goldhaltigen Kiesen des westlichen Nord-Carolina und an einigen Punkten des nordwestlichen Georgia fand Hidden (1886) Xenotim. Aus den Goldwäschen von Clarksville Georgia analysierte Smith 1854 Xenotim (An. 3).

Brasilien. Der Xenotim ist nach Derby (1891) ein ziemlich konstanter Begleiter der brasilianischen Muskovit-Granite in denen er sich als akzessorischer Gemengteil findet, hauptsächlich in den Staaten Rio de Janeiro, São Paulo und Minas Geraës Die Kristalle sind meist nur 0,25 mm, selten 1 mm groß und von pyramidaler Ausbildung. Nur selten finden sich völlig durchsichtige, gelbe oder farblose Kristalle, meist sind sie durch beginnende Verwitterung milchweiß und mehr oder weniger opak. Unter den Begleitern findet sich besonders Monazit. Derby erschien das Mineral an die kaliumhaltigen Granite gebunden.

Bahia. Der sog. Castelnaudit von Damour (An. 2). In den Sanden von Bandeira de Mello mit Korund, Quarz, Granat und Monazit: Hussak 1891, analysiert von Kraus und Raitinger 1901 (An. 17 und 18). — Im Diamantsande vom Rio Paraguassú: Hussak 1899. — Des weiteren beschreibt Hussak 1891 kleine pyramidale Kristalle von Xenotim von trübweißer bis braungelber Farbe aus den Diamantsanden Bahias. In den halbzersetzten Gneisen und Graniten Bahias fand er mikroskopische, hellgelbe bis farblose, häufig durch Zersetzung getrübte Xenotimkristalle.

Minas Geraes. Hauptsächlich im Gebiete von Diamantina; so bei São João da Chapoda Dattas Diamantina 1 cm lange Kristalle, spez. Gew. 4,6, H. = 5, analysiert von Corceix 1886 (An. 7—9). In den Sanden von Dattas fand *Hussak* 1891 neben zahlreichen meist kleineren, einige vorzüglich ausgebildete centimeterlange, 4 mm dicke, dunkelbraune durchsichtige Kristalle, von denen das Material zu den Analysen von Kraus und Raitinger stammt. Ferner fand *Hussak* 1891 den Xenotim mit Zirkon und Monazit in den Diamantsanden von Riacho das Varos bei Diamantina. In anderen Sanden von Diamantina fand er zahlreiche kleine, weingelbe, prachtvoll ausgebildete Xenotimkristalle; in den Diamantsanden des Rio Jequetinhonha und Jequetahy Diamantina häufig größere prismatische Kristalle. *Derby* (1899) fand im Tone der Gegend von Dattas bis 10 mm lange Kristalle. *Hussak* (1895) erhielt durch Waschen aus dem Kiese der Grube Tipuhy, die auf einem kleinen Hügel, dessen Abhang mit einer Kieslage bedeckt ist, bei Ouro Preto liegt, einen schweren Sand, in dem Xenotim neben Zinnober, Monazit, Zirkon, Rutil und Zirkelit in 2—3 mm langen, weingelben, säulenförmigen Kristallen sich fand.

Rio de Janeiro. Im Granit von Conservatoria: *Hussak* 1891.

São Paulo. In den Sanden des Rio Tibagy und bei Sapulcahy im Norden des Staates São Paulo, ferner im Granit von Pacaëmbú und von Caceiras: *Hussak* 1891.

Matto Grosso: In den Goldsanden: *Hussak* 1891.

Derby (1891) fand akzessorisch Xenotim neben Zirkon und Monazit in den Graniten und Gneisen sowohl der schon aufgeführten Provinzen Minas Geraes, Rio de Janeiro und São Paulo als auch in den Provinzen Clara und Rio Grande de Suol.

Preis 7—12 Mark per Kilogramm.

Fergusonit (brauner Yttrotantalit).

(Bragit — Tyrit.)

Lit.

1815. Berzelius, Afh. i. Fys. Kem. och Min. Del. 4. 281.
1825. Haidinger, Trans. Roy. Soc. Edinb. Vol. X. Part. II. 271. — P. A. 5. 166.
1828. Hartwall, K. Vet. Ak. Hdl. 1828. 167. — P. A. 16. 479. — B. J. 195. 1830.
1855. Forbes u. Dahl, J. pr. 66. 445. (Bragit.)
1856. Forbes u. Dahl, J. pr. 69. 352. (Tyrit.)
     Kenngott, P. A. 97. 622. (Tyrit.)
1859. Potyka, P. A. 107. 490. (Tyrit.)
     Rose u. Weber, P. A. 107. 591.
1860. Nordenskiöld, Verh. d. sched. Ak. Wiss. 1860. — P. A. 111. 285. — J. pr. 81. 199.
1862. Michaelson, Öfv. K. Vet. Fhdl. 1862. 505. — J. pr. 90. 107. 1863. (Bragit.)
1863. H. Rose, P. A. 143. 497—516.
1865. Websky, Ztschft. d. geolog. Ges. 17. 566.
1868. Websky, Ztschft. d. geolog. Ges. 20. 251.
1869. Hermaan, J. pr. 107. 134.
1870. Rammelsberg, Ber. 3. 858 u. 948—49. (Tyrit.)
1871. Hermann, J. pr. (2). 4. 191—210.
     Rammelsberg, Mtb. Ber. Ak. Juli 1871. (Fergusonit, Bragit u. Tyrit.) — Ber. 4. 875.
1872. Rammelsberg, Ber. 5. 19.
1873. Rammelsberg, P. A. 150. 205.
1876. Nordenskiöld, G. F. F. 3. 7. 226—29. — Z. K. 1. 384. 1877.
     Rammelsberg, Ber. 9. 1885.
1877. Engström, Diss. Upsala. 1877. — Z. K. 3. 191—201. 1879.
     Nordenskiöld, G. F. F. IV. 1. 28—32. — Z. K. 3. 201—2. 1879.
     Smith, Am. J. Sc. (3). 13. 359—67. — Z. K. 1. 499—502. — Ann. Chim. [5]. 12. 253. — C. r. 84. 1036.
1878. Mallet, Am. J. Sc. (3). 15. 397.
1880. Brögger, G. F. F. 5. 326—76. — N. J. M. 1883. 1. — Z. K. 10. 494. 1885.
     Hidden, Am. J. Sc. (3). 20. 150. — Z. K. 5. 510. 1881.
     Shepard, Am. J. Sc. (3). 20. 54—57. — Z. K. 5. 511. 1881.
1882. Hidden, Am. J. Sc. (3). 24. 372—74.

Lit.

1882. Seamon, Am. J. Sc. (3). 24. 372, — Chem. N. 46. 205. — Z. K. 9. 80 u. 628. 1884.
1883. Woitschach, Abh. naturf. Ges. Görlitz. 17. 141. — Z. K. 7. 82—88.
1885. Nordenskiöld, G. F. F. 7. 121—24. — Z. K. 10. 504.
1887. Krüfs u. Nilson, Ber. 20. 1676 u. 2145—48
1888. Kiesewetter u. Krüfs, Ber. 21. 2310—20.
1889. Hidden u. Mackintosh, Am. J. Sc. (3). 38. 474—86. — Z. K. 19. 92—93. 1891.
1890. Koch, Orv. term. tud. Értesitö 1890. 15. 140—54 ung. 229—42 dtsch. — Z. K. 20. 314. 1892.
1891. Hidden, Am. Chem. J. (3). 14. 140—41. — Am. J. Sc. (3). 41. 439. — Z. K. 22. 420. 1894.
     Krüfs, L. A. 265. 5.
1892. v Chrustschoff, Journ. russ. phys. chem. Ges. 1892. No. 2—3. 130. — Z. K. 24. 516. 1895.
1893. Gibbs, Am. Chem. J. 15. 546—66.
     Hidden, Am. J. Sc. (3). 46. 98. — Z. K. 25. 105. 1896.
     Prior, Min. Mag. 47. 10. 234—38. — N. J. M. 1894. II. 229. — Z. K. 25. 300. 1896.
1894. Vogel, Z. anorg. 5. 60.
1895. Ramsay, Collie u. Travers, Journ. Chem. Soc. 67. 684. — Z. K. 28. 222 1897.
1896. Erdmann, Ber. 29. 1710. — Z. K. 30. 645. 1899.
     Petterd, A. Catalogue of the Minerals of Tasmania, Launceston 1896. — Z. K. 31. 199. 1899.
     Ramsay u. Travers, Proc. Royl. Soc. 60. 443. — Z. K. 30. 88. 1899.
     Schwantke, Die Drusenmineralien des Striegauer Granits. Diss. Breslau. (Leipzig 1896.) — Z. K. 30. 666. 1899.
1897. Ramsay, Travers u. Aston, Proc. Royl. Soc. 62. 325—29. — N. J. M. 1899. II. 29. — Z. K. 31. 283. 1899.
1898. Prior, Min. Mag. 55. 12. 96—101. — Z. K. 32. 279—80. 1900.
     Ramsay u. Travers, Ztschft. f. physikal. Chem. 25. 568. 1898.
1899. Kotora Jimbò, Journ. Coll. Sci. Tokyo 1899. 11. 213—81. — Z. K. 34. 218. 19. 1901.

| Nr. | Spez. Gew. | Mineral | Entdeckung | | Vorkommen | Chemische Zusammensetzung | | | | | Jahr der Ana- lyse | Autor der Analyse | Literatur |
			Jahr	Name des Entdeckers		Cerit- erden	Ytter- erden	Thor- erde	Zirkon- erde	Übrige Be- standteile			
1.	—	Fergu- sonit	1815	Berzelius?	Grönland? Ytterby?	36,31				Nb. Ta. Wo. Sn. Ur. Fe. Ca. H$_2$O.	1815	Berzelius	Afh. i. Fysik. Kem. och Min. Del. 4, 281.
2.	5,838	„			Kikertaur- sak bei Kap Farewell Grönland					„	1825	Haidinger	Trans. Royal Soc. Edinbourgh Vol. X. Port. II. p. 271. P. A. 5. 166.
3.	5,238	„			„	4,68	41,91		3,02	„	1828	Hartwall	K. Vet. Akd. Hdl. 1828. 167. P. A. 16. 479.
4.	5,612	„			Grönland	3,05	38,61		6,93	„	1859	Weber u. Rose	P. A. 107. 591. 118. 511.
5.	4,89	„			Ytterby		39,80			„	1860	Norden- skiöld	Verhd. d. swed. Akd. 1860. P. A. 111. 285.

Nr.	Spez. Gew.	Mineral	Entdeckung		Vorkommen	Chemische Zusammensetzung					Jahr der Analyse	Autor der Analyse	Literatur
			Jahr	Name des Entdeckers		Cert-erden	Ytter-erden	Thor-erde	Zirkon-erde	Übrige Bestandteile			
6.	—	Fergu-sonit			Hampemy Norwegen	0,77	37,15	3,44	4,02		1869	Hermann	J. pr. 107. 134
7.	5,56	„			Ytterby	7,80	30,45				1870	Rammels-berg	Ber. 3. 948.
8.	—	„			Grönland	7,63	34,68				1871	„	Monber. Berlin. Akd. Juli 1871.
9.	5,57	„			„	7,76	35,21				1873	„	P. A. 150. 205.
10.	4,774	Fergu-sonit (Yttro-tantalit)			Yterby		44,47				1873	„	„
11.	5,056	„			„		40,05				1873	„	„
12.	4,751	„			„	1,90	40,13				1873	„	„
13.	4,306	Fergu-sonit			Gamle Ko-rarfvet	0,51	32,87				1873	„	„
14.	4,767	Fergu-sonit (Tyrit)			Helle bei Arendal	9,73	31,95				1873	„	„
15.	4,858	„			„	4,78	38,13				1873	„	„
16.	5,267	Fergu-sonit (Bragit)			„	3,48	38,23				1873	„	„
17	5,681	Fergu-sonit			Rockport, Massach.	4,23	46,01				1877	Smith	Am J. Sc. (3). 13. 367. Z. K. 1. 502.
18.	—	„			Amherst Co. Virg.	9,35	27,90		2,09		1878	Mallet	Am. J. Sc. (3). 15. 397.
19.	5,87	„			Goldsande v. Brindletown N. Carolina		47,01				1878	Smith	bei Hidden, Am. J. Sc. (3). 20 150. 1880. Z. K. 5. 510. 1881.
20.	5,6	„			Brindletown Burke Co. N · Car.	4,15	37,21				1882	Seamon	Am. J. Sc. (3). 24. 372. 1882. Chem. N. 46. 205. Z. K. 9. 80 u. 628. 1884.
21.	5,67	„			Buffton am Colorado River Llano Co. Texas		45,71	3,38			1889	Hidden	Am. J. Sc. (3). 38. 477. Z. K. 19. 92—93. 1891.
22.	4,36 —4,48	„			„		32,19	0,83			1889	„	„
23.	5,023	Fergu-sonit (Yttro-tantalit)			Rachwana Ceylon		37,91				1893	Prior	Min Mag. 1893. 47. 10. 231—38. N. J. M. 1894. II. 229. Z. K. 25. 300. 1896.
24.	5,023	„			„		39,8 +Ca.				1893	„	„
25.	4,685	Fergu-sonit			Norwegen	13,87	31,09				1897	Aston, Ramsay u. Travers	Proc. Royal Soc. 62. 325—29. N. J. M. 1899. II. 29.
1.	5,3 —5,56	**Tyrit** (Fergu-sonit)	1855	Forbes u. Dahl	Hampemyr bei Arendal	5,35	29,72			Nb. Ta. Wo Sn. Ur. Fe. Ca.	1856	Forbes u. Dahl	J. pr. 69. 352.
2.	5,3 —5,56	„			Helle bei Arendal	6,10	27,83		2,78		1856	„	„
3.	5,124	„			Arendal	3,68	31,9		0,80		1859	Potyka	P. A. 107. 590.
4.		„			Helle bei Arendal	9,26	30,40				1871	Rammels-berg	Monatsber Berl. Akd. 1871. Juli.
5.		„			„	4,54	36,28				1871	„	„

Nr.	Spez. Gew.	Mineral	Entdeckung		Vorkommen	Chemische Zusammensetzung					Jahr der Analyse	Autor der Analyse	Literatur
			Jahr	Name des Entdeckers		Ceriterden	Yttererden	Thorerde	Zirkonerde	Übrige Bestandteile			
1.	5,40	**Bragit** (Fergusonit)		Forbes?	Arendal	7,43	32,71		1,45	Sn. Ur. Nb. Ta. Fe. Ca. Mn. Mg. Pb. H₂O.	1862	Michaelson	Oefv. K. Vet. A. F. 1862. 505. J. pr. 90. 107.
2.	—	„			Helle bei Arendal	3,33	36,63			„	1871	Rammelsberg	Mtber. Ber. Acd. 1871.

Kristallsystem quadratisch. Farbe dunkel, schwärzlichbraun bis pechschwarz, Strich hellbraun, fettartiger halbmetallischer Glanz, undurchsichtig, nur in feinen Splittern durchscheinend. Bruch unvollkommen muschelig, spröde. H. 5,5—6, spez. Gew. 5,8—5,9, vielfach verwittert und dann leichter und weicher werdend.

Chemische Zusammensetzung. Wesentlich ein (Ortho) Niobat (und Tantalat) von Yttererden mit Cer, Uran, Thorium und Zirkon, auch Eisen und Kalk etc. Formel $(Nb Ta) O_4 Y$. Der geringe sehr variable Wassergehalt ist wahrscheinlich sekundär.

Hidden und Makintosh (1889) unterscheiden beim Fergusonit von Texas, nach dem Wassergehalt zwei Varietäten, die auch sonst in den Eigenschaften voneinander abweichen. A. Monohydrat: Formel $R_3 Nb_2 O_7$ $(HO)_2$. Spez. Gew. 5,67, H. 6—6,5. Strich und Pulver mattbraun; unschmelzbar beim Erhitzen blaß olivengrün werdend und plötzlich durch die ganze Masse erglimmend; dekrepitiert (An. 21). B. Trihydrat: Formel $R_3 Nb_2 O_8$ $(OH)_6$. Spez. Gew. 4,36—4,48, H. 5. Farbe tiefbraun, an dünnen Kanten gelbbraun durchscheinend. Strich und Pulver grünlichgrau. Beim Erhitzen leicht braun werdend, aber weder erglimmend noch dekrepitierend wie sonst Fergusonit (An. 22).

Nach Ramsay und Travers (1895 und 1898) enthält der Fergusonit Helium, das in der Hitze ausgetrieben wird und dabei verhält sich das Mineral sehr eigentümlich, indem es bei einer Temperatur, die 500°—600° nicht überschreitet, plötzlich glühend wird, fast alles Helium entwickelt und an spezifischem Gewicht verliert.

Dem Fergusonit sehr nahe stehen der Bragit und der Tyrit, welche 1855 von *Forbes* als besondere Spezialitäten aufgestellt wurden, hier aber mit jenem zusammen abgehandelt werden sollen.

Vorkommen. **Deutschland. Schlesien.** Im Granitgebirge von Königshain in der Oberlausitz, im Feldspat von Döbschütz und am Schwalbenberge mit Orangit und Malakon: Woitschach 1883. — Das hier gefundene schwarze Mineral zeigt muscheligen Bruch, dünne Splitter sind tief braunrot durchsichtig, vor dem Lötrohr werden Splitter grünlichgelb. H. 5—6.

In den Glimmern jenes Fundortes finden sich neben Magnetit auch dunkelschwarze Partien, welche mit einer gelben Rinde umgeben sind. Woitschach betrachtet diese ebenfalls als in Zersetzung begriffene Fergusonite.

Im Striegauer Granit wird Fergusonit von Traube in Kalifeldspat, von Websky in Aphrosiderit eingewachsen, angegeben: Schwanthe 1896. — Ferner findet er sich auf der Josephinenhütte unweit Schreiberhau im Riesengebirge sowie in einem grobkörnigen Granit an den Kochelwiesen bei Schreiberhau: Websky 1865 u. 1868.

Österreich-Ungarn. In den Goldwäschen von Oláphian Siebenbürgen fand Koch (1890) ein bohnengroßes braunes, pechglänzendes, merklich schweres Korn von 0,6 g, welches er als Tyrit erkannte. Spez. Gew. 5,21, H. 6,5. Farbe dunkelbraun, Strich lichtbraun, Fettglanz.

Norwegen. Arendal: Auf den Feldspatgängen in der Nähe von Arendal mit Thorit und Orthit auf Platten von schwarzem Glimmer aufgewachsen und von ockergefärbten Orthoklas umgeben: Nordenskiöld 1876. — Von Helle bei Arendal, spez. Gew. 4,767 und 4,858, dem Tyrit nahestehend (An. 14 und 15), spez. Gew. 5,267, dem Bragit nahestehend (An. 16): Rammelsberg 1873. — Ebendaher Bragit und Tyrit (An. 2 Bragit und 4 und 5 Tyrit): Rammelsberg 1871. — Früher schon Tyrit, spez. Gew. 5,3—5,56, von dort von *Forbes* und *Dahl* 1856 analysiert (An. 2, Tyrit).

Von Hampemyr bei Arendal analysierte Hermann 1869 Fergusonit (An. 6), ebendaher Tyrit, spez. Gew. 5,3—5,56, von Forbes und Dahl 1846 analysiert (An. 1, Tyrit). Zu Garta bei Arendal Fergusonit mit Cleveit und Yttrogummit: Nordenskiöld 1885. — Weitere Analysen des Bragit, spez. Gew. 5,4 — von Michaelson 1862 (An. 1, Bragit) und des Tyrit, spez. Gew. 5,124 — von Potyka 1859 (An. 3, Tyrit), beide aus der Gegend von Arendal. In neuerer Zeit wurde norwegischer Fergusonit, wahrscheinlich auch aus der Gegend von Arendal, von Aston, Ramsay und Travers 1897 (An. 25) analysiert.

Schweden. Ytterby. Mit Cyrtolith, Xenotim und Arrhenit auf Platten von schwarzem Glimmer aufgewachsen — Nordenskiöld 1876. Analysiert von Rammelsberg 1870. Spez. Gew. 5,56. Derselbe analysierte 1873 weiteres dem Yttrotantalit nahestehendes Material von Fergusonit (An. 10—12).

Gamle Kararfvet. Fergusonit, spez. Gew. 4,306, analysiert von Rammelsberg 1873 (An. 13).

Grönland. Von Kap Kikertaursak bei Kap Farewell analysierte Haidinger 1825 Fergusonit vom spez. Gew. 5,838 (An. 2), ebendaher Hartwell 1828 solchen vom spez. Gew. 5,238 (An. 3).

Weitere Analysen von grönländischem Material wurden ausgeführt von Weber 1859 in H. Roses Laboratorium, spez. Gew. 5,612 und von Rammelsberg 1871 und 1873, spez. Gew. 5,57 (An. 8 und 9).

Ver. Staaten. Massachusetts. Aus der Gegend von Rockport analysierte Smith 1877 Fergusonit vom spez. Gew. 5,681 (An. 17), vorkommend im Feldspat des Granits.

Virginia. Von Amherst Co. analysierte Mallet 1878 Fergusonit (An. 18). Hidden (1891) beschreibt von Amelia Court Hause in Feldspat eingewachsene Kristalle von mattgrauer Oberfläche, aber pechglänzenden Bruchflächen. Spez. Gew. 5—5,6.

Nord Carolina. Aus der Umgegend von Spruce Pine Mitchell Co. Sehr gute Kristalle, äufserlich mehr oder minder zersetzt, mit Allanit und Cyrtolith: Hidden 1891. — Mit Samarskit: Shepard 1880. — In Rutherford Co. in Goldsanden mit Xenotim, Malakon und Monazit: Hidden 1891. — In den goldführenden Sanden von Brindletown Burke Co. in deutlichen Kristallen: Hidden 1880. — Dieses Vorkommen wurde von Smith (An. 19), spez. Gew. 5,87 und von Seamon 1882 (An. 20), spez. Gew. 5,6, analysiert

Süd-Carolina. Aus der Umgegend von Storeville Anderson Co. stark hydratisierte Kristalle in Begleitung von Zirkon: Hidden 1891.

Texas. Llano Co. An der beim Gadolinit näher beschriebenen Fundstelle, südlich von Bluffton am Westufer des Colorado River, fanden Hidden und Mackintosh (1889) grofse Qantitäten von Fergusonit; darunter Massen von über ein Pfund Gewicht; eine zusammenhängende Masse wog sogar über 30 Kgr. Es waren Kristallfragmente von mitunter 16—20 cm Länge und 1,5 cm Breite von quatratischem, zirkonähnlichem Typus. Die unmittelbar mit dem Fergusonit vergesellschafteten Mineralien waren Cyrtolith und Thorogummit, ferner Mengit, zuweilen war er auch umschlossen von Gadolinit oder für sich allein auftretend, eingewachsen in einer aus Orthoklas und Quarz bestehenden Matrix. Hidden und Mackintosh unterschieden an diesem Vorkommen die beiden eingangs beschriebenen einfach resp. dreifach gewässerten Varietäten (vgl. diese sowie An. 21 und 22).

Afrika. Im Embabaan Distrikt des Swaziland (Süd-Afrika) in den zinnführenden Sanden, welche anscheinend aus Granitgneis stammen, fanden sich kleine gerundete linsenförmige Geschiebe, auch in gerundeten Bruchstücken innig mit Monazit verwachsen, welche Prior 1898 für Fergusonit hält. Spezifisches Gewicht beider Arten 5,43 und 5,42. Qualitativ wurde Wasser, viel Niob, Eisen, Uran und Yttererden mit sehr wenig Titansäure oder Cererden nachgewiesen. — Nach neueren Nachrichten werden in Swaziland jetzt grofse Mengen von Fergusonit mit anderen Mineralien der seltenen Erden gefunden.

Asien. Ceylon. Aus den Edelsteingruben von Rakwana beschreibt Prior 1893 Fergusonit in runden Körnern ohne Kristallflächen von dunkelbrauner bis schwarzer Farbe, als feines Pulver hellbraun; in dünnen Splittern gelblichbraun durchscheinend; Glanz glasartig bis halbmetallisch auf muscheliger Bruchfläche; ohne deutliche Spaltbarkeit. Spezifisches Gewicht des analysierten Materials (An. 23 und 24) 5,023, eines Stückes von 10 g 4,950, eines anderen einzelnen Stückes 5,49. Vor dem Löthrohr unschmelzbar, zeigt kein Erglühen; im Kölbchen etwas dekrepitierend und Wasser von schwach saurer Reaktion abgebend. In der Phosphorsalzperle schwierig aber doch vollkommen löslich, die in der inneren Flamme heifs rötlichgelb, kalt, fast farblos oder grünlich wird.

Japan. Kotora Jimbó in Tokyo (1899) beschreibt Fergusonit von Tahayama.

Australien. Tasmanien. Petterd (1896) berichtet über Fergusonit vom Mount Bischoff.

Sipylit.

Lit.
1877. Mallet, Am. J. Sc. (3). 14. 397. — Z. K. 2. 192—94.
1878.

Lit.
1878. Delafontaine, C. r. 87. 933—34. — Z. K. 3. 443. 1879.
1881. Mallet, Am. J. Sc. (3). 22. 52. — Z. K. 6. 518. 1882.

Nr.	Spez. Gew.	Mineral	Entdeckung		Vorkommen	Chemische Zusammensetzung					Jahr der Analyse	Autor der Analyse	Literatur
			Jahr	Name des Entdeckers		Ceriterden	Yttererden	Thorerde	Zirkonerde	Übrige Bestandteile			
	4,89	Sipylit	1877	Mallet	Little Friar Mountain AmherstCo., Virginia	9,35	27,49		2,09	Nb. Ta. Wo. Sn. Mn. Fe. Be. Mg. Ca. Li. Na. K. F. H₂O.	1877	Brown	Am. J. Sc. (3). 14. 397. Z. K. 2. 193. 1878.

Dem Fergusonit sehr nahe steht der von *Mallet* 1877 entdeckte Sipylit. Der Name dieses Minerals bezieht sich nach Analogie des ebenfalls mythologischen von H. Rose gewählten Namens Niobium auf einen der Söhne der Niobe »Sipylus«. Die Kristallform ist quadratisch, jedoch findet sich das Mineral meist nur als kleine unregelmäfsige Partien. Den ersten Kristall fand *Mallet* 1881, derselbe war 1,5 cm lang und 1,627 g schwer und zeigte grofse Ähnlichkeit mit Fergusonit. Die Farbe ist bräunlichschwarz, in dünnen Splittern rotbraun, durchsichtig; Strich zimmtbraun bis blafsgrau, metallischer Harzglanz; spröde; kleinmuscheliger bis unebener Bruch; Härte nahe 6, spez. Gew. derb 4,89, kristallisiert 4,883. Das Mineral scheint ein Yttrium-Erbium-Orthoniobat (Y.Er.) NbO$_4$ mit Cermetallen darzustellen. Delafontaine (1878) fand darin das kurz vorher von Marignac im Gadolinit entdeckte Ytterbium. Vor dem Löthrohr dekrepitiert das Mineral und zeigt lebhaftes Aufglühen, noch stärker als der Gadolinit, ist aber unschmelzbar. *Mallet* erklärt das Aufglühen beim Erhitzen als Verlust des basischen Wassers und als Umwandlung eines normalen Niobates in ein Pyroniobat, analog dem Erglühen des Ammoniummagnesium-Orthophosphates im Augenblick der Umwandlung in ein Pyrophosphat.

　　　Vorkommen. **Ver. Staaten. Virginia.** Zu Little Friar Mountain, 15 engl. Meilen von der Virginia-Midland Eisenbahn, in der Grafschaft Amherst, mit Allanit in einem Gemenge dieses letzteren mit Magnetit ein- oder gewöhnlich auf dieses Gemenge aufgewachsen. Analysiert von Brown.

Monazit.

Lit.
1823. Lévy, Ann. Phil. 18. 241. 21. N. S. 5. (Turnerit.)
1829. Breithaupt, Schweig-Seid. Jhrb. 55. 3. 301. — B. J. 10. 169. 1831.
1831. Brooke, Phil. Mag. 10. 189. — P. A. 23 362. (Mengit.)
1832. Friedler, P. A. 25. 332.
1837. Lévy, Descript d'une coll. d. Min. 1837. 3. 423. (Turnerit.)
　　　Shepard, Am. J. Sc. 32. 162. — J. pr 12. 185. — P. A. 43. 148. 1838. — B. J 18. 235. 1839. (Edwardsit.)
1838. Dana, Am. J. Sc. 33. 70. (Eremit.)
1839. Kersten, P. A. 47. 385—96.
　　　H. Rose, P. A. 46. 645. — B. J. 1839. 235. (Edwardsit-Eremit.)
1840. Rose, P. A. 49. 223. — B. J. 1841. 245. (Edwardsit.)
1842. Des Cloizeaux, Ann. d. min. [4]. 2. 362.
　　　Rose, Reise nach dem Ural, Altai und kaspischen Meere 1842. 2. 87 u 482.
1844. Hermann, J. pr. 33. 90. — B. J 25 376 1846.
1846. Wöhler, P. A. 67. 424. — Nachr. d. k. Ges. Wiss. Gött. 1846. 19. (Kryptolith.)
1847. Hausmann, Handbuch 2. [2]. 1067
　　　Hermann, J pr 40. 21—31.
1850. Watts, Quaterly of Journ. Chem. Soc. 2. 131 (Phosphocerit-Kryptolith.)
1852. Miller, Min. 493. (Monazit.) 653. (Turnerit.) 678. (Monazitoid.)
1855. Forbes u. Dahl, Nyt. Mag. for Nat. 1855. 13.
1857. Damour u. Des Cloizeaux, An. Ch. Phys. [3]. 51. 445.
　　　Zschau, Allg. Dtsch. Nat.-Zeit. Dresden 1857. 208. — Am. J. Sc. (2). 25. 410. 10. 1858.
1860. Hermann, Heteromeres Kristallsystem. 1860. 196.
1862. Des Cloizeaux, Manuel 1. 533.
　　　Genth, Am. J. Sc. 33. 204 u. 34. 217.
　　　v. Kokscharow, Materialien Min. Rußlands 1862. 4. 8. u. 18. 6. 200 u 387.
1863. vom Rath, P. A. 119. 247. (Turnerit.)
1864. Hermann, J. pr. 93. 109—114.
　　　vom Rath, P. A. 122. 407. (Turnerit.)
1865. Church, J. Ch. Soc. (2). 3. (18). 259.
　　　Websky, Ztschft. geol. Ges. 17. 567.
1866. Dana, Am. J. Sc. (2). 42. 420.
1867. Des Cloizeaux, Nouv. recherch. 1867. 150.
1868. Des Cloizeaux, Nouv. recherch. 1868. 660.
　　　Dana, Mineralogy 1868. 539.
1870. vom Rath, Sitzb. K. Bayer. Ak. Wiss. 2 271. 5. Nov.
1871. vom Rath, P. A. 1871. Ergb. 5. 413.
1872. Church, Chem. N. 26. 130.
1873. Pisani u. Des Cloizeaux, Ztschft d. geol. Ges. 25. 568. (Turnerit.)
1874. Des Cloizeaux, Man. 2. XLV. 472.
　　　Hessenberg, N. J. M. 1874. 826. (Turnerit.)
　　　Radominski, Ber. 1874. 483. (Kryptolith.)

Lit.
1875. Klein, N. J. M. 1875. 852.
　　　Radominsky, Ber. 8. 183—84.
　　　Rammelsberg, Hdb. d. Minchem. 305—6.
　　　Shepard, J. pr. (2). 12. 185. (Edwardsit.)
1876. vom Rath, N. J. M. 1776. 393—94. (Turnerit.)
　　　Treschmann, N. J. M. 1876. 593—601. — Z. K. 1. 405. 1877. (Turnerit.)
1877. v. Jeremejew, Verh. d. K. Russ. Min. Ges. St. Petersbourg. 2. Ser. Bd. 12. 287. — Z. K. 1. 398.
　　　Pisani, C. r. 84. 462. — Ber. 1877. 730. — Z. K. 1. 405. 1877. (Turnerit.)
　　　Rammelsberg, Ztschft. d. geolog. Ges. 1877. 29. 79. — Z. K. 3. 101. 1879.
1878. Cossa, Mem. Accad. d. Linc. (3). 3. 30. — Bull. Soc. fr. Min. 2. 85. — Z. K. 3. 47. 1879.
1879. Rammelsberg, Z. K. 3. 101.
　　　Rammelsberg, Ztschft. d. geol. Ges. 1879 31. 29.
1880. Fischer, Z. K. 4. 373.
　　　Seligmann, Verh. d. Nat.-Hist. Ver. Bonn. Jhrg. 37 Corrsp. Bl. 2. 130. — Z. K. 6. 231 1882.
1881. Brögger, G. F. F. 5. 326—76. — N. J. M. 1883. 1. — Z. K. 10. 494. 1885.
　　　Des Cloizeaux, Bull Soc. min. fr. 4. 56. — Z K. 6. 299. 1882.
　　　Hidden, Am. J. Sc. (3). 21. 461 u. (3). 22. 21. — Z K. 6. 231 u. 517. 1882.
　　　Hidden, Am. J. Sc. (3). 22. 489. — Z. K. 6. 517. 1882.
　　　Renard, Bull. Ac. royale de Belg. (3). 2. No 8. 128. — Z. K. 6. 544. 1882.
1882. Bertrand, Z. K. 6. 294. (Kryptolith.)
　　　Des Cloizeaux, Z. K. 6. 299.
　　　Dana, Am. J. Sc. (3). 24. 247. — Z. K. 7. 362—63. 1883.
　　　Dunnington, Am. Chem. J. 4. 138—40. — Z. K. 7. 424. 1883.
　　　König, Proc. Acd. Nat. Sc. Philad. 1882. 15. 100. — Z. K. 7. 424. 1883.
　　　Lewis, Proc. Acd. Nat. Sc. Philad. 1882. 100. — Am. J. Sc. (3). 24. 158. — Z. K. 7. 424. 1883.
　　　Liversidge, The Minerals of New-Süd-Wales sec. Edt. Sidney 1882. — Z. K. 8. 87. 1884.
　　　Penfield, Am. J. Sc. (3). 24. 250—54. — Z. K. 7. 366—70. 1883.
　　　Seligmann, Z. K. 6. 231—32. (Turnerit.)
1883. Corceix, Bull. Soc. fr. min. 6. 27. — Z. K. 10. 621. 1885.
　　　Dana, Z. K. 7. 362—65.
　　　Svenonius, G. F. F. 6. 204—7. — Z. K. 8. 647. 1884.
1884. Corceix, Bull. soc. min. fr. 7. 209. — C. r. 98. 1446. — Z. K. 11. 639. 1886.
　　　Kokscharow, M. M. Rußlands 9. 10 u. 10. 155.
　　　Seligmann, Z. K. 9. 420.

Lit.
1885. Corceix, C. r. 100. 3. 56. — Z. K. 12 643. 1887.
Miers, Min. Mag. 6. 164. — Z. K. 12 181. 1887.
Rice, Am. J. Sc. (3). 29. 263. — Z. K. 11. 300. 1886.
1886. Hidden, Am. J. Sc. (3). 32. 204—207. — Z. K. 12.
506, 1887.
Rammelsberg, Erghft. I. 168—170.
vom Rath, Sitzb. d. Ndrh. Ges. f. N. Bonn 1886.
— Z. K. 13. 595—98. 1888.
1887. Becquerel, Bull. Soc. Min. fr. 10. 120. — Z. K. 14.
617. 1888.
Blomstrand, G. F. F. 1887. 9. 160. — Lunds Univst.
Årskrift 1889. 25. Abt. 4. — Z. K. 15. 99. 103.
1889. — J. pr. (2). 41. 266—277. 1890.
Corceix, C. r. 105. 1139—41.
Hoffmann, Am. J. Sc. [3]. 34. 73—74. — Z. K 15
127. 1889.
Mallard, Bull. Soc. Min. fr. 10. 236. — Z. K. 15.
642—43. 1889. (Kryptolith.)
Scharizer, Z. K. 12. 255—56.
1888. Becquerel, Ann. Chim. Phys. (6). 14. 170. — Z. K.
18. 331. 1891.
Hidden, Am. J. Sc. (3). 36. 380—83. — Z. K. 17.
413. 1890.
Penfield, Am. J. Sc. (3). 36. 317—31. — Z. K. 17.
407. 1890.
Scharizer, Z. K. 13. 15—22.
Sperry, Am. J. Sc. (3). 36. 317—31. — Z. K. 17.
407. 1890.
1889. Blomstrand, G. F. F. 1889. 11. 379. — Z. K. 19.
109. 1891.
Blomstrand, Lunds Universitets Årskrift 25. Abt. 4.
—- Z. K. 20. 367. 1892.
Boudouard, Bull. Soc. Chim. Paris (3). 19. 10—13.
1889.
Derby, Am. J. Sc. [3]. 37. 109—13. — Z. K. 19.
78. 1891.
Genth, Am. J. Sc. [3]. 38. 198—203. — Z. K. 19.
88. 1891.
Miers, Min Mag. 8. 207. — Z K. 19. 415. 1891,
Urba, Z. K. 15. 203—204.
1890. Brögger, Z. K. 16. 72. (Kryptolith.)
Blomstrand, J. pr. (2). 41. 266—277. (vgl 1887.)
Genth, Am. J. Sc. (3). 40. 114—20. — Z. K. 20.
472. 1892.
1891. Derby, Am. J. Sc. [3]. 41. 308—11.
Frank, Bull. Ac. royale de Belg. (3). 21 40. — Z. K.
23. 476—77. 1894.
Hidden, Am. Chem. J. [3]. 14. 140—41.
Hussak, Tscherm. Mitt. 12. 457. 465—82. — Z. K.
24. 429—30. 1895.
1892. Wülfing, Rosenbusch. Mikr. Physgr. 1. 498. (3. Aufl.
1892.)
1893. Hidden, Am. J. Sc. [3]. 46. 254—57. — Z. K. 25.
108 1896.
1895. Boudouard, C. r. 121. 273—75.
Gray, Chem. Ztg. 19. 706.
Hovey, Bull. Amer. Mus. Nat. Hist. 7. 341—42. —
Z. K. 28. 335. 1897.

Lit.
Hussak, Min. Mag. Nr. 50. Sept. 1895. 11 80—88.
— Z. K. 28. 213. 1897.
Ling, Cem. Ztg. 19. 1468—69.
Lockyer, Proc. Royl. Soc. 1895. 59. 133. — Z. K.
30. 87. 1899.
Matthew, Columbia College Nr. XXI. School. of
Mines Quaterly 16. 332—34. — Z. K. 28. 334.
1897.
Niven, Am. J. Sc. (3). 50. 75. — Z. K. 28. 318. 1897.
Nitze, 16 Ann. Rep. U. S. Geol. Survey Part. IV.
667. — Engeneering and Mining Journ. — Chem.
N 71. 181.
Rammelsberg, Erghft. II. p. 134—137.
Ramsay, Collie u. Travers, Journ. Chem. Soc. 67.
684. — Z. K. 28. 222 1897.
Schützenberger, C. r. 120. 1143—47.
Thorpe, Chem. N. 72. 32. — Z. K 28 222. 1897.
Tilden, Proc. Royl. Soc. 1895. 59. 218. — Z. K. 30.
87. 1899.
1896. Drofsbach, Ber. 29. 2452—55.
Erdmann, Ber. 29. 1710. — Z. K. 30. 645. 1899.
Ferrier, Ottawa Naturalist 9. 193. — Z. K. 31. 293.
1899.
Glaser, Chem. Ztg. 1896. 612—14. — J. Am. Chem.
Soc. 18. 782—93
Lacroix, C. r. 122. 1429. — Z. K. 29. 411—12. 1898.
(Turnerit.)
Nitze, Journ. f Gas u. W. 1896. 88—89
Petterd, Catalogue of the Minerals of Tasmania
Launceston 1896. — Z. K. 31. 199. 1899.
Schützenberger u. Boudouard, C. r. 122. 697—99.
Thorpe, Z. anorg. Ch. 12. 67.
1897. Buddeus u. Preufsner, Z. angew. 1897. 738.
Cesàro, Mem. d. l'Acad. d. Sci. d. lettr et d. b.
Arts de Belg. Bruxelles 53. — Z. K. 31. 89.
1899.
Derby, Min. Mag. and Journ. of the Min. Soc. 53.
11. 304—310. — Z. K. 31. 195—97. 1899.
Lindgren, Am. J. Sc. [4]. 4. 63—64. — Annual Re-
port U. St. Geol. Survey Part. III. 673. — Z.
K. 31. 295. 1899.
Nitze, J. Frankl. Dingl. Pol. J. 306. 144.
Preis, Sitzb. d. K. Böhm. Ges. Wiss. 19. 5. —
Z. K. 31. 526. 1899.
Ramsay u. Travers, Proc. Roy. Soc. 60. 442. —
Z. K. 30. 88.
Ramsay u. Zilliakus, Öfv Finska Vet. Soc. Fhdl.
39. 1897. — Z. K. 31. 317—18. 1899.
1898. Boudouard, Bull. Soc. chim. [3]. 19. 10—13. — C.
r. 126. 1648—51.
Groth, Tab. Übers. d. Min. (4). 1898. p. 84.
Hidden u. Pratt, Am. J. Sc. (4). 6. 463—68. — Z.
K. 32. 600. 1900.
Naumann-Zirkel, Element d. Min. (13). 577—78.
Prior, Min. Mag. and Journ. of the Min. Soc.
London 55. 12. 96—101. — Z. K. 32. 280. 1900.
Schützenberger u. Boudouard, Bull. Soc. Chim. [3].
19. 227—36.
Urbain, C. r. 127. 107—108.

Lit.
1899. Cathrein, N. J. M. 1899. II. 137. — Z. K. 35. 207. 1902.
      Derby, Am. J. Sc. [4]. 7. 343—56. — Z. K. 34. 101.
      1901.
      v. Firks, Ztschrft. geol. Ges. 1899. 51. 431—65. —
      Z. K. 35. 306. 1902.
      Hamilton, Proc. Philad. Akad. Nat. Sc. 1899. Part. II.
      377—78. — Z. K. 34. 206. 1901.
      Hussak, Tscherm. Mitt. 18. 342—59.
      Kotora Jimbò, Journ. Coll. Sci. Tokyo 1899. 11.
      213—81. — Z. K. 34. 218—19. 1901.

Lit.
      Krejči, Sitzb. K. Böhm. Ges. Wiss. 1899. XLIV. —
      Z. K. 34. 705. 1901.
      Prior, Min. Mag. 12. 101.
      Vrba u. Preis, N. J. M. 1899. I. 427.
1900. Bowmann, Z. K. 33. 113—126.
      Derby, Am J. Sc. (4). 10. 217—21.
      Douillet u. Séquard, Ztschrft. angewdt. Ch. 1900. 793.
      Urbain, Ann. Chim. Phys. Paris (7). 19. 202—10.
1901. Kraus u. Raitinger, Z. K. 34. 268—77.
      Schilling, Diss. Heidelberg 1901.
1902. Schilling, Ztschrft. angewdt. Ch. 15. 878—882.

Nr.	Spez. Gew.	Mineral	Entdeckung		Vorkommen	Chemische Zusammensetzung					Jahr der Analyse	Autor der Analyse	Literatur
			Jahr	Name des Entdeckers		Cerit-erden	Ytter-erden	Thor-erde	Zirkon-erde	Übrige Be-standteile			
1.	4,2 -4,6	Monazit (Edward-sit)	1829	Breit-haupt	Yantie-fallena Norvich Connecticut	56,53			7,77	Si. P. Al. Fe. Ca.	1837	Shepard	Am. J. Sc. 32. 62. 1837. vgl Rose, P. A. 49. 233. 1840. J. pr. 12. 185. 1837. B. J. 18. 235. 1839.
2.	4,922 -5,019	Monazit			Miask Ural	49,4		17,95			1839	Kersten	P. A. 47. 395. 1839. B. J. 20. 245. 1841.
3.	5,0	„			Slatoust Ural	64,77					1844	Hermann	J. pr. 33. 90. 1844. 40. 21—28. 1847.
4.	—	„			„	67,53					1844	„	J. pr. 33. 90.
5.	4,6	Monazit (Krypto-lith)			Arendal	73,70					1846	Wöhler	P. A. 67. 424.
6.	—	„			„	70,26					1846	„	„
7.	5,281	Monazit (Monazi-toid)			Miask	70,65					1847	Hermann	J. pr. 40. 31.
8.	5,18	Monazit			„	73,55					1847	„	„
9.	—	Krypto-lith			Johannes-berg Schweden	66,65					1850	Watts	Quatl. of J. Ch. Soc. 2. 181.
10.	—	Monazit			RioChico bei Antioquia N.-Granada	70,9					1857	Damour	A. Ch. Phys. (3). 51. 445.
11.	5,142	„			Miask Ural	35,85		32,45			1864	Hermann	J. pr. 93. 112.
12.	—	Monazit? (Cer-oxydul-phos-phat)			Cornwall	52,52					1865	Church	J. Ch. S. (2). 3. 10. 259. 1865.
13.	—	Krytolith (Kårarf-veit)			Kårarfvet bei Fahlun	67,40					1874	Rado-minski	Ber. 1874. 483.
14.	5,174	Monazit			Arendal	69,11					1877	Rammels-berg	Ztschft.d.geol.G. 1877. 29. 79. Z. K. 3. 101. 1879.
15.	5,174	„			„	66,97					1877	„	„
16.	—	Monazit (Turne-rit)			Dauphiné ?	68,0					1877	Pisani	C. r. 84. 462. Ber. 1877. 730. Z. K. 1. 405. 1877.
17.	—	Monazit			Mica Mine Amelia Court Hause Amelia Co. Virginia	51,0	1,10	18,60			1882	Dunning-ton	Am. Chem. J. 4 138—140. Am. J. Sc. 24. 158. bei Lewis, Proc. Acad. Nat. Sc. Philad. 1882. 100. Z. K. 7. 424. 1883.

Nr.	Spez. Gew.	Mineral	Entdeckung		Vorkommen	Chemische Zusammensetzung					Jahr der Analyse	Autor der Analyse	Literatur
			Jahr	Name des Entdeckers		Cerit-erden	Ytter-erden	Thor-erde	Zirkon-erde	Übrige Bestandteile			
18.	—	Monazit			Mica Mine Amelia Court'Hause Amelia Co. Virginia	73,82				Si. P. Al. Fe. Ca.	1882	König	bei Lewis, Proc Acad. Nat. Sc. Philad. 1882. 100 Z. K. 7. 424. 1883.
19.	5,001	„			Vegetable Greek Grafschaft Gough Neu S.-Wales Australien	66,85		1,23			1882	Dixon	bei Liversidge, The Minerals of New Sud-Wales, second Edit. Sidney 1882. Z K. 8. 87. 1884.
20.	5,001	„			„	68,08 +Th.		s. Cer.			1882	„	„
21.	—	„			Alexander Co. N.-Car.	68,86					1882	Penfield	Am. J Sc. (3). 24. 250.
22.	5,20 -5,25	„			Peltons Quarry Portland Conn	61,84		8,33			1882	„	Am J. Sc. (3). 24. Okt. 1882. Z. K. 8. 366—70. 1883.
23.	5,20 -5,25	„			„	61,91		8,17			1882	„	„
24.	5,10	„			Mills Gold-grube Brindletown Distr. Burke Co. N.-Car.	62,05		6,68			1882	„	„
25.	5,10	„			„	62,74		6,24			1882	„	„
26.	5,10	„			„	61,94		6,56			1882	„	„
27.	5,30	„			Amelia Co. Virginia	56,55		14,23			1882	„	„
28	—	„			In d. Sanden v. Caravellas Brasilien	71,2					1885	Corceix	C. r. 100. 356. Z. K. 12. 643. 1887.
29.	5,138	„			Villeneuve Ottawa Quebec Canada	64,45					1887	Hoffmann	Am.J Sc.(3).34.73—74.
30.	4,89	„			Moos	61,93	2,04	4,54			1887	Blom-strand	G. F. F. 1887. 9. 160. Lunds Universts. Årskrift 1889. 25. Abt. 4. Z.K. 15. 99—102. 1889. J. pr. (2). 41. 266. 1890.
31.	4,64	„			„	55,74	1,83	9,20			1887	„	„
32.	5,19	„ (sehr rein)			Dillingsö bei Moos	63,41	1,81	3,81			1887	„	„
33.	5,18	Monazit			„	56,44	2,03	9,60			1887	„	„
34.	4,77	„			Lönneby in Råde b Moos	57,66	1,82	9,34			1887	„	„
35.	4,77	„			„	56,86	2,76	9,03			1887	„	„
36.	5,15	„			Arendal	55,46	3,82	9,57			1887	„	„
37.	5,117	„			Narestö bei Arendal	59,79	0,78	7,14			1887	„	„
38.	—	„			Hvalö im Kristianiafjord	49,69	2,86	9,05	0,66		1887	„	„
39.	5,08	„			„	54,83	1,58	11,57			1887	„	„
40.	5,203	„			Alexander Co. N.-Carol.	71,91					1888	Sperry	Am. J.Sc. (3). 36. 317 bis 331.
41.	5,203	„			„	72,37					1888	„	„
42.	5,203	„			„	72,25					1888	Penfield	„
43.	5,203	„			„	72,18					1888	„	„
44.	5,203	„			„	berechnet 68,86		berechnet 1,48			1888	Sperry u. Penfield	„ (berechnet aus den vorigen)

Nr.	Spez. Gew	Mineral	Entdeckung		Vorkommen	Chemische Zusammensetzung					Jahr der Analyse	Autor der Analyse	Literatur
			Jahr	Name des Entdeckers		Cerit-erden	Ytter-erden	Thor-erde	Zirkon-erde	Übrige Bestandteile			
45.	5,233	Monazit			Villeneuve Ottowa Co. Quebec Canada	51,61	4,76	12,60			1889	Genth	Am. J. Sc. (3). 38. 203 Z. K 19. 88. 1891.
46.	5,125	„			Holma bei Luhr N.-Bohuslän	56,05	2,54	10,39			1889	Blom- strand	G. F. F. 1889. 11. 171. Z. K. 19. 109. 1891.
47.	—	„			Kårarfvet	58,68	0,83	8,31			1889	„	„
48.	5,01	„			Ilmengebirge	63,17	0,52	5,62			1889	„	Lunds. Universitets Årskrift 1889. 25. Abt. 4. Z. K. 20. 367. 1892.
49.	5,01	„			„	63,17	0,52	5,49			1889	„	„
50.	5,266	„			„	52,50	0,43	17,82			1889	„	„
51.	4,87	„			„	37,57	1,71	16,64			1889	„	„
52.	—	„			Nord- Carolina	49,60		18,01			1895	Thorpe	Chem. N. 72, 32. Z. K. 28 222. 1897.
53.	—	„			Blaue Berge	64,7	1,5	8,0			1896	Drossbach	Ber. 29. III. 2452—55.
54.	—	„			Pisek Böhmen	57,69	4,02	5,85			1897	Preis	Sitzb. Böhm. Ges. d. Wiss. 1897. Nr. 19. Z. K 31, 526. 1899.
55.	5,163	„			Impilaks Ladogasce	62,31	2,86	5,65			1897	Ramsay u. Zilliacus	Öfvers of Finska Vet. Soc. Förhdl. 39, 1897. Z. K. 31. 317. 1899.
56.	4,88	„			„	53,31	3,22	9,50			1897	„	„
57.	—	„			Portland Conn.	61,86		8,25			1897	Nitze	J. Frankl. Dingl. Pol J. 304. 144.
58.	—	„			Burke Co. N.-Car.	62,26		6,49			1897	„	„
59.	—	„			Amelia Co. Virginia	56,55		14,23			1897	„	„
60.	—	„			Alexand. Co. N.-Carolina	68,86		1,48			1897	„	„
61.	—				Råde Nor.	35,8		8,4			1903	Verfasser	—
1		Monazit- sand			Quebec	50,2	4,5	1,1		Si. Ti. Ta. P. Pb. Al. Ca. Fe. Be.	1895	Gray	Chem. Ztg. 1895. 706.
2.		„			Connecticut	61,0	—	1,4			1895	„	„
3.		„			N.- u. S.-Caro- lina	58,0	—	0,32			1895	„	„
4.		„			„	63,3	0,1	0,80			1895	„	„
5.		„			„	39,0	—	0,23			1895	„	„
6.		„			Bahia	53,0	1,2	1,2			1895	„	„
7.		„			MinasGeraes	51,0	2,2	2,4			1895	„	„
8.		„			Rio Chico	53,0	3,2	4,8			1895	„	„
9.		„			Villa Bella	62,4	4,4	5,3			1895	„	„
10.		„			Goyaz	64,1	5,1	7,6			1895	„	„
11.		„			Nord-Caro- lina	40,86	13,98 +Zr.	1,43	siehe Ytt		1896	Glaser	Chem. Ztg. 1896. 614.
12.		„			Shelby N.-C.	63,8		2,32	1,52 +Ytt.		1896	„	„
13.		„			Bellewood N.-C.	59,09		1,19	2,68 +Ytt		1896	„	„
14.		„			Boise City, Idaho	46,8		1,2			1897	Hille- brand	bei Lindgren, Am. J. Sc. (3). 63. u. Annal. Report. U. J. Geol. Survey. Part. III. 673.
15.		„			Nord-Caro- lina	77,0	0,48	2,42	5,75		1898	Bou- douard	Bull. Soc. chim. (3). 19. 10—13.

Der Monazit ist das für die Gewinnung der Ceriterden und des Thoriums zurzeit weitaus wichtigste Mineral. Kristallsystem monoklin. Die Kristalle sind dick, tafel- oder ganz kurz säulenförmig einzeln ein- oder aufgewachsen. $H = 5$; spez. Gew. 4,9—5,25; Farbe rötlichbraun, hyazintrot, fleischrot, auch topasgelb. Schwach fettglänzend, kantendurchscheinend, bisweilen durchsichtig.

Chemische Zusammensetzung. In den reinsten Varietäten. Neutrales Orthophosphat von Ceroxyd und Lanthanoxyd (auch Didymoxyd) (Ce La Di) PO_4. Der Gehalt an Phosphorsäure beträgt ungefähr 28—29 %. Der Rest Ceriterden. Jedoch ist in manchen Monaziten ein sehr bedeutender Thorgehalt nachgewiesen worden, welcher meist nicht über 10 % hinausgeht, jedoch in einzelnen Fällen wie im Monazit von Slatoust nach Kerstens Analyse, in dem von Virginia nach Dunnington, und von Nord-Carolina nach Thorpe bis zu 18 % ThO_2 erreicht. Ja, Hermann fand in einem Exemplar von Slatoust 32,5 %, eine Analyse, deren Richtigkeit jedoch sehr zweifelhaft sein dürfte.

Viele halten den Gehalt an ThO_2 nur für eine Verunreinigung durch Thorit, während andere die Thorerde als primären Bestandteil ansehen. Die erstere Ansicht vertritt vor allen Penfield, wogegen Blomstrand zu beweisen sucht, dafs die Thorerde ein Bestandteil des Phosphates Monazit sein mufs, indem in der Mehrzahl der von ihm ausgeführten Analysen die Cer-Yttererden nicht zur Sättigung der Phosphorsäure hinreichen. Blomstrand teilt nach der wechselnden Menge der Thorerde die Monazite in drei Gruppen; mit 4—6 %, 8—11 % und 16—19 %, also nach dem niedrigsten Gehalt gezählt etwa im Verhältnis 1 : 2 : 4. Tilden (1895) entwickelte aus Monazit im Vakuum um 130—140° Helium. Ebenso fanden Ramsay, Collie und Travers (1895) im Monazit Helium.

Historisches. Das Mineral wurde von Breithaupt 1829 entdeckt und benannt. Er fand dasselbe zuerst in einigen Stücken Zirkon-Granits aus der Nähe der Gruben von Miask neben Zirkon und wie dieser porphyrartig eingewachsen. 1832 berichtet Friedler über das Vorkommen des Monazits in einer südlichen Fortsetzung des Granits vom Ilmengebirge in der sogen. Tschermetschanta. 1839 beschreibt Kersten den Monazit und das Vorkommen im Ural genauer. Er fand die Kristalle teils in kleinen Nestern mehrere beisammen, teils sehr vereinzelt in der ganzen Masse zerstreut, von der Gröfse eines Sandkorns bis zu der einer grofsen Linse. Aus dem selten und vereinsamten Vorkommen hatte Breithaupt den Namen **Monazit** abgeleitet. Das Mineral taucht dann unter den verschiedensten Namen in der Literatur auf, so benannte Shepard im Jahre 1837 ein bei Yantiefallena in Norwich Connecticut gefundenes Mineral **Edwarsit** und erst später wurde dasselbe von Rose (1840) als mit Monazit identisch befunden. Die Analyse Shepards ist wohl als die älteste des Minerals anzusehen, da er dieselbe 1837 veröffentlichte, während Kersten seine Untersuchung des Monazits von Slatoust zwei Jahre später (1839) veröffentlichte. Zu gleicher Zeit (1837) veröffentlichte Shepard die Untersuchung eines Minerals **Eremit,** ein Name, in dem auch das vereinzelte Vorkommen ausgedrückt ist, und das ebenfalls als Monazit aufzufassen ist. Das von Brooke (1831) mit dem Namen **Mengit** belegte Mineral ist ebenfalls als Monazit anzusprechen. Wöhler beschreibt 1845 ein Mineral von Arendal, das er **Kryptolith** (ein Name, der gleichfalls wieder auf das eigenartige Vorkommen Bezug hat) benannte und das sich später ebenfalls als Monazit herausstellte, wie vor allem Mallard (1887) und Brögger (1890) festgestellt haben. Endlich finden wir den Monazit als **Turnerit** (besonders das Vorkommen in den Alpen), **Phosphocerit** und **Monazitoid,** mit welch letzterem Namen Hermann (1847) eine besondere Varietät von Ilmensee, deren Farbe tiefer braun war, aufführt.

Vorkommen. Der Monazit ist eines der verbreitetsten Minerale der Erdoberfläche, jedoch ist derselbe erst in neuerer Zeit in seiner aufserordentlichen Verbreitung bekannt geworden, indem er als Rohmaterial für die Glühlichtindustrie plötzlich zu grofser Bedeutung kam und nun auf das eifrigste gesucht wurde. Man findet ihn als akzessorischen Bestandteil eruptiver Granite, Diorite und in Gneisen an fast allen Plätzen der Erdoberfläche, wie aus den nachfolgenden Zusammenstellungen zu sehen sein wird. Meist bildet er jedoch nur einen geringen Teil des Gesteins, in vielen Fällen nur durch das Miskroskop auffindbar. Die für den Handel in Betracht kommenden Monazitablagerungen sind diejenigen, welche sich im Schwemmsand der Flüsse und deren Untergründen und in den Sandablagerungen längs der Seeküste finden. Diese haben zurzeit eine solche Bedeutung, dafs zunächst eine genauere Beschreibung derselben nach Nitze (1896) folgen soll.

›Grosse Schwemmsandablagerungen des Minerals konnten sich nur in Ländern bilden, welche von der erodierenden Tätigkeit der prähistorischen Gletscher verschont blieben, welche einst einen grofsen Teil der Erde besonders in der nördlichen Hemisphäre bedeckten. In den Ländern, welche jenseits der Grenzen der früheren Eisberge liegen, ist die weiche, obere Schicht von zerfallenen Felsen an ihrer Stelle verblieben, abgesehen von Veränderungen, welche durch die Wirkung des fliefsenden Wassers verursacht wurden. Solch oberflächlicher Detritus kann eine Mächtigkeit von 20 bis 70 m besitzen, je nach den lokalen Bedingungen, und sind dieselben mit dem bezeichnenden Namen Saprolith ›verfaulter Stein‹ belegt worden. Durch Wassererosion und sekulare Bewegungen sind diese Saprolithe weiter zerkleinert worden und in die Strombette und deren Untergrund gelangt. Hier wird das Material durch das fliefsende Wasser einem natürlichen Sortierungs- und Konzentrationsprozess unterworfen, indem die spez. schweren Mineralien zuerst und beieinander abgelagert werden (man nennt dies ›placer‹, ein den Goldgräbern wohlbekannter Ausdruck). Wo die Saprolithen ursprünglich Mineralien wie Monazit, Zirkon, Thorit und Xenotim enthielten, wurden diese wegen ihres hohen spez. Gewichtes angehäuft und so entstanden jene mächtigen Sandablagerungen in den Union-Staaten Nord- und Südcarolina, Idaho, Virginien, Texas und Colorado, sowie in den brasilianischen Provinzen Bahia und Minas Geraes. In letzteren finden sich auch mächtige Ablagerungen in Seesandbänken, deren Entstehung sich in folgender Weise erklären läfst. Die Brandung löst, wenn sie sich an Klippen von Monazit führenden kristallinen Gesteinen bricht, diese auf und wäscht die leichteren Erden und Mineralien weg, wobei sie natürlich konzentrierte Ablagerungen von Monazitsand mit geringerer oder gröfserer Beimischung fremder Mineralien längs der Küste zurückläfst.

Die geographischen Striche, an denen solche abbaufähigen Monazitablagerungen gefunden wurden, sind sehr beschränkt an Zahl und Ausdehnung und finden sich, soweit unsere Kenntnis bis jetzt reicht, nur in Nord- und Süd-Carolina in den Vereinigten Staaten, an der brasilianischen Küste und am Senarka-Flufs in Rufsland.

Von den brasilianischen Ablagerungen finden sich die hauptsächlichsten in den Sandbänken an der Seeküste im äufsersten südlichen Teil der Provinz Bahia. Sie sind zum Teil fortwährend dem Wellenschlag und der Ebbe und Flut unterworfen, und während heute monazitreiche Flecken an gewissen Stellen gefunden werden, kann ihre Lage morgen gänzlich verschoben und sogar aus erreichbarer Entfernung gerückt sein, wodurch sich den Arbeiten für einen regelrechten lokalen Abbau bedeutende Schwierigkeiten entgegenstellen. Die Lager sind jedoch so ausgedehnt und reichhaltig, dafs die Brasilianische Produktion den Weltmarkt fast beherrscht.

Über das rufsische Vorkommen ist bis jetzt wenig bekannt, es scheint nicht sehr ausgedehnt zu sein.

In den Vereinigten Staaten finden sich diese Schwemmsandablagerungen in Nord- und Süd-Carolina. Die Fläche beträgt 1600—2000 Quadratmeilen; sie liegt in den Kreisen Burke, Mc. Dowell, Rutherford, Cleveland und Polk N.-C. und erstreckt sich bis zum Kreise Spartanburg und Greenville in S.-Carolina. Damit soll nicht gesagt sein, dass diese ganze Fläche Monazit führt, sondern nur, dass innerhalb dieser Grenzen jene zerstreuten Ablagerungen liegen, welche sich als abbaufähig erwiesen haben.

Die hauptsächlichsten Ablagerungen findet man am Ufer des Silber-, Süd- und Nord-Muddy-Flusses, an der Henry- und Jakobs-Gabelung des Catawba-Flusses, am ersten und zweiten Broadriver. Diese Flüsse haben ihre Quellen in den Süd-Bergen (Southmountains) einem östlichen Ausläufer des Blue-Ridge. Das Gestein der Gegend ist Granit-Biotit-Gneis und Diorit-Hornblende-Gneis. Der Monazit kommt in den Kiesablagerungen der Flüsse und deren Untergründen vor. Die Dicke des Flufskieses beträgt 1—2 Fufs und der stärkste der Bergseen, in welchem er vorkommt, übersteigt 12 Fufs, ist aber gewöhnlich weniger stark.

Der Prozentgehalt an Monazit in dem ursprünglichen Sand ist sehr wechselnd, zwischen Spuren und 1—2%. Zurzeit jedoch sind diese oberen Ablagerungen erschöpft und der Monazit muss aus dem tiefer liegenden Grundkies gefördert werden. Dies wird bewerkstelligt dadurch, dafs Löcher von 4—6 Fufs Tiefe gegraben werden, indem der obere wertlose Schutt entfernt wird, und der darunter liegende Monazit enthaltende Sand mit einer Schaufel zutage gefördert wird. Man gewinnt den Monazit, indem man den Sand in Rinnen und Schleusen, durch einen flachen Strom fliessenden Wassers wäscht genau nach der Methode, wie das Placer-Gold verarbeitet wird. Die Rinnen sind etwa 8 Fufs lang, 20 Zoll breit und ebenso tief und sind mit einer sanften Neigung nahe der Öffnung der Grube aufgestellt; zwei Männer arbeiten an einer Rinne; der eine schaufelt den Sand auf ein am oberen Ende der Rinne angebrachtes Sieb und der andere arbeitet den Inhalt durcheinander mit einer grossen Gabel oder einer durchlöcherten Schaufel, um den leichteren Sand abzuschlemmen. Die Rinnen werden jedesmal am Ende eines Arbeitstages geleert, der gewaschene und konzentrierte Monazit gesammelt und getrocknet. Falls sich Magneteisenstein darin findet, wird dieser aus dem trocknen Sand durch Behandeln mit einem grofsen Handmagneten entfernt. Viele der schweren Mineralien, wie Zirkon, Rutil, Brookit, Menaccanit, Granat etc. können nicht völlig beseitigt werden, da ihr spezifisches Gewicht dem des Monazits zu nahe steht. Der für den Handel präparierte Sand ist deshalb nach dem Waschen durchgängig noch kein reiner Monazit. Ein gereinigter Sand, der 65—75% Monazit enthält, wird für eine gute Qualität betrachtet. Zuweilen werden zwei Schleusenrinnen angewandt, die eine über der anderen. Der Sand wird ohne Rücksicht auf Verlust in der ersten gewaschen, wobei ein kleiner Teil sehr reinen Produktes erhalten wird, welches vielleicht an 85% Monazit herankommt. Das vom unteren Ende der ersten Rinne in das obere Ende der zweiten fliefsende Material enthält noch den gröfsten Teil des Monazits. Es wird in dieser zweiten Rinne einem ähnlichen Waschprozefs unterworfen, wobei eine zweite Sorte Sand gewonnen wird, welche wie gesagt 60—70% Monazit enthält. Aus dieser Rinne findet immer ein unvermeidlicher Verlust von Monazit am Ende statt, der zuweilen beträchtlich ist. Häufig wird die zweite Sorte nach dem Trocknen weiter gereinigt, indem man sie in einen feinen Strahl aus einer engen Röhre ausfliefsen läfst, die etwa 4—5 Fufs über einem ebenen Brett oder einem Tuch angebracht ist. Sowie es auf einen Haufen fällt, sammelt sich der leichtere Sand mit einigem feinkörnigen Monazit zusammen an der Peripherie des Haufens an und wird fortwährend mit einer gewöhnlichen Kleiderbürste weggebürstet.

Ein anderes primitives Verfahren ist landläufig, wobei man diesen feinen Sandstrahl durch eine Kornschwinge fallen läfst, wie sie die Farmer verwenden, um die Spreu vom Weizen zu sondern, wobei die leichteren Sandkörner und der feine Monazit auf einen Haufen geschleudert werden, getrennt von schwererem Monazit und anderen Mineralkörnern (Rutil, Granat etc.). Dies trockene Material wird dann wieder in den Schleusenrinnen gewaschen und so eine dritte Sorte von feinkörnigem Monazit erhalten.‹

Derartiger Monazitsand ist mehrfach auf seinen Gehalt an seltenen Erden hin analysiert worden und sind diese Analysen in einer besonderen Tabelle zusammengestellt. Je nachdem der Sand mehr oder weniger reinen Monazit enthält, schwankt der Gehalt an gefundenen Erden. Vor allem hat Gray (Chem. Ztg. 1895, 706) eine Reihe von Analysen des Monazitsandes veröffentlicht. Er analysierte sowohl die brasilianischen Sande (Anl. 6—10), wie solchen von Canada (Anl. 1), Connecticut (Anl. 2) und von Nord-Carolina (Anl. 3—5). Von letzterem Vorkommen haben wir ferner Analysen von Glaser (11—13) und von Hillebrand (14) und Boudouard (15).

Für die fabriksmäßige Gewinnung der seltenen Erden kommt der Monazit fast ausschließlich in Frage, da er alle seltenen Elemente incl. der Metallsäuren reichlich enthält. Nur für die Nernstlampe wird Zirkon und Gadolinit verarbeitet. Da aber der Monazitsand als mechanischer Gemengteil Zirkon enthält, wird für die spätere Massenproduktion der reine Zirkon auch wohl wenig in Frage kommen. Über die Produktion von Monazit lassen sich einwandfreie Angaben nicht machen, da selbst die Einfuhrstatistik keine korrekten Aufzeichnungen aufweist. Verschiedene Schätzungen schwanken zwischen 700—1200 Tonnen pro Jahr. Der Hauptproduktionsort ist jetzt Brasilien (ca. 95 %) und die beiden Carolina (ca. 5 %). Die Preise hielten sich für minderwertige Ware auf 600 Mark per Tonne; für Mittelware auf 700—900 Mark, für hochprozentige (über 6 % Th O$_2$) auf 1200—1300 Mark. Doch schwanken die Preise noch sehr nach Maßgabe der Bezüge. Der Monazitsand des Handels hat 50—95 % Monazit.

Die ungeheuer ausgedehnte Verbreitung des Minerals Monazit in Gesteinen und in Sandablagerungen soll in folgendem behandelt werden.

Deutschland. In Deutschland nur ganz vereinzelt gefunden, so in den Auswürflingen des **Laacher See** mit Orthith: vom Rath 1871. — **Baden.** Im Muskovitgranit von Heidelberg mit Zirkon: Derby 1897. — **Bayern.** Spessart, bei Glattbach im Pegmatit mit Xenotim und Zirkon; im Granitgneise von Graubach mit Zirkon; im Muskovitgranit von Selb in frischem Zustande mit Zirkon und Xenotim: Derby 1897. — Fichtelgebirge, im Muskovitbiotitgranit von Reuth bei Gefrees mit Zirkon und Xenotim: Derby 1897. — **Schlesien.** Im Granit von Schreiberhau mit Xenotim und Fergusonit: Websky 1865.

Sachsen. Im Pegmatit von Geyer mit Zirkon. — Im Muskovitbiotitgranit von Johanngeorgenstadt mit Zirkon und gelbem Rutil. — Im Granit an der Lochmühle bei Rochlitz reichlich tafeliger Monazit neben Xenotim und Zirkon: Derby 1897.

Österreich. Böhmen. Vrba (1889) beschreibt kleinere und grössere Körner von Monazit, welche in Beryllen, die in einem Feldspatbruche in der Nähe von Pisek gewonnen wurden, seltener im Feldspat selbst sich finden. Dieselben zeigten verhältnismäßig selten deutlich ausgebildete Kristallformen, waren von gelblichbrauner Farbe und mattem Aussehen. Der größte Kristall hatte eine Breite von 12 mm, eine Höhe von 8 mm und die Dicke betrug 4 mm. Das Vorkommen wurde von Preis 1897 (An. 54) analysiert. — Krejči (1899) fand Monazit ebenda mit Xenotim und Turmalin in einem ockergelben, aus Pyrit sich bildenden Eisenerz. — Im Kaolin von Karlsbad mit Zirkon. Im Pegmatit von Ronsperg mit Zirkon und in dem von Selb mit Xenotim: Derby 1897. — Im pegmatitischen Granit von Schüttenhofen (Böhmerwald) neben Xenotim und Zirkon Monazitkrystalle von dunkelhoniggelber Farbe vollkommen undurchsichtig: Scharizer 1887 und 88.

Tirol. Auf Klüften im Glimmerschiefer am Säulenkopf auf der Nilalpe und der Frofsnitzalpe bei Prägnatten: Cathrein 1899, siehe auch Bowmann 1900.

Schweiz. Graubünden, Gegend von Tavetsch; gelbe und gelblichbraune Monazite nach qualitativen Proben: Treschmann 1876. — In der Cornera-Schlucht Turnerit-Zwillinge: vom Rath 1876 — bei Perdatsch Val Nalps, südlich von Sedrum: Seligmann 1882 — Bowmann 1900 — von Val Strim, nordöstlich von Sedrum auf löcherigem Quarz auf- und eingewachsene kleine Monazitkriställchen nahe am Gletscher gefunden: Bowmann 1900. — Im Val Stredge, einem Seitental des Val Nalps und am Berge Giom oberhalb Perdatsch wurden nach Bowmann 1900, von Grünling 1898 eine Reihe von Stufen gesammelt, die sich auf Spalten im Glimmerschiefer fanden. Diese Monazitkristalle erreichen eine Länge von 3 mm, sind wunderbar glänzend von einer schönen orangebraunen Farbe und haben sehr ebene und glatte Flächen, zuweilen in Quarzkristallen teilweise oder gänzlich eingeschlossen. — Im Valser-Tal (auch St. Peterstal), dem bei Ilanz mündenden Seitental des Vorderrheins am Piz Aul westlich vom Vals-Platz, in braunen bis zu 5 mm langen Kristallen auf Gneis, resp. auf darin befindlichem dichten Quarz aufsitzend: Bowmann 1900. — Nach Privatmitteilung ist der Monazit in Graubünden allgemein ziemlich häufig auf Quarz, oft in großen prismatischen Krystallen bis 7 mm lang und 2 mm dick.

Tessin. Bei Campra oder Camperio bei Olivoree drusige Krusten auf dem Quarz bildend: Seligmann 1882. (Autor behält den Namen Turnerit bei, da diese Art des Vorkommen nicht zum Namen Monazit paßt.)

Wallis. Im Binnental auf dem Gneis der Alp Lercheltini: Klein 1875 — nach vom Rath (1876) ist das Vorkommen ziemlich reichlich, dabei vielfach Zwillingsbildung: siehe auch Bowmann 1900. — Treschmann (1876) beschreibt vom Binnental dunkelrote Kristalle mit Sphen; längste Ausdehnung 1/2—2 mm, einzelne sargförmige 4 mm. — Der Monazit von Binnental zeigt meist sehr scharfe und klare Kristalle hellgelb bis rot mit Magnetit, Haematit, Rutil und Anatas auf Eisenglimmer. (Privatmitteilung.)

Norwegen. Arendal. Das Vorkommen von Arendal analysierte zuerst Wöhler unter dem Name Kryptolith (An. 5 und 6.) Rammelsberg analysierte 1877 ziemlich große, matte Kristalle vom spez. Gew. 5,174. (An. 14 und 15.) Blomstrand anaysierte 1887 Kristalle von graulichbrauner Farbe, Pulver hellgrau, spez. Gew. 5,15. (An. 36.) — Von Naröstö bei Arendal analysiert Blomstrand frisch und reine fettglänzende Kristalle von splitterigem Bruch, violettbrauner Farbe, Pulver fast weiß, spez. Gew. 5,117. (An. 37.) — Naröstö siehe auch Fischer 1880. — Von Moos analysiert Blomstrand Kristalle mit sehr deutlicher Spaltbarkeit, hellbraun glänzend, Pulver sehr hell gelbbraun, fast weiß, spez. Gew. 4,89 (An. 30.) und Kristalle von rotgelber Farbe, Pulver blaß ziegelrot, wenig glänzend, spez. Gew. 4,64 (An. 31.) — Von Dillingsö bei Moos analysiert Blomstrand Kristalle von hellbrauner Farbe, Pulver fast weiß mit schwacher Neigung in braun, spez. Gew. 5,19 (An. 32). (Dieser Monazit ist nach der Analyse ungewöhnlich rein); ferner Kristalle von undeutlicher Spaltbarkeit, oberflächlich matt, hellgelbbraun, nicht weiter glänzend, spez. Gew. 5,18 (An. 33). — Von Lönneby in Råde bei Moos analysiert Blomstrand grössere prismatische Kristalle mit ziemlich glänzenden Flächen: a) von gewöhnlicher, hellbraungelber Farbe (An. 34); b) seltener von aschgrauer Farbe, spez. Gew. 4,77 (An. 35). — Verfasser analysierte Monazit von Råde, bernsteingelb bis schwarzgelb, Pulver hellgelb, kantendurchscheinend (An. 61).

Von Hvalö im Kristianiafjord analysierte Blomstrand: a) Bruchstücke eines prismatischen Kristalls mit matten, rauhen Flächen; Farbe hellbraun ins Rote neigend, Pulver rötlich (An. 38); ein sehr unreiner Monazit), b) ein derbes Stück mit wenig deutlicher Spaltbarkeit, ziemlich glänzend; Farbe violettbraun, spez. Gew. 5,08 (An. 39).

Von Hitteroe beschreibt Bowmann 1900: Monazit in Granit oder Pegmatit — siehe auch Fischer 1880.

Schweden. Von Johannesburg analysiert Watts 1850 sog. Kryptolith (An. 9). — Fahlum: von Nya Kårarfveit hatte Radominsky einen Kryptolith analysiert (An. 13), den er auf Grund des hohen Fluorgehalts (4,35 %) als selbständiges Mineral Kårarfveit ausschied.

Blomstrand hat eine Probe von derselben Lokalität analysiert. (An. 47) und das Mineral als gemeinen unreinen Monazit befunden. — Von Holma, Kirchspiel Luhr (Bohuslän), analysierte Blomstrand (An. 46) derbe Massen von Monazit, von gelbbrauner Farbe; in frischem Bruche fett oder wachsglänzend, spez. Gew. 5,125. — Monazit von Digelskär, in der Nähe von Stockholm: Svenonius 1883.

Finnland. Am Nordufer des Ladogasees auf den Pegmatiten in den Kirchspielen Sordavala und Impilaks, so in den Feldspatbrüchen beim Hofe Paavola in einzelnen kleinen Individuen; auf der Insel Lokansaari im Dorfe Huntilla eine Menge grosser Kristalle H. 5—6. Der frische Monazit gelbbraun, spez. Gew. 5,163 (An. 55), der verwitterte rostbraun, spez. Gew. 4,88 (An. 56): Ramsay und Zilliakus 1897.

Rufsland. Ural: Im Ural wurde der Monazit zuerst gefunden, jedoch ist dieses Vorkommen keineswegs am besten untersucht. Breithaupt (1823) fand denselben in den Gruben von Miask in beinahe quarzlosem Zirkongranit neben Zirkon. Er beschreibt das Mineral als hyacinth- bis ziegelrot, fleischrotem Strich, kantendurchscheinend, spez. Gew. 4,9294—5,019. — Fiedler (1829) beschreibt Monazit aus der sog. Tschermetschenta der südlichen Fortsetzung des Granits vom Ilmengebirge. Kersten analysierte dieses Vorkommen (An. 2), das von Rose 1840 näher beschrieben. — Hermann analysierte mehrere Monazite aus der Nähe von Miask im Granit und auf Granatgängen vorkommend, spez. Gew. 5,0 (An. 3,4 und 11). — Von der Ostseite des Ilmensees bei Miask aus einer Uranotantalitgrube analysiert Hermann 1847 ein Mineral, das auf einem Granatgange als kleines aufgewachsenes und grofses eingewachsenes (bis zu ein Quadratzoll Oberfläche und 150 gr Gewicht) Kristall sich fand von grauer Farbe, welches Hermann mit dem Varietätnamen Monazitoid belegte (An. 7 und 8). — Kristalle vom Ilmengebirge bis 1,25 cm Länge und 1 cm Dicke, in Granit eingewachsen, beschreibt von Jeremejeff 1877 — bei Beresowsk (Ural) mit Zirkon: Derby 1897. — In den Goldminen am Sanarkaflufs: Nitze 1807. — Blomstrand 1889 analysierte drei Varietäten aus den Pegmatitgängen, östlich vom Ilmensee, wobei er eingehende Studien über die chemische Zusammensetzung anstellte und besonders die Stellung des Thorgehaltes in der Zusammensetzung studierte (vgl. oben chem. Zusamnensetzung). Die erste Probe (An. 48 und 49), meist aus durchsichtigen oder durchscheinenden Splittern bestehend, von hell rotbrauner Farbe, spez. Gew. 5,01. Die zweite (An. 50) war ein Bruchstück eines gröfseren Kristalls von dunkel gelbbrauner Farbe, spez. Gew. 5,266 (dem Monazitoid Hermanns ähnlich) und die dritte (An. 51) kleine undeutlich verwitterte Kristalle von matt graubrauner Farbe, spez. Gew. 4,87.

Italien. Elba. Bei Grotto Docei mit Xenotim, Zirkon und Orthit: Derby 1897.

Frankreich. Dauphiné. Auf Spalten der Gänge von albithaltigen Granulit von Puyts bei St. Christophe und am Meijé-Gletscher bei la Grave blafsrötliche oder bräunliche, bis honiggelbe Kristalle von Turnerit: Lacroix 1896. — Pisani 1877, wies qualitativ Turnerit auf Stufen aus der Dauphiné nach. — Miers 1889 macht auf falsche Litt-Angaben über Turnerit am Mont Sorel Dauphiné, der nach ihm nicht existiert, aufmerksam. — Auvergne. Im Muskovitgranit von Berzel mit Xenotim und Zirkon: Derby 1897.

Belgien. Auf den in Quarzit aufsetzenden Gängen von Nil St. Vincent kaum 1 mm grofse, lebhaft glänzende, bernsteingelbe, mit Stich ins Rötliche, tafelförmige Kristalle; Renard 1881; Frank 1891 und Cesaro 1897.

England. Aus der Grafschaft Cornwall analysierte Church 1865 Monazit als Ceroxydulphosphat. — Im Muskovitbiotitgranit von Corwan (Cornwall) nicht bestimmt nachgewiesen neben Zirkon: Derby 1997. — Im Steinbruch West-Quarry zu Tintangel Cornwall: Bowmann 1900. — Miers 1885 beschreibt Monazit-Kristalle auf kristallisiertem Quarz und Albit 1–2 mm lang und $^1/_2$—1 mm dick, gelblichbraun, welche von Cornwall zu stammen scheinen. — Devonshire: Im Muskovitbiotitgranit von Hayton ziemlich reichlich neben Zirkon: Derby 1897.

Canada. Gröfsere Monazitfunde werden von der Villeneuve Mica Mine Ottawa County Quebec beschrieben. So analysierte (An. 29) Hoffmann in Ottawa 1887 Material vom spez. Gew. 5,138 das aus einer rundlichen, 12 Pfund schweren Masse stammte. — Genth (1887) analysierte (An. 45) ebendaher rötlichbraune Kristalle mit schwachem Wachsglanz, spez. Gew. 5,233. — Ferrier 1896 beschreibt einen 12×8 mm grofsen, tafelförmigen, nelkenbraunen, pechglänzenden Kristall ebendaher.

Vereinigte Staaten. Connecticut. Bei Yantiefallena (Norwich) 1837 von Shepard als Edwardsit entdeckt und analysiert (An. 1) spez. Gew. 4,2—4,6: von Rose 1839 untersucht und als Monazit befunden. Ebenfalls von Norwich: Herrmann 1864; Des Cloizeaux 1867 und 1868: Fischer 1880. — Vom South Lyme beschreibt Matthew 1895 einen grofsen, keilförmigen Monazitkristall, welcher im Pegmatit begleitet von Titanit vorkommt.

Portland. Von Petow's Quarry analysierte Penfield 1882 (An. 22 und 23) zimmetbraunes, harzglänzendes Mineral von vollkommener Spaltbarkeit, spez. Gew. 5,2—5,25; an den Klüften Spuren von Zersetzung; ebenfalls von Portland analysierte Nitze 1897. Monazit (An. 57). — Middletown in Hales Quarry: Rice 1895.

New York. In der Stadt New York selbst mit einem spez. Gew. von 5,51 neben Xenotim, Zirkon etc. Hidden 1888. — Im nördlichen Teil der Stadt an den Washington Heigths wurde bei Ausgrabungen in den Höhlungen eines Pegmatitganges im Glimmerschiefer Monazit neben Xenotim, Zirkon etc. gefunden: Howey 1895, siehe auch Bowmann 1900; letzterer gibt als möglichen Fundort nach Seeligmann auch an: Harlem Speedway oder Speedway and 185the Street. — Im Staate New York zu Chester und Watertown: Hermann 1864.

Pennsylvania. Delawary Co. In der Nähe von Morgan Station, 5 Meilen von Chester, mit Quarz und fleischrotem Feldspat-Hamilton 1899.

Virginia. Mica Mine, im grobkörnigen Granit angelegte Glimmergruben bei Amelia Court House Amelia Co., Monazit in Feldspat und Quarz eingewachsen, analysiert von Dunnington 1882 (An. 17), König (An. 18), Penfield (An. 27), Nitze (An. 59), beschrieben von Lewis 1882. — Von Yorktown: Hermann 1864.

Nord Carolina. Alexander Co. bei Stony Point in feldspatreichem Gneis, der an der Oberfläche vollkommen zersetzt ist, so dafs sich die Minerale dann lose im Boden finden: Hidden.

Zu Milhollands Mill fand Hidden 1881 auf einem Gange im granatführenden Glimmerschiefer eine grofse Zahl von Monazitkristallen in den losen Massen der Gangausfüllungen. Die meisten Kristalle sehr klein, selten mehr als 1$\frac{1}{2}$ mm Durchmesser, solche von 6—7 mm Länge seltener, sehr glänzend, lebhaft topasgelb und vollkommen durchsichtig. — 3 englische Meilen östlich von der Emerald and Hiddenite Mine fand vom Rath (1886) kastanienbraune, glänzende lose Kristalle, 10—15 mm grofs, ursprünglich in Quarz eingewachsen. — Von derselben Fundstelle analysierten Sperry und Penfield (1888) reine durchsichtige Kristalle, spez. Gew. 5,203 (An. 40 bis 44). — Bowmann (1900) fand ebenfalls in der Nähe der genannten Mine schöne Kristalle von 5 mm Durchmesser und 2 mm Dicke und kastanienbrauner Farbe. — In einem Quarzgange, etwa 1 Meile südöstlich Sulphur Springs fand Hidden 1893 reichlich Monazit neben Xenotim. — Bei Stony Point Hidden 1886 und vom Rath 1886. Analysiert wurde der Monazit von Alexander Co., noch von Nitze 1897 (An. 60).

Burke Co. In den Goldwäschen des Brindletown-Distrikts sehr grofse Mengen von Monazit, so auf Mill's Goldgrube, woselbst 50 Phund Waschsand dieser Grube 60% Monazit lieferten: (Dana 1882,) analysiert von Penfield, spez. Gew. 5,1 (An. 24—26), ferner Nitze 1897 (An. 58), siehe auch Hidden 1881.

Mitschel Co. Grofse eingewachsene Kristalle im Glimmerschiefer der Deake mine bis 1$\frac{1}{2}$ Zoll lang und $\frac{3}{4}$ Zoll breit: Hidden 1881 und 1888.

Macon Co. Monazit mit Zirkon in den Geschieben der Madison Branch, ungefähr 5$\frac{1}{2}$ englische Meilen südlich von Franklin als winzige Kristalle und Körner. Einige rauhe Monazitkristalle waren grün, woraus auf eine isomorphe Ersetzung von ThO_2 durch UO_2 geschlossen wird: Hidden und Pratt 1898.

Henderson Co. Im zersetzten Granit von Davis Land zwischen Zirkonia Station und Grenville: sowie bei Green River Post Office neben Zirkon, Xenotim und Samarskit: Hidden 1888.

Madison Co. bei Mars Hill: Genth 1890.

Rutherford Co. mit Xenotim und Malacon: Hidden 1891.

Ferner findet sich Monazit in Nord Carolina in weifsem Orthoklas auf der Ray mica mine am Hurriance Mountain in Yancey Co., in den goldführenden Sanden von Mc. Dowel, Rutherford, Burke und Polk Counties: Dana 1882. — In den Graniten und Gneisen von Mc. Doweh, Rutherford, Cleveland u. Polk Co.: Nitze 1897.

Zu Crowders Mountain Herrmann 1864 siehe auch Thorpe 1895: Hidden 1898.

Süd-Carolina. In den Graniten und Gneisen von Spartanburg, Greenville und York Co.: Nitze 1897.

Idaho. Im aus Graniten und begleitenden Ganggesteinen entstandenen goldhaltigen Sande und Kiese der Pleistocän- und Neocänzeit im Idaho-Bassin, 30 Meilen nordwestlich von Boise City, Monazit in gelblichen bis grünlichgelben, flächenreichen Körnchen, H ca. 5. Eine Analyse von Hillebrand zeigte approximativ 48% Oxyde der Cerium-Metalle, wobei ungefähr 1,2% Thorerde. Auch bei Placerville gelblichbrauner, wachsglänzender Monazit mit Zirkon: Lindrgen 1897.

Columbia. In den Goldminen von Rio Chico bei Antiquoia: Nitze 1897.

Kansas. Manhattan Island am Harlem River, Monazit mit Xenotim in Oligoklas eingewachsen nahe einem Pegmatitgange anstehend: Niven 1895.

Brasilien. Das brasilianische Vorkommen ist zurzeit das für Handel und Industrie wichtigste, da hier die gröfsten Mengen Monazitsand gewonnen werden. Nach Hussak (1891) bildet der Monazit einen konstanten akzessorischen Gemengteil der brasilianischen Granite und Gneise, in meist dunkel bis hellgelb gefärbten, selten bis 4 mm grofsen Kristallen, bisweilen durch Zersetzung getrübt, so im Granit von Corceiras, São Paulo, Conservatorio. Rio de Janeiro, in den Goldsanden von Mattegrosso etc. Spezielle Fundorte:

Bahia. In den Gold- und Diamantminen bei Salabro und Caravellas, letzteres Vorkommen von Corceix 1885 analysiert (An. 28). — Im Meeressande in der Nähe von Alcobaca (Südbahia), Derby 1889: Nitze 1897. — Im Diamantsande des Rio Paraguassu: Hussak 1899. — In den Sanden von Bandeira de Mello mit Xenotim (Hussakit): Kraus und Reitinger 1901.

Minas Geraes. In den Graniten, Gneisen und Syeniten mit Xenotim und Zirkon: Derby 1889 und 1891. — Auf dem Diamantfeld von Cocaes: Corceix 1887. — In der Gegend von Diamantina, so im Tone dieser Gegend: Derby 1899. — Im Diamantsande von Salobro, Dattas und Rio Jequetinhonha finden sich besonders schöne und frische Kristalle. Vor allem in den Sanden der flachen Salobro genannten Küstengegend am Rio Pardo in der Nähe der Mündung desselben in den Jequetinhoha findet sich Monazit in sehr grofsen Quantitäten in wohlerhaltenen, tafelartigen, hellgelben bis gelbroten Kristallen, welche zuweilen mit Zirkonprismen bedeckt sind, spez. Gew. 5,15. Körner mit grünlicher Farbe, welche sich hier häufig finden, scheinen ebenfalls dem Monazit anzugehören: Hussak 1891. — Bei Ouro Preto liegt an einem kleinen Hügel, dessen Abhang mit einer Kieslage bedeckt ist, die Grube Tipuhy. Durch Waschen erhält man hier aus dem Kies einen schweren Sand; in diesem findet sich reichlich Monazit (Turnerit) in 1—2 mm langen Kristalle von zwei Typen: I. tafelig, gelblichbraun, vollkommen durchsichtig ohne Einschlüsse; II. prismatisch, ähnlich den Kristallen von Alexander Co. Nord-Carolina, schwefelgelb und reich an eingeschlossenen Magnetitkörnern: Hussak 1895.

Rio de Janeiro. In den Graniten, Gneisen und Syeniten mit Xenotim und Zirkon: Derby 1889 und 1891. — Im Granit von Conservatorio: Hussak 1891. — In einem feinkörnigen Granitit, welcher in einem mächtigen Gange am Wege von Engenho Novo nach Jacarepagua an der äusersten Grenze von Rio de Janeiro gefunden wurde, erwies sich der Gehalt an Monazit und Zirkon ungefähr 0,077 % des Gesteins: Derby 1889.

Sao Paulo. In den Graniten und Gneisen: Derby 1889 und 1891. — In den Sanden: Corceix 1883. — Im Granit von Sorocaba: Derby 1889. — Im Granit von Cairas 2 mm grofse Kristalle: Hussak 1892.

Rio Grande do Sul. In Graniten und Gneisen mit Xenotim: Derby 1891.

Mattogrosso. In den Goldsanden: Hussak 1891.

Clara. In den Graniten und Gneisen mit Xenotim: Derby 1891.

Argentinien. Am Rio Ohico bei Antioqnia Nord-Granada von Damour 1857 analysiert (An. 10). — In den Gneisen, Graniten und Syeniten von Buenos, Ayres und Cordoba: Derby 1889.

Afrika. In den zinnführenden Sanden des Embabaan-Distrikts, welche aus Granitgneis herzustammen scheinen, finden sich nach Prior 1898 kleine, rauhe, tafelige Kristalle von Monazit, spez. Gew. 4,62: aufserdem kleine. gerundete, linsengrofse Geschiebe, auch in gerundeten Bruchstücken von anscheinend Fergusonit. innig mit Monazit verwachsen, spez. Gew. beider Arten 5,43 und 5,42.

Asien. Ostindien. Im Geröll des Sanarkaflusses: Des Cloizeaux 1881.

Japan. Am Tonohanigana in Omi: Kotora Jimbo 1899.

Australien. Neu-Süd-Wales. Von Vegetable Greek, Grafschaft Gough analysierte Diyon 1882 (An. 21 und 22) gelblichrote, schlecht ausgebildete Kristalle von Monazit, spez. Gew. 5,001, H. 5.

Tasmanien. Am Mount Bischoff: Petterd 1896 und von Firks 1899.

Mikrolith.

Lit.
1844. Berzelius, B. J. 23.
1850. Shepand, J. pr. 50. 186.
1877. Nordenskiöld, Z. K. 1. 385.
1878. Brush u. Dana, Z. K. 2. 530.
1881. Dunnington, Am. Chem. J. 3. 130—33. — Z. K. 6. 112. 1882.
1882. Corsi Rivista scientifico — industriale e giornale del naturalista Firence 1882. 1. 221. — Z. K. 7. 624—26. 1883.

Lit.
1885. Hidden, Am J. Sc. (3). 30. 82. — Z. K. 11. 307. 1886.
Hintze, Z. K. 10. 86.
1886. Feist, Z. K. 11. 255.
1894. Nordenskiöld u. Lindström, G. F. F. 16. 330. — Z. K. 26. 84. 1896.
1895. Nordenskiöld, N. J. M. 1895. I. 455—57.
1899. Nordenskiöld, G. F. F. 21. 639—40. — Z. K. 34. 692. 1901.

Nr.	Spez. Gew.	Mineral	Entdeckung		Vorkommen	Chemische Zusammensetzung					Jahr der Analyse	Autor der Analyse	Literatur
			Jahr	Name des Entdeckers		Certerden	Yttererden	Thorerde	Zirkonerde	Übrige Bestandteile			
1.	—	Mikrolith		Shepard	Chesterfield, Massachussetts		7,42			Ba. Na. K. H₂O. F. Sn. Wo. Ta. Nb. Al. Fe. Ur. Ca. Mg.	vor 1850	Shepard	J. pr. 50. 186.

Nr.	Spez. Gew.	Mineral	Entdeckung		Vorkommen	Chemische Zusammensetzung					Jahr der Analyse	Autor der Analyse	Literatur
			Jahr	Name des Entdeckers		Cerit-erden	Ytter-erden	Thor-erde	Zirkon-erde	Übrige Be-standteile			
2.	5,656	Mikrolith			Amelia Co., Virginia	0,17	0,23			Ba. Na. K. H₂ O. F. SN. Wo. Ta. Nb. Al.Fe.Ur. Ca. Mg.	1881	Dunning-ton	Am. Chem. Journ. 3. 130—33. 1881. Z. K. 6. 112. 1882.
3.	—	„			Igaliko, Grönland	4,2				„	1894	Norden-skiöld u. Lind-ström	G. F. F. 16. 336. Z. K. 26. 84. 1896.
4.	5,65	„			Skogböle Kimito, Finnland	0,14				„	1899	Norden-skiöld	G. F. F. 21. 639—44. Z. K. 34. 692. 1901.

Der von *Shepard* entdeckte Mikrolith enthält mitunter kleinere Mengen von seltenen Erden. Kristall-system regulär (Oktaeder): Brögger (1885); Farbe hellgraugelb, strohgelb bis dunkelrötlichbraun, ins Braunschwarze; fett- bis glasglänzend, durchscheinend bis kantendurchscheinend, ein Vorkommen von Virginia vollkommen durch-sichtig gefunden. H. = 5—6, spez. Gew. ca. 6. Bruch muschelig bis uneben, spröde.

Chemische Zusammensetzung. Wesentlich ein neutrales (Pyro) Tantalat (und Niobat von Kalk Ca₂ Ta₂ O₇), wobei Ca durch andere Elemente, darunter seltene Erden, teilweise vertreten wird. V.d.L. unschmelzbar; dekrepitiert. Von konz. HCl nicht angegriffen, dagegen von konz. H₂ SO₄ besonders gepulvert und in der Wärme zersetzt unter Hinterlassung eines weißen Pulvers. Vollkommen zersetzt durch Schmelzen mit Kaliumbisulfat.

Vorkommen. **Schweden.** Im turmalinführenden Petalit der Insel Utö, südlich Stockholm, hellgrau-gelbe bis schwarzbraune, kleine Oktaeder, spez. Gew. 5,25. Die Analyse ergab keine seltenen Erden: Nordenskiöld 1877.

Finnland. Bei Skogböle auf der Halbinsel Kimito, spez. Gew. 5,65, analysiert von Nordenskiöld 1899. (An. 4.)

Italien. Elba. Corsi (1882) beschreibt das Vorkommen von Mikrolith in den Drusenräumen der graniti-schen Gänge von Elba. Er entdeckte denselben zuerst in Le Fate, wo er in Kristallen von 0,5 mm, hauptsächlich auf Albit aufgewachsen, vorkommt. (Härte unter 5.) Diese sind dunkel, schwach mit rotgelber Farbe durch-scheinend. Ferner fand er den Mikrolith in Facciatoia — schmutzig dunkelgrün, auch ölgelb oder wechselnd an verschiedenen Stellen desselben Kristalls, teils durchsichtig, teils opak, Pulver grauweiß, von Salzsäure auch in der Wärme nicht angegriffen; unschmelzbar.

Eine Stufe von Canili zeigte gelbrote, ziemlich durchsichtige Mikrolithkristalle mit Albit und Quarz. In Mastallino sind die Kristalle ähnlich denen von La Fate. Schließlich auch noch zu Grotta d'Oggi gefunden.

Corsi 1882, welcher den Elbaer Mikrolith zuerst für Pyrrhit angesehen hatte, ist der Meinung, daß die von vom Rath (Zeitschr. d. geol. Ges. 22, 672, 1870) als Pyrrhit beschriebenen diamantglänzenden Kriställchen aus einem Granitgange bei San Piero ebenfalls dem Mikrolith zuzurechnen seien. Er ist ferner auch geneigt, den von G. Rose beschriebenen uralischen Pyrrhit für identisch mit Mikrolith zu halten.

Grönland. Auf einigen großen Ägirinkristallen von Igalico fanden Nordenskiöld und Lindström 1894 mikroskopische, stark glänzende, isotrope, braungelbe Oktaeder. (An. 3.)

Vereinigte Staaten. Massachusetts. Eingewachsen im Albit zu Chesterfield; hier von Shepard 1850 zuerst gefunden und analysiert. (An. 1.)

Connecticut. In Fairfield Co, nahe beim Dorfe Branchville im Distrikt von Redding, in einem kleinen Gange von albitreichem Granit Mikrolith vom spez. Gew. 6. Brush und Dana 1878.

Virginia. In den Glimmergruben von Amelia Co. mit Columbit in vereinzelten Kristallen von $^1/_{10}$—$^3/_4$ Zoll Durchmesser und in großen kristallinischen Massen bis zu 8 Pfund. H. 6, spez. Gew. 5,656. Farbe wachsgelb bis braun, Strich blaßockergelb; durchscheinend (An. 2), Dunnington 1881.

Hidden (1885) beschreibt einen Mikrolithkristall von Amelia Co. Virginia, welcher 0,9 g wog. Er war bemerkenswert wegen seiner vollkommenen Durchsichtigkeit, der hyazinthroten Farbe und des hohen spez. Gew. 6,13.

Koppit.

Lit.
1871. Rammelsberg, Ber. Berl. Akad. 1871. 584.
1875. Knop, N J. M. 1875. 66. — Ztschft. d. geolog. Ges. 28. 656. — Z. K. 1. 296. 1877.
1882. Knop, der Kaiserstuhl im Breisgau 1882, p. 44.

Lit.
1884. Knop, Ber. üb. d. 17. Vers. d. Oberrhein. geol. Ver. zu Frankfurt a. M. 1884. 6. (7). — Z. K. 11. 442. 1886.
1886. Bailey, Chem. N. 53. 55. 29. — L. A. 232. 357. — Z. K. 14. 90. 1888.
1893. Holmquist, G. F. F. 15. 588.

Nr.	Spez. Gew	Mineral	Entdeckung		Vorkommen	Chemische Zusammensetzung					Jahr der Ana- lyse	Autor der Analyse	Literatur
			Jahr	Name des Entdeckers		Cerit- erden	Ytter- erden	Thor- erde	Zirkon- erde	Übrige Be- standteile			
	4,451	Koppit			Kaiserstuhl	10,81 +Th		s. Ce.			vor 1865	Bromeis	n. Knop, der Kaiser- stuhl im Breisgau 1882. S. 44.
	4,563	Koppit (Pyro- chlor)			„	9,69					1871	Rammels- berg	Ber. Berl. Akad 1871. 584. vgl. Knop, l c.
	—	„			„	10,1 +Th.		s. Ce.			1875	Knop	N. J M. 1875. 66. Ztschft. d. geolg. Ges. 28. 656. Z. K. 1 296. 1877. vgl. Knop, l. c
	—	Koppit			„	6,89			3,39		1886	Bailey	Chem. N. 53. 55. 29 L. A. 232. 357. Z. K. 14 90. 1888.
	—	„			Alnön	4,36			4,9		1893	Holm- quist	G. F. F. 15. 588.

Der Koppit, welcher früher zum Pyrochlor gerechnet wurde, enthält bis zu 10% seltene Erden. Krystall-system regulär; spez. Gew. 4,5.

Vorkommen. Im Schwarzwald am Kaiserstuhl bei Schelingen im körnigen Kalk mit Apatit; auch bei Vogtsburg. Der koppitführende Kalkstein von Schelingen enthält nach Knop 0,11% an Ceriterden, aufserdem noch Yttererde, der darin enthaltene Apatit gab 1,66% jener Oxyde. Knop (1884) hat auch, wie hier beiläufig er-wähnt werden soll, Ceroxyde in dem Apatit der Oligoklas-Biotit-Einlagerungen im Gneis von Petersthal im Schwarz-wald mit Sicherheit nachgewiesen. Holmquist hat ein koppitartiges Mineral auch in Norwegen gefunden.

Yttrotantalit.

Lit.
1802. Ekeberg, K. Vet. Ak. Hdl. 1802. 1. 68. — Grells Ann. 1802. Bd. I. 257. — Gilb. Ann. 14. 246. 1803.
1815. Berzelius, Afhdl. i. Fys. Kem. och Min. Del. 4. 815.
1844. Berzelius, B J. 23. 295.
Hermann, J. pr. 33. 87. — B. J 25. 377. 1846.
1847. H. Rose u. v. Peretz, P. A. 72. 155.
1856. Chandler, L. A. 1856. — J. pr. 95. 115. 1865.
1860. Chydenius, P. A. 111. 284.
Nordenskiöld P. A. 111. 278—291 — J. pr. 81. 193.
1865. Peretz, J. pr. 95. 115.
Potyka, J. pr. 95. 115.
1869 Rammelsberg, Ber. 2. 216.

Lit.
1871. Rammelsberg, Ber. 4. 875.
1872. Rammelsberg, Mtb. Ber. Akd. Juli 1872.
1873. Rammelsberg, P. A. 150, 202.
1876. Rammelsberg, Ber. 9. 1582.
1880. Shepard, Am. J. Sc. (3). 20. 54—57.
1881. Brögger, G. F. F. 5. 326—376. — N. J. M. 1883. 1. — Z. K. 10. 494. 1885.
1895. Ramsay, Collie u. Travers, Journ. Chem. Soc. 67. 684. — Z. K. 28. 222 1897.
1897. Brögger, Videnskabsselkabets Skrifter 1. Math. nat. Kl. 1897. 7. — Z. K. 31. 315. 1899.
1898. Travers, Proc. Ryl. Soc. London 64. 130. — Z. K. 32. 285. 1900.

Nr.	Spez. Gew.	Mineral	Entdeckung		Vorkommen	Chemische Zusammensetzung					Jahr der Ana- lyse	Autor der Analyse	Literatur
			Jahr	Name des Entdeckers		Cerit- erden	Ytter- erden	Thor- erde	Zirkon- erde	Übrige Be- standteile			
1.	5,13	Yttrotan- talit	1802	Ekeberg	Ytterby					Nb. Ta. Wo. Ur. Ca. Mg. Fe. Cu. H₂O.	1802	Ekeberg	Vetensk. Akd. Hdl. 1802. 1. 68. Grells Annal. 1802. Bd. I. 257.
2.	5,395	„			„		19,15			„	1815	Berzelius	Afhdl. i. Fys. Kem och Min. Del. 4. 815.
3.	—	„			„		28,40				1815	„	„
4.	—	„			„		23,74				1815	„	„
5.	5,398	„ .			Miask	1,5 +Zr.	19,74	s. Ce.			1844	Hermann	J. pr. 33. 87. B. J. 25. 377. 1846.
6.	5,67	„			Ytterby		21,25				1847	v. Peretz H. Rose	P. A. 72. 158.
7.	5,458	„			„		18,64				1856	Chandler	L. A. 1856. J. pr. 95. 115. 1865.

Nr.	Spez. Gew.	Mineral	Entdeckung		Vorkommen	Chemische Zusammensetzung					Jahr der Ana-lyse	Autor der Analyse	Literatur
			Jahr	Name des Entdeckers		Cert-erden	Ytter-erden	Thor-erde	Zirkon-erde	Übrige Be-standteile			
8.	5,4 -5,9	Yttrotan-talit			Ytterby		19,56				1860	Nordens-kiöld	P A 111 280 J. pr. 81. 193.
9.	—	„			Kårarfvet		30,43				1860	Chyde-nius	P. A. 111. 284.
10.	--	„			Ytterby		20,22				1865	Peretz	J. pr. 95 115.
11	--	„			„	1,85	25,52				1865	Potyka	„
12.	—	„			„	2,22	17,23				1872	Rammels-berg	Montb. Ber. Akd. Juli 1872.
13.	—	„			„		32,71				1872	„	„
14.	—	„			„		38,26				1872	„	„
15.	—	„			„	1,79	38,04				1872	„	„
16.	—	„			„		38,01				1872	„	„
17.	—	„			Gamle Kårarfvet	0,47	30,54				1872	„	„
18.	5,425	„			Ytterby	2,37	18,39				1873	„	P. A. 150. 202

Der Yttrotantalit ist wesentlich ein Tantalat von Yttrium und Erbium $Y_4(Ta_2O_7)_3$ mit tantalsaurem Kalk und Eisenoxydul, enthält auch Helium. Kristallsystem rhombisch. Bruch muschelig bis uneben.

Farbe teils sammetschwarz mit grauem Strich und halbmetallischem Glanz, teils wie amorph bräunlichgelb bis strohgelb, glas- bis fettglänzend. Spez. Gew. = 5,2—5,9.

Vorkommen. **Norwegen.** Råde bei Moos; Brögger 1897.

Schweden. Bei Ytterby schon 1802 von Ekeberg analysiert (1), spez. Gew 5,13, von Berzelius 1815, spez. Gew. 5,395 (An. 2—4). 1847 von Rose und von Peretz, spez. Gew. 5,67 (An. 6). 1846 von Chandler, spez. Gew 5,458 (An. 7). 1860 von Nordenskiöld, spez. Gew. 5,4—5,9 (An. 8). 1865 von v. Peretz und Potyka (An. 10 u 11).

1872 führte Rammelsberg mehrere Analysen des Yttrotantalit von Ytterby aus (An. 12—16). 1873 derselbe. spez. Gew. 5,425 (An. 18).

Von Kårarfvet analysiert Chydenius 1860 das Mineral (An. 9). Rammelsberg analysierte (17) solches von Gamle Kårarfvet.

Ural. Miask, spez. Gew. 5,398 von Hermann 1844 analysiert (An. 5).

Nord Amerika. Süd-Osten der Vereinigten Staaten bei Coosa Alabama: Shepard 1880.

Hjelmit.

Lit.
1860. Nordenskiöld, P. A. 111. 286 — J. pr. 81. 202. 1860.

1870. Rammelsberg, Ber. 3. 926.

Lit.
1887. Weibull, G. F. F. 9. 371. — Z. K. 15. 104. 1889. — N. J. M. 1889. I. 394—395.

1895. Ramsay, Collie u. Travers, Journ. Chem. Soc. 67. 684 -- Z. K. 28. 222. 1897.

Nr.	Spez. Gew	Mineral	Entdeckung		Vorkommen	Chemische Zusammensetzung					Jahr der Ana-lyse	Autor der Analyse	Literatur
			Jahr	Name des Entdeckers		Cert-erden	Ytter-erden	Thor-erde	Zirkon-erde	Übrige Be-standteile			
1.	5,82	Hjelmit	1859	Nordens-kiöld	Kårarfvet	1,07	5,19			Mg. H₂O Wo. Nb. Ta. Sn. Ur. Fe. Mn. Ca.	1859	Nordens-kiöld	P. A. 111. 286.
2.	—	„			„	0,48	1,81			„	1870	Rammels-berg	Ber. 3. 926.
3	—	„			„	0,40	1,65			„	1887	Weibull	G. F. F. 9. 371. 1887. Z. K. 15. 104. 1889.
4.	—	„			„	2,08				„	1887	„	„
5.	—	„			„	2,94				„	1887	„	„

Dem Yttrotantalit sehr ähnlich ist der Hjelmit, ein Tantal (Niob) Mineral, das bisher nur in sehr zersetztem Zustande aufgefunden wurde, und das kleinere Mengen Cerit und Yttererden enthält. Krystallsystem rhombisch. Bruch körnig. H. = 5. Spec. Gew. 5,82. Farbe sammetschwarz, Strich schwärzlichgrau, metallglänzend.

Vorkommen. Schweden. Bei Kårarfvet im grobkörnigen Granit mit Granat und Gadolinit, analysiert von Nordenskiöld 1859 (An. 1). Rammelsberg 1870 (An. 2). Weibull 1887 (An. 3—5).

Kochelit.

Lit.
1868. Websky, Ztschft. d. deutsch. geolog. Ges. 20. 250—56.

| Nr. | Spez. Gew. | Mineral | Entdeckung | | Vorkommen | Chemische Zusammensetzung | | | | | Jahr der Analyse | Autor der Analyse | Literatur |
			Jahr	Name des Entdeckers		Ceriterden	Yttererden	Thorerde	Zirkonerde	Übrige Bestandteile			
	3,74	Kochelit	1868	Websky	Schreiberhau, Schlesien		17,22	1,23	12,8	Nb. Si. Al. Fe. Ca. Ur. H₂O. Pb.	1868	Websky	Ztschft. d. geolg. Ges. 20. 250.

In Beziehung zum Yttrotantalit sowie auch zum Fergusonit und dem später abzuhandelndeu Pyrochlor steht ein von Websky Kochelit benanntes Mineral. Der Name ist abgeleitet vom Fundorte den Kochelwiesen bei Schreiberhau in Schlesien, wo es in einem grobkörnigen Granitgange mit Gadolinit und Fergusonit teils als isoliert im Granit eingewachsene Kristalle, teils als krustenartige Überzüge über Aggregaten von Titaneisen und Kristallen von Fergusonit sich fand. Farbe bräunlich isabellengelb, in reinen Partien ins Honiggelbe geneigt, dann durchscheinend, sonst nur kantendurchscheinend. H. = 3—3,5, spez. Gew. 3,74. Vgl. Analyse. An anderen Orten ist das Mineral bisher anscheinend noch nicht gefunden.

Samarskit.

(Ytteroilmenit, Uranotantal.)

Lit.
1839. G. Rose, P. A. 48. 555.
1844. Hermann, J. pr. 33. 87.
1846. Hermann, J. pr. 38. 119.
1847. Hermann, J. pr. 40. 474 u. 42. 119.
    Rose u. v. Peretz, P. A. 71. 157.
    Scheerer, P. A. 72. 155 u. 469.
1848. H. Rose, P. A. 73. 449. — J. pr. 44. 216.
1850. Hermann, J. pr. 50. 178.
1852. Hunt, Am. J. Sc. [2]. 14. 341.
1853. J. pr. 58. 96.
1855. J. pr. 65. 77.
1856. J. pr. 68. 96.
1858. H. Rose, P. A. 103. 311—330. — J. pr. 73. 393.
1862. H. Rose, Mtber. Ber. Ak. Wiss. 1862. — J. pr. 88. 201—206. 1883.
1863. Chandler, P. A. 118. 498.
    H. Rose, P. A. 118. 497—516. — J. pr. 88. 201.
    Rose u. Finkener, P. A. 118. 505.
    Rose u. Stephans, P. A. 118. 505.
1865. Hermann, J. pr. 95. 114 u. 198.
1869. Hermann, J. pr. 107. 150.
1870. Hermann, J. pr. [2]. 123.
1871. Hermann, J. pr. [2]. 4. 191—201.
1872. Finkener u. Stephans, Ber. 5. 18.
    Nordenskiöld, N. J. M. 1872. 535.
1875. Rammelsberg, Handb. d. Minchem 364—366.
    Swallow, Proc. Boston Nat. Hist. Soc. 17. 424. — Z. K. 1. 500. 1877.
1876. Dana, Am. J. Sc. [3]. 11. 201. — N. J. M. 1876. 427.

Lit.
1877. Allen Am. J. Sc. 1877. — Z. K. 1. 500.
    Dana, Text Book of Min. 1877.
    Delafontaine, Arch. sc. phys. et nat. 59. 176. — Am. J. Sc. [3]. 13. 390. — Z. K. 1. 503.
    Rammelsberg, Ztschft. d. geolog. Ges. 29. 815 bis 818. — W. A. 2. 633 u. 664. — Mtber. Berl. Ak. Wiss. 1878. 656. — Z. K. 3. 102. 1879.
    Smith, Am. J. Sc. [3]. 13. 359. — Ann. Chim. Phys. [5]. 12. 253. — C. r. 84. 1036. — Z. K. 1. 500 bis 502.
1878. Delafontaine, Am. Chim. Phys. [5]. 14. 238. — C. r. 87. 632.
1879. Lecoq de Boisbaudran, C. r. 88. 322—324.
1880. Marignac, C. r. 90. 899—903. — Ann. Chim. Phys. [5]. 20. 535—558.
1881. Brögger, G. F. F. 5. 326—376. — N. J. M. 1883. I. — Z. K. 10. 494. 1885.
1882. Hoffmann, Am. J. Sc. [3]. 24. 475. — Z. K. 9. 85. 1884.
    Roscoe, Chem. N. 45. 184. — Ber. 15. 1274.
    Seamon, Am. J. Sc. [3]. 24. 372. — Z. K. 9. 79. u. 628. 1884.
1883. Smith, Am. Chem. J. 5. 44—51. — Chem. N. 48. 13—15 u. 29—31.
1884. Donald, Chem. N. 49. 259—260.
    Rice, Z. K. 9. 85.
    Roscoe, Z. K. 9. 105—106.
1886. Crookes, Ber. 19. 252.
    Rammelsberg, Hdb. Minchem. Erghft. I. 199—201.

Lit.
1888. Hidden, Am. J. Sc. [3]. 36. 380—383.
    Hillebrand, Proc. Col. Sc. Soc. 3. 38—47. — Z. K.
    19. 638. 1891.
1889. Hidden u. Mackintosh, Am. J. Sc. [3]. 38. 474—486.
1892. von Chrustschoff, Russ. phys. chem Ges. Nr. 2—3.
    130. — Z. K. 24 516. 1895.
1893. Gibbs, Am. Chem. J. 15. 546—566.
1894. von Chrustschoff, Russ. min. Ges. 31. 412—417. —
    Z. K. 26. 335. 1896.
1895. Collie u. Travers, Journ. Chem. Soc. 67. 684. —
    Z. K. 28. 222. 1897.

Lit.
    Lockyer, Proc. R. Soc. 59. 133. — Z. K. 30. 87. 1899.
    Rammelsberg, Hdb. d. Minchem. Erglhft. II. 167
    bis 168.
1896. Erdmann, Ber. 29. 1710. — Z. K. 30. 645. 1899.
    Ramsay u. Travers, Proc. Royal Soc. 60. 443. —
    Z. K. 30. 88. 1899.
1898. Naumann-Zirkel, Elemente d. Min. 13. Aufl. 583.
    Travers, Proc. Royal Soc. London 64. 130. — Z. K.
    32. 285. 1900.
1900. Hoffmann u. Straufs, Ber. 33. 3126.
1901. Levy, The Analyst 26. 64—68. — C. C. 1901. I. 911.

| Nr. | Spez. Gew. | Mineral | Entdeckung | | Vorkommen | Chemische Zusammensetzung | | | | | Jahr der Analyse | Autor der Analyse | Literatur |
			Jahr	Name des Entdeckers		Cerit-erden	Ytter-erden	Thor-erde	Zirkon-erde	Übrige Be-standteile			
1.	5,398	(Ytteroil-menit) Samars-kit	1839	G. Rose	Ilmensee	2,273	18,302			Nb. Ta. Ti.Ur.Fe. Mn. Ca.	1846	Hermann	J. pr. 38. 121.
2.	5,45	„			„	1,50	19,74				1846	„	„
3.	5,6 -5,7	Samars-kit (Uran-otantal)			Miask		9,15				1847	v. Peretz u. Rose	P. A. 71. 157.
4.	5,6 -5,7	„			„		11,04				1847	„	„
5.	5,6 -5,7	„			„		8,36				1847	„	„
6.	5,64	„			„	2,85	13,29				1850	Hermann	J. pr. 50. 178.
7.	—	„			Rutherford, N. Carl.	3,95	11,11				1852	Hunt	Am. J. Sc. (2). 14. 341.
8.	5,6 -5,7	„			Miask		5,10				1863	Chandler	P. A. 118. 498.
9.	5,6 -5,7	„			„		4,72				1863	„	„
10.	5,6 -5,7	„			„	3,31	12,61	6,05	4,35		1863	Finkener u. H. Rose	P. A. 118. 505.
11.	5,6 -5,7	„			„	15,90		5,55	4,25		1863	Stephans u. H. Rose	„
12.	5,6 -5,7	Ytteroil-menit			Ilmensee	2,48	21,03	2,83			1865	Hermann	J. pr. 95. 114.
13.	—	Samars-kit			Miask?	14,00		4,47			1869	„	J. pr. 107. 150. 1869. J. pr. (2). 2. 124. 1870.
14.	5,755 -5,72	„			Wisemanns mica mine GreesyGreek Jownship b. North Joe Ri-ver, Mitchell Co. N.-Carl	6,42	12,84				1875	Swallow	Proc. Boston. Nat. Hist. Soc. 17. 424. 1875. b. Smith, Am. J. Sc. (3). 13. 559. 1877. N. J. M. 1876. 427. Z. K. 1. 500. 1877.
15.	5,72	„			„	4,25	14,45				1877	Allen	Am. J. Sc. Aug. 1877. E. S. Dana. Text Book of Min. 1877. b. Smith, Am. J. Sc. (3). 13. 559. Z K. 1. 500. 1877.
16.	5,72	„			„	4,24	14,49				1877	Smith	Am. J. Sc. (3). 13. 559. Z. K. 1. 500. 1877.
17.	5,672	„			Miask	4,33	12,62				1877	Rammels-berg	Zeitschr. d. D. Geol. Ges. 1877. 29. 815-18. Mtber. Ber. Akd. 1878. 656. W. A. 2. 633 u. 664. 1877 Z. K. 3. 102. 1879.

Nr.	Spez. Gew	Mineral	Entdeckung Jahr	Name des Entdeckers	Vorkommen	Cerit-erden	Ytter-erden	Thor-erde	Zirkon-erde	Übrige Be-standteile	Jahr der Ana-lyse	Autor der Analyse	Literatur
18.	5,839	Samar-skit			Mitchell Co., N.-Carl	2,37	16,90				1877	Rammels-berg	Zeitschr. d. D. Geol. Ges. 1877. 29. 815-18. Mtber. Ber Akd. 1878. 656. W A. 2. 633 u. 664. 1877. Z. K. 3. 102. 1879.
19.	4,33	Samar-skit (Eu-xenit?)			Wisemanns mica mine GreesyGreek Jownship Mitchell Co., N -Carolina	5,40	13,46				1882	Seamon	Am. J. Sc. (3). 24. 372. Z. K. 9. 79 u. 628. 1884.
20.	4,9478	Samar-skit			Bassard Ber-thier Co., Quebec, Canada	4,78	14,34				1882	Hoffmann	Am. J. Sc. (3). 24 475. Z. K. 9. 85. 1884.
21.	6,18	„			Devils Head MountDoug-las Co. Pikes Peak, Colo-rado	2,34	17,12	3,64	2,29 +Ti.		1888	Hille-brand	Proc. Col. Sc. Soc. 1888. 3. 38—47. Z. K. 19. 638. 1891.
22.	6,12	„			„	2,61	16,66	3,60	2,60		1888	„	„
23.	5,45	„			„	1,85	15,46	3,19	3,10 +Ti.		1888	„	„
24.	5,899	„			Ural	1,18	21,20	1,73	1,20		1894	v. Chrust-schoff	Russ. min. Ges. 31. 412—417. Z. K 26. 335. 1896.
25.	—	„			unbek.	1,65	14,32				1901	Levy	The Analyst 26. 64-68. Ch. Ctrbl. 1901. I. 911.
26.	—	„			Ural	4,45	12,8				1903	Verfasser	—

Der Samarskit wurde um 1839 von *G. Rose* im Ilmengebirge (Ural) entdeckt und benannt, Hermann führte denselben 1844 unter dem Namen Ytteroilmenit auf, während vielfach, besonders in der älteren Literatur, die auch schon von Rose gebrauchte Bezeichnung Uranotantal sich findet. Kristallsystem rhombisch. Bruch muechelig; spröde. Farbe sammetschwarz, Strich dunkel: rötlichbraun starker halbmetallischer Glanz und Fettglanz, undurchsichtig. H. 5—6, spez. Gew. ca. 5,6—5,8.

Die chemische Zusammensetzung ist sehr kompliziert. Das Mineral is ein Niobat (Tantal tritt meist gegen Nb. zurück) von Fe. Y. Ce. Er. mit einem nicht unbeträchtlichen Urangehalt geringen Mengen von Sn. u. Wo. Einige Analysen geben auch Zr. u. Th. an; von Chrustschoff 1892 (An. 24) fand 1½ % Germanium. Collie Travers und Ramsay (1895) fanden Helium darin. Der Nohlit, Rogersit und Vietinghofit (vgl. diese) sind als Zersetzungsprodukte des Samarskit aufzufassen.

Vorkommen. **Schweden,** Von Nohl bei Kongelf (Kongsberg) beschreibt Nordenskiöld 1872 ein Zersetzungsprodukt des Samarskit, das er Nohlit benennt (näheres siehe unter Nohlit).

Russland mit Sibirien. Ural. Im Granit des Ilmengebirges bei Miask. Hier wurde der Samarskit, spez. Gew. 5,6—5,7 von *G. Rose* entdeckt. Analysen von H. Rose und von Peretz (An. 3—5). Im Granit am Ilmensee Ytteroilmenit benannt, spez. Gew. 5,398 und 5,45 analysiert von Hermann 1896 (An. 1 und 2) später 1865 (An. 12). Ferner analysiert von H. Rose mit Chandler, Stephans und Finkener 1863 (An. 8—11), von Rammelsberg 1877, spez. Gew. 5,672 (An. 17). In neuerer Zeit von Chrustschoff 1894 analysiert. (An. 24.) — Verfasssr analysierte schwarzen, undurchsichtigen Samarskit; Pulver braunschwarz. (An. 26.)

Am Baikal-See fand von Lomonossow eine Samarskitvarietät den Vietinghoffit (näheres s. diesen).

Kanada. Im nordwestlichen Teile des Bezirkes von Brassard Berthier Co., Quebec fand sich Samarskit in kleinen Stücken, spez. Gew. 4,978, analysiert von Hoffmann in Ottawa 1882 (An. 20) ebenda: Donald 1884.

Ver. Staaten. Conectieut: in Peltows Quary Portland bei Middletown Samarskit in kleinen Partien Sheldon und North Rice 1884.

Nord - Carolina. Mitchell Co. In den Glimmergruben. vor allem auf der Wisemanns mica mine Greesy Greek Johnship, in der Nähe des North Joe River, zuerst von Dana 1876 beschrieben. Derselbe fand Samarskit in den Granitgängen, die in Gneis und Glimmerschiefer aufsetzen, gewöhnlich in unregelmässig gestalteten Massen, seltener in schönen Kristallen, eingewachsen in einem zersetzten, roten Feldspat der manchma in Kaolin umgewandet ist. Die einzelnen Massen erreichen zuweilen ansehnliche Dimensionen, ein Stück wog über 20 Pfund.

Das Vorkommen ähnelt dem von Miask, Bruch vollkommen muschelig. Farbe tief sammetschwarz, lebhafter Fett- bis Glasglanz, spez. Gew. 5,72. Analysiert von Mifs Ellen Swallow (An. 14), spez. Gew. 5,755. Allen und Smith 1877 (An. 15 und 16). Rammelsberg 1877 (An. 18), spez. Gew. 5,839.

Rogersit.

Lit.
1877. Smith, Am. J. Sc. [3]. 13. 359. — Z. K. 1. 502.

Nr.	Spez. Gew.	Mineral	Entdeckung		Vorkommen	Chemische Zusammensetzung					Jahr der Analyse	Autor der Analyse	Literatur
			Jahr	Name des Entdeckers		Cererden	Ytter-erden	Thor-erde	Zirkon-erde	Übrige Bestandteile			
	3,313	(Samar-skit) Rogersit	1877	Smith	Wisemanns mica mine Greesy Greek Jown-ship Mitchell Co. am North Joe River N.-Carolina	60,12				Nb. H_2O.	1877	Smith	Am. J. Sc. (3) 13. 359. Z. K. 1. 502. 1877.

Ein an Yttererden sehr reiches Zersetzungsprodukt des Samarskit ist der von *Smith* entdeckte zu Ehren von Prof. Rogers benannte Rogersit. Dieses Mineral fand sich mit Samarskit eingewachsen in einem rotbraunen Feldsspat auf Wisemanns mica mine, Greesy Greek Jownship Mitchell Co. N.-Carolina in dünnen, warzenförmigen, weifsen Krusten. H. = 3,5, spez. Gew. 3,313.

Vietinghofit.

Lit.
1877. Damour, Bull. acad. impér. St. Petersbourg. 23. 463. — Z. K. 3. 445. 1879.

Nr.	Spez. Gew	Mineral	Entdeckung		Vorkommen	Chemische Zusammensetzung					Jahr der Analyse	Autor der Analyse	Literatur
			Jahr	Name des Entdeckers		Cererden	Ytter-erden	Thor-erde	Zirkon-erde	Übrige Bestandteile			
	5,53	Vieting-hofit		v. Lomo-nossow	Baikal See	1,57	6,57		0,96	Ti. U. Fe. Mn. Mg. H_2O.	1877	Damour	Bull. acad. impér. St. Petersbourg. 23. 463. 1877. Z. K. 3. 445.

Als eine Varietät des Samarskit ist der Vietinghofit anzusehen. Diese amorphe Substanz von mattschwarzer Farbe, braunem Strich, halbmetallischem Glanze, mit glasigem Bruche, wurde aus der Umgegend des Baikal-Sees durch von Lomonossow mitgebracht und benannt. H. = 5,5—6, spez Gew. 5,53. Gepulvert leicht durch H_2SO_4 bei 300° zersetzbar. Von Damour analysiert, welcher eine bedeutendere Menge Fe als im Uraler und amerikanischen Samarskit fand, aber doch der Ansicht ist, dafs der Vietinghofit nicht als gesondertes Mineral, sondern als Varietät des Samarskit zu betrachten ist.

Nohlit.

Lit.
1871. Nordenskiöld, G. F. F. 1. 7. — N. J. M. 1872. 534—535.

Nr.	Spez Gew.	Mineral	Entdeckung		Vorkommen	Chemische Zusammensetzung					Jahr der Analyse	Autor der Analyse	Literatur
			Jahr	Name des Entdeckers		Cererden	Ytter-erden	Thor-erde	Zirkon-erde	Übrige Bestandteile			
	5,04	(Samar-skit) Nohlit	1872	Norden-skiöld	Nohl bei Kongelf, Schweden	0,25	14,36		2,96	Nb.Ur.Fe. Cu. Ca. Mg. H_2O.	1871	Norden-skiöld	G. F. F. 1. 7. N. J. M. 1872. 535.

Dem Samarskit sehr nahe steht der von Nordenskiöld als besondere Spezies aufgestellte Nohlit. Er unterscheidet sich von jenem durch einen ziemlich bedeutenden Wassergehalt. Derb, schwarzbraun, undurchsichtig. spröde, Bruch uneben, splitterig, Pulver braun, starker Glasglanz. H. 4,5—5, spez. Gew. 5,04. Von warmer H_2SO_4 leicht zersetzt. Vor dem Lötrohre schmilzt er träge in den Kanten zu mattem Glase. Dekrepitiert schwach unter Abgabe von Wasser. Vgl. Anl.

Vorkommen. **Schweden.** Zu Nohl bei Kongelf in einem alten Feldspatsbruch in nestförmigen grofsen Partien. Ein Stück, das 207 g wog, schien Nordenskiöld ein Fragment einer wenigstens 20mal gröfseren Partie zu sein.

Ånnerödit.

Lit.
1881. G. F. F. 5. 326—376. — N. J. M. 1883. 1. — Z. K. 10. 494—496. 1885.

Nr.	Spez. Gew.	Mineral	Entdeckung		Vorkommen	Chemische Zusammensetzung					Jahr der Analyse	Autor der Analyse	Literatur
			Jahr	Name des Entdeckers		Cerit-erden	Ytter-erden	Thor-erde	Zirkon-erde	Übrige Bestandteile			
	(4,28) —5,7	Annerö-dit	1881	Brögger u. Blomstrand	Anneröd b. Moos	2,56	7,10	2,37	1,97	Si. Ur. Sn. Al. Fe. Mn. Ca. Mg. Nb. K. Na. Pb. H$_2$O.	1881	Blomstrand	G. F. F. 5. 354. Z. K. 10. 495. 1885.

Das von *Brögger* auf den Pegmatitgängen von Moos entdeckte Mineral Ånnerödit stimmt chemisch recht nahe mit dem Samarskit überein, unterscheidet sich aber durch seine Kristallform deutlich von demselben und ist kristallographisch mit den chemisch verschiedenen Mineralien Columbit, Euxenit, Polykras homöomorph. Kristallsystem rhombisch. Farbe schwarz mit metallischem bis fettartig halbmetallischem Glanz. H = (4,5—) 6; spez. Gew. (4,28—) 5,7. Analysiert von Blomstrand. Enthält fast zur Hälfte Niobsäure, außerdem geringere Mengen seltener Erden.

Vorkommen. Bisher nur selten auf den Pegmatitgängen von Moos bei Anneröd (Norwegen) beobachtet.

Columbit, Niobit und Tantalit.

Die Niob- und Tantal-Mineralien Columbit, Niobit und Tantalit enthalten mitunter geringere Mengen seltener Erden, und sollen darum in nachstehenden Tabellen diejenigen Analysen dieser Mineralien aufgeführt werden, bei welchen seltene Erden bestimmt wurden.

Nr.	Spez. Gew.	Mineral	Entdeckung		Vorkommen	Chemische Zusammensetzung					Jahr der Analyse	Autor der Analyse	Literatur
			Jahr	Name des Entdeckers		Cerit-erden	Ytter-erden	Thor-erde	Zirkon-erde	Übrige Bestandteile			
	5,43 —5,73	Columbit	1801	Hatschett	Ilmensee Ural		2,0			Fe. Mn. Mg. Ur. Nb. Ta.	1846	Hermann	J. pr. 38. 123.
	5,461	„			Ural		4,483 +Mn			„	1846	Bromeis u. H. Rose	P. A. 71. 168.
	6,48	„			Mica Mine b. AmeliaCourt Hause Ame-lia Co. Virginia		0,82			„	1882	Dunning-ton	bei Lewis Proc. Acad. Nat. Sc. Philad. 1882. 100. Am. Chem. J. 4. 138 bis 140. Z. K. 7. 424. 1883.
	5,259 —5,262	„			Mineral Hill Tomnship Delaware Co. Pennsyl-vania	0,34	1,78		0,67	„	1889	Genth	Proced. Acad. Nat. Sc. Philadelphia 1889. 50—52. Z. K. 19. 85. 86. 1891.
	5,259 —5,262	„			„	0,48	3,00		0,62		1889	„	„
	—	Niobit	1840	H. Rose	Bodenmais				0,28	Nb. Ta. Wo. Sn. Fe. Mn. H$_2$O.	1866	Blomstrand	J. pr. 99. 40.
	—				Haddam Connecticut				0,34	„	1866	„	„
	—				Grönland				0,13	„	1866	„	„
	5,74				Isergebirge				0,48	„	1879	Janovsky	Sitzb. d. Wiener Akd. d. Wiss. 1879. 80. (1). 84—41. Juni. Ber. 13. 139. 1880. Z. K. 5. 400. 1881.
	7,314				N.-Carolina				Spur	„	1894	v. Christ-schoff	Russ. Min.-Ges. 31. 412. Z. K. 26. 335. 1896.

Nr.	Spez. Gew.	Mineral	Entdeckung		Vorkommen	Chemische Zusammensetzung					Jahr der Analyse	Autor der Analyse	Literatur
			Jahr	Name des Entdeckers		Certerden	Ytterden	Thorerde	Zirkonerde	Übrige Bestandteile			
	7,703	Tantalit			Chanteloube, Arr. Limoges, Dep. Haute Vienne				1,54	Nb. Ta. Sn. Fe. Mn. Ca. Cu.	1856	Jenzsch	P. A. 97. 107.
	7,027 -7,042	„			„				5,72		1856	„	„
	—	„			Kimito				11,02		1857	Hermann	J. pr. 70. 207.
	7,533	„			Chanteloube b. Limoges				1,32		1858	Chandler u. Rose	P. A. 104. 100.

Wasserhaltige Phosphate.

Rhabdophan-Scovillit.

Lit.
1878. Lettsom, Sitz. der kryst. Ges. London. 24. XI. 1878. — Z. K. 3. 191. 1879.
Lecoq de Boisbaudran C. r. 86. 1028. — Z. K. 3. 432. 1879.
1880. Bertrand, Bull. soc. franç. min. 3. 58. — Z. K. 6. 294. 1884.

Lit.
1882. Hartley, Phil. Mag. (5). 13. 527. — Chem. N. 45. 27. (19). — Journ. of the Chem. Soc. 1882. 210.
1883. Brush u. Penfield, Chem. N. 48. 15—17. — Z. K. 8. 226—238. 1884.
1885. Brush u. Penfield, Z. K. 10. 83. 1885.

Nr.	Spez. Gew.	Mineral	Entdeckung		Vorkommen	Chemische Zusammensetzung					Jahr der Analyse	Autor der Analyse	Literatur
			Jahr	Name des Entdeckers		Certerden	Ytterden	Thorerde	Zirkonerde	Übrige Bestandteile			
1.	—	Rhabdophan		Lettson	Cornwalls	67,2				H_2O. Si. Al. Fe. P Mg. CO_2.	1880	Bertrand	Bull. soc. franç. min. 3. 58. Z. K. 6. 294. 1884.
2.	—	„			„	57,96	2,09				1882	Hartley	Phil. Mag. (5). 13. 527. Chem. N. 45. 27. (19). Journ. of the Chem. Soc. 1882. 210.
3.	3,94 - 4,01	Scovillit			Scoville in Salisburry, Connect.	55,3	8,34				1883	Brush u. Penfield	Chem. N. 48. 15—17. Z. K. 8. 226—38. 1884.
4.	3,94 - 4,01	„			„	54,87	8,67				1883	„	„
5.	3,94 - 4,01	„			„	55,34	8,51				1883	„	„
6.	—	„			„	53,82	9,93				1883	„	berechnet Penfield, Am. J. Sc. (3). 25. 445 u. 27. 200. Z. K. 10. 83 1885.
7.	—	Rhabdophan			Cornwalls	65,75					1885	„	„

Ein wasserhaltiges Phosphat der Cer- und Yttererden ist der Rhabdophan. Das Mineral wurde von *Lettsom* 1878 unter englischer Zinkblende, die sich seit vor 1820 in einer Sammlung als Blende von Cornwall fand, entdeckt. 1883 fanden Brush und Penfield bei Scoville in Salisbury (Connecticut) ein Mineral, das sie Scovillit benannten, dessen Identität mit Rhabdophan sie jedoch bald darauf (1885) feststellten. Lettsom beschreibt seine Substanz als nierenförmige, fettglänzende Massen von der Farbe dunkelbraunen Bernsteins.

Vorkommen. Nur sehr selten in Cornwalls, sowie in Connecticut. Vergl. Analysen.

Basische Silikate.

In der Klasse der basischen Silikate finden sich eine Reihe von Mineralien, welche seltene Erden enthalten, vor allem der Gadolinit und Cerit, sowie der Orthit. Zunächst sollen aber der Einteilung Groths entsprechend einige seltenere behandelt werden.

Cappelenit.

Lit.
1885. Brögger, G. F. F. 7. 599. | 1890. Brögger, Z. K. 16. 462—467.

Nr.	Spez. Gew	Mineral	Entdeckung		Vorkommen	Chemische Zusammensetzung					Jahr der Ana- lyse	Autor der Analyse	Literatur
			Jahr	Name des Entdeckers		Cerit- erden	Ytter- erden	Thor- erde	Zirkon- erde	Übrige Be- standteile			
	4,407	Cappele- nit	1879 1884	Cappelen u. Brög- ger	Klein-Arö	4,20	52,55	0,79		Si. Bo. Ba. Ca. Na. K. H_2O.	1885	Cleve	b. Brögger, G. F. F. 7. 599. 1885. Z. K. 10. 504. 1885. Z. K. 16. 462—467. 1890.

Ein bisher äufserst selten gefundenes Mineral ist der Cappelenit. Es wurde 1879 Brögger vom Gutsbesitzer Cappelen auf Holden (Norwegen), zugesandt und von jenem diesem zu Ehren benannt. Kristallform hexagonal; keine deutliche Spaltbarkeit; Bruch muschelig; Glanz auf Bruchflächen schwach fettartig. H. = 6. Spez Gew. 4,407. Vor dem Lötrohre bläht sich das Mineral auf und schmilzt ziemlich schwierig zu einem weifsen Email. Analysiert von Cleve.

Vorkommen. **Norwegen.** Auf einem kleinen Gange an der Ostseite der Insel Klein-Arö. Brögger, welcher 1884 die Fundstelle aufsuchte, fand das betreffende Mineral hier mit zahlreichen anderen seltenen Mineralien, von welchen er folgende, seltene Erden enthaltende, beobachtete: gelben Wöhlerit, den Cappelenit, Rosenbuschit, Orangit, Zirkon, Kataplëit, Låvenit, Freialith (?), Astrophyllit und Eukolit. Dieser an Mineralien so reiche Gang ist nur klein, zum Teil kaum 1 dcm breit; an den Seiten fand jener die Gangmasse feinkörnig und bestand dieselbe hier aus einer vollkommen granitisch-körnigen Masse von Feldspat, Wöhlerit, schwarzem Glimmer, Ägirin und Eläolith.

Das Mineral scheint nur an dieser einen Stelle gefunden zu sein. Nach Brögger ist alles, was in den Katalogen der Mineralienhändler als Cappelenit angeführt wurde, durchgehends nur Mosandrit, Johnstrupit etc. gewesen.

Britholith.

Lit.
1899. Winter, Medd. om. Grönl. 24. — Z. K. 34. 685—687. 1901.

Nr.	Spez. Gew.	Mineral	Entdeckung		Vorkommen	Chemische Zusammensetzung					Jahr der Ana- lyse	Autor der Analyse	Literatur
			Jahr	Name des Entdeckers		Cerit- erden	Ytter- erden	Thor- erde	Zirkon- erde	Übrige Be- standteile			
	4,446	Britholith (Cappele- nit)	1899	Flink	Naujakasik Julianehaab Grönland	60,54				Si. P. Fe. Ca. Mg. Na. H_2O. F.	1899	Christen- sen	bei Winter, Medd. om. Grönland. 1899. 24. 181—213. Bull. Soc. franç. Min. 23. 34—36. N. J. M. 1900. I. 350. Z. K. 34. 685—686. 1901.
	4,446	„			„	60,9				„	1899	„	„

Das dem norwegischen Cappelenit entsprechende grönländische Mineral ist der Britholith. Er wurde von Flink bei Naujakasik iu kleinen, braunen, anscheinend hexagonalen Prismen aufgefunden. Flink bezeichnete es zunächst als „cappelenitähnliches Mineral". Später wurde es dann von Winter näher untersucht und Britholith benannt. Der Name ist gebildet von βρῖϑος Gewicht, Dichte, mit Rücksicht auf sein hohes spez. Gew. = 4,446. Farbe braun; Fett- bis Glasglanz. Härte = 5½. Christensen hat das Mineral analysiert (vgl. Anl.) und Winter berechnet aus der Analyse folgende Formel: 3 [4 Si O_2 · 2 (Ce La, Di Fe)$_2$ O_3 · 3 (Ca Mg) O H_2O Na F] 2 [$P_2 O_5$ Ce$_2$ O_3].

Vorkommen. Bei Naujakasik in Grönland im Pegmatit. Dieser enthält als Hauptbestandteile Arfvedsonit, Eudialyt, weifsen Feldspat, Steenstrupin, Nephelin, Sodalith und Ägirin. Die Britholitkristalle erreichen im Mittel eine Gröfse von 1 cm und finden sich völlig entwickelt in allen diesen Mineralien, besonders häufig im Arfvedsonit, welchen sie nach allen Richtungen durchsetzen. Der Britholith selbst wird von Ägirinnadeln richtungslos durchdrungen. Einzelne Individuen sind in eine graubraune Substanz umgewandelt, welche auch die Ursache der Undurchsichtigkeit vieler Kristalle ist.

Melanocerit.

Lit.
1887. Brögger, G. F. F. 9. 256.

Lit.
1890. Brögger, Z. K. 16. 468—477.

Nr.	Spez. Gew.	Mineral	Entdeckung		Vorkommen	Chemische Zusammensetzung					Jahr der Analyse	Autor der Analyse	Literatur
			Jahr	Name des Entdeckers		Cerit-erden	Ytter-erden	Thor-erde	Zirkon-erde	Übrige Be-standteile			
	4,129	Melano-cerit		Brögger u. Cleve	Langesund-fjord	45,05	9,17	1,66	0,46	Si. P. CO₂. Bo. F. Al. Fe. Mn. Ca. Mg. Na. H₂O.	1887	Cleve	G. F. F. 9. 256. b. Brögger, Z. K. 16. 468—477. 1890.

Der Melanocerit wurde von *Cleve* entdeckt und schon in den Jahren 1868—69 vorläufig analysiert, dann aber von Brögger genauer untersucht und als selbständige Mineralspezies erkannt. Der Name ist abgeleitet von μέλας schwarz und dem hohen Cergehalt. Das Mineral ist nach Brögger nahe verwandt dem grönländischen Steenstrupin.

Der Melanocerit bildet gut begrenzte, einige Millimeter bis ein paar Zentimeter grofse tafelförmige Kristalle von tiefbrauner bis schwarzer Farbe, in Splittern und Dünnschliffen mit hellgelber Farbe durchsichtig. Strich hellbraun. Kristallsystem hexagonal-rhombisch. Der Bruch ist muschelig mit etwas fettartigem Glasglanz. H. = 5—6. Spez. Gewicht nach Cleve = 4,129.

Vor dem Lötrohre tritt hellere Färbung und Aufquellen ein, doch schmilzt die Probe nicht, wenigstens nicht von der amorphen Substanz. Das Mineral löst sich in heifser Salzsäure ganz leicht unter Ausscheiden von Kieselsäure; im Kolben gibt es Wasser ab. Cleve hat das Mineral analysiert (vgl. Anl.). Der chemischen Zusammensetzung nach ist der Melanocerit nahe verwandt mit dem Cappelenit.

Vorkommen. Die Fundstelle ist nach Brögger ein Pegmatitgang im Augitsyenit auf der Insel Kjeö in der Nähe von Barkevik im Langesundfjord. Es finden sich dort zusammen mit Ägirin in grofsen, dicken Kristallen einer arfvedsonitähnlichen Hornblende (Barkevikit), zum Teil in Pterolith umgewandelt, Lepidomelan, Wöhlerit (sparsam), gelber Zirkon, Astrophyllit, Spreustein, Feldspat in dicken Tafeln, Albit, Eläolith, Leukophan, Flufsspat und Analcim. Der Melanocerit gehört zu den am frühesten ausgeschiedenen Mineralien der Gangmasse.

Auf anderen Gängen als auf diesen und noch einem zweiten, jetzt nicht mehr bekannten Vorkommen bei Barkevit ist der Melanocerit bis jetzt noch nicht mit Sicherheit nachgewiesen worden; doch glaubt Brögger, auf einem Gange der Aröscheeren auch echten Melanocerit gefunden und als grofse Seltenheit beobachtet zu haben. Der Melanocerit gehört zu den bis jetzt am wenigsten gefundenen Mineralien der seltenen Erdengruppe.

Karyocerit.

Lit.
1890. Brögger, Z. K. 16. 478—482.

Nr.	Spez. Gew.	Mineral	Entdeckung		Vorkommen	Chemische Zusammensetzung					Jahr der Analyse	Autor der Analyse	Literatur
			Jahr	Name des Entdeckers		Cerit-erden	Ytter-erden	Thor-erde	Zirkon-erde	Übrige Be-standteile			
	4,286 —4,305	Karyoce-rit	1882	Brögger	Aröscheeren b. Stockö	41,81	2,21	13,64	0,47	Si. Ta. P. CO₂. B. F. Al. Fe. Mn. Ur. Ca. Mg. Na. H₂O.	1888	Cleve	bei Brögger, Z. K. 16. 478—482. 1890.

Nahe verwandt mit dem Melanocerit ist der von *Brögger* entdeckte Karyocerit. Das durch und durch amorphe Mineral scheint ein Umwandlungsprodukt des Melanocerit zu sein und um die Verwandtschaft mit diesem schwarzbraunen Mineral anzudeuten, benannte *Brögger* das nufsbraune Mineral Karyocerit (von κάρυον Nuss und Cerium). Es bildet grofse, zum Teil 4—5 cm breite, bis ca. 1 cm dicke, rissige und spröde Tafeln mit muscheligem Bruch. Die von Cleve ausgeführte Analyse zeigt die grofse Verwandtschaft zum Melanocerit, jedoch ist der Gehalt an seltenen Erden im Karyocerit fast viermal so grofs wie in jenem.

8*

Vor dem Lötrohre verhalten sich Melanocerit und Karyocerit fast gleich; beim Glühen werden sie heller gefärbt und quellen auf, ohne zu schmelzen.

Vorkommen. **Norwegen.** Im Jahre 1882 erhielt *Brögger* das erste Exemplar von Karyocerit, welches von einem kleinen Gange der Aröscheeren stammte. Das Mineral scheint sehr selten zu sein.

Tritomit.

Lit.

1849. Berlin, Lieb u Kopp, Jahresb. 1849. 703.
1850. Berlin u Weibye, P. A. 79. 299.
1855 Forbes, Lieb u. Kopp, Jahresb. 1855. 954; Edinb. n. Phil. Journ. (2). 3. 59. 1856.
1860. Kenngott, Uebers. d. min. Forsch. im J. 1859. 92.

Lit.

1861. Möller, Am. J. Sc. (2). 34. 222. — L. A. 120. 241. 1861.
1877. Engström, Diss. Upsala 1877. — Z. K. 3. 200—201. 1879.
1887. Brögger, G. F. F. 9. 2. 58.
1890. Brögger, Z. K. 16. 483—489.

Nr.	Spez. Gew.	Mineral	Entdeckung		Vorkommen	Chemische Zusammensetzung					Jahr der Ana- lyse	Autor der Analyse	Literatur
			Jahr	Name des Entdeckers		Cert- erden	Ytter- erden	Thor- erde	Zirkon- erde	Übrige Be- standteile			
	4,24	Tritomit	1850	Weibye	Lamö bei Brevig	55,47	0,46			Sn. Wo. Si Al. Ca. Ba.Sr.Fe. Mn. Na. K. H$_2$O.	1850	Berlin	P. A. 79. 299.
	3,908	"			"	50,05	4,64				1855	Forbes	Lieb u.Kopp,Jahresb. 1855. 954. Edinb. N. ph. J. (2). 3. 59. 1856.
	4,26	"			"	59,19	0,42		3,63		1861	Möller	Am. J. Sc. (2). 34. 222. L. A. 120. 241.
	—	"			"	56,51					1877	Engström	Nils Engström, Diss. etc Upsala 1877. Z. K. 3. 200. 1879.
	4,045	"			Barkevik	45,72	2,58	5,58	1,03		1877	"	"
	4,178	"			Brevig	44,22	2,97	9,51	1,09		1877	"	"

Der Tritomit wurde im Jahre 1849 von *Weibye* auf der Insel Låven (Lamö) entdeckt und im selben Jahre von Berlin analysiert. Der Tritomit ähnelt sehr dem Karyocerit. Farbe dunkelbraun; muscheliger Bruch und harz-ähnlicher Glanz. Das spezifische Gewicht schwankt in den Angaben der verschiedenen Autoren zwischen 3,908 bis 4,66. Nach Brögger dürfte das von 4,15—4,25 das charakteristischste sein. Das Kristallsystem ist nach Bröggers Untersuchungen nicht, wie früher angenommen, regulär, doch vermochte auch dieser nicht bestimmt festzustellen, welchem Systeme das Mineral angehört, er glaubt, daß dasselbe dem hexagonalen angehört.

Vorkommen. **Norwegen.** Das Hauptvorkommen des Tritomits ist auf der Insel Låven in kleinen, gewöhnlich nur einige Millimeter, selten bis 1—2 cm großen Kristallen. Ferner findet es sich an der Südspitze der Insel Stockö, sowie auf Arö und den Aröscheeren. Seltener auf den Barkevikscheeren.

Gadolinit.

Lit.

1788. Arrhenius u. Geyer, Crells Ann. 1788. 1. 299.
1794. Gadolin, Vet. Akad. nya Hdl. Stockholm. 1794. T. II. 137.
1797. Ekeberg, Vet. Akad. Hdl. Stockholm. 1797. 156.
1800. Klaproth, Berl. Akad. 11. Sept. 1800. — Beitr. 3. 52—79.
1801. Hauy, Min. 1801. 3. 141
Klaproth u. Vauquelin, Ann. Chim. 37. 86. — Crells Ann. 1801. I. 307.
1802. Ekeberg, Akad. Stockholm 1802. 76. — Ann. Chim. 43. 228. — Gilb. Ann. 14. 247. 1803.
Klaproth, Beitrg. 1802. 3. 52—79, vgl. 1800.
1810. Klaproth, Beitrg. 5. 173—175.

Lit.

1816. Berzelius, Afhdl. i. Fys. 4. 227 u. 395. — Schweig J. 14. 33. u. 16, 404 u. 21. 261.
Breithaupt in Hoffmanns Min. 1816. 3^b. 310.
1818. Hausmann, Skandinav. Reise 1818. 5. 51. u. 349.
1822. Hauy, Traité de min. 2. éd. 1822. 2. 443.
1823. Phillips, Min. 3. éd. 1823.
1826. Berzelius u. Tank, B. J. 5. 227.
1834. Berlin, Dissertatio chemica analys. in Gadolinitorum Ytterbiensium Upsala 1834. — J. pr. 8. 507. 1836. — B. J. 17. 220—221. 1838. — Oefv. K. Vet. Hdl. 1845. 86.
von Kobell, J. pr. 1. 91.
Thomson, Outl. 1. 410.

Lit.

1835. Berzelius u. Gerhardt, J. pr. 4. 51.
Thomson u. Steele, Records of Science 1835. —
Phil. Mag. [3]. 7. 430. — J. pr. 8. 507. 1836. —
B. J. 17. 218. 1838. — vgl. Scheerer P. A. 51.
415. 1850.

1836. Connel, Edinb. N. Phil. J. 20. 1836. 300. — B. J.
17. 219. 1838.

1838. Lévy, Coll. Heuland 1838. 2. 46.

1839. Rose, P. A. 48. 555.
Svanberg u. Tenger, B. J. 18. 218.

1840. Scheerer, P. A. 51. 412. — B. J. 21. 204. 208. 1842.

1841. H. Rose, L. A. 40. 197.
Scheerer, J. pr. 22. 464.

1842. Mosander, Förhdl. vid de Skand. naturf. Stock-
holm 1842. — B. J. 23. 145. 1844. — 24. 105. 1845.
Scheerer, P. A. 56. 479. — J. pr. 27. 71—82. —
B. J. 23. 293. 1844.

1843. H. Rose, P. A. 59. 110. u. 476—481. — L. A. 48·
224. — B. J. 24. 39. u. 318. 1845.

1844. Scheerer, P. A. 61. 645.

1847. Breithaupt, Min. 1847. 3. 881.

1850. Mallet, Phil. Mag. [3]. 36. 350.

1852. Brooke u. Miller, Phillips Min. 1852. 322.

1854. Kolenati, Min. Mährens 1854.

1858. Grey u. Lettsom, Min. Brit. 1858. 137.
H. Rose, P. A. 103. 104.

1859. Nordenskiöld, Oefv. K. Vet. Fhdl. 1859. N. 7. 287.
von Zepharovich, Min. Lex. Oest. 1. 151.

1860. Des Cloizeaux, Ann. Chim. 59. 357.
Zittel, N. J. M. 1860. 789.

1861. Scheerer, N. J. M. 1861. 134.

1862. Des Cloizeaux, Min. 1862. 1. 43.
Fuchs, N. J. M. 1862. 912.

1864. Church. Chem. N. 10. 234.
Maskelyne u. v. Lang, Phil. Mag. [4]. 28. 145.
Waage, Christiania Vidensk. Fhdl. 1864. 1. — N.
J. M. 1867. 696.

1865. Delafontaine, Arch. de la Bibl. univ. T. XXII.
Oborny, Verh. d. naturf. Ver. Brünn 1865. 3. 8.
Websky, Z. geol. Ges. 1865. 17. 566.

1866. Bahr u. Bunsen, L. A. 137. 33. — J. pr. 99. 279.
König, L. A. 137. 27.
Strüver, Ber. Turiner Akd. 1866. 396.

1868. Websky, Ztschft. d. geolog. Ges. 20. 250.

1869. Des Cloizeaux, Ann. Chim. [4]. 18.

1871. vom Rath, P. A. 144. 576—580. — N. J. M. 1872. 320.

1873. Cleve u. Höglund, Ber. 6. 1468.
von Zepharovich, Min. Lex. Oest. 2. 129.

1874. Des Cloizeaux, Man. de Min. 1872. 2. XI. XII. u. XIII.
Lindström, G. F. F. 2. 218.
Pisani bei Des Cloizeaux. l. c.

1875. Bunsen, P. A. 155. 381.
Nilson, Ber. 8. 654.
Rammelsberg, Handbuch der Mineralchemie 585 bis
587. u. 704.

1876. Rammelsberg, Ber. 9. 1883.

Lit.

1877. Dana, Min. 1877. 295.
Des Cloizeaux u. Damour, Ann. Chim. [5]. 12. 405. —
Z. K. 3. 325—327. 1879.
Sjögren, G. F. F. 3. Nr. 9. 258.

1879. Humpidge u. Burney, J. Ch. Soc. 35. 117. — Z. K.
6. 94. 1884.

1881. Brögger, G. F. F. 5. 326—376. — N. J. M. 1883. I. —
Z. K. 10. 494. 1885.

1882. Sjögren, Oefv. K. Vet. Fhdl. 1882. Nr. 7. 47—57.
— Z. K. 8. 654—655. 1884.

1883. Auer von Wellsbach, Mthft. IV. 630—642.

1885. Eichstädt, Bi. K. Vet. Hdl. 10. 18. — Z. K. 12.
523. 1887.

1886. Eakins, Proc. Colorado Sci. Soc. II. part. 1. 32. —
Chem. N. 53. 282. — Z. K. 12. 493. 1887.
Rammelsberg, Sb. B. 1886. 549. — Z. K. 15. 641. 1889.
Rammelsberg, Erghft. I. 107.

1887. Blomstrand, G. F. F. 8. 442. — Lunds Univst.
Årskrift 1888. 24. — Z. K. 20. 366. 1892.
Spezia, Atti della R. Acad. delle Sci. di Torino.
1887. 22. — Z. K. 14. 503—504. 1888.

1888. Bement, Z. K. 13. 46—47.
Kiesewetter u. Krüfs, Ber. 21. 2310—20. — Chem.
N. 57. 91—92.
Lacroix, Bull. soc. Min. 11. 68. — Z. K. 18. 439. 1891.
Traube, Min. Schles. 1888. 91.

1889. Genth, Am. J. Sc. [3]. 38. 198—203. — Proc. Acad.
Nat. Sci. Philadelphia 1889. 50—52. — Z. K.
19. 86. 1891.
Hidden u. Mackintosh, Am. J. Sc. [3]. 38. 474—486. —
Z. K. 19. 88—93. 1891.
Peterson, Öfv. K. Vet. Fhdl. 45. 179. — N. J. M.
1891. I. 372—374.
Rammelsberg, Z. K. 15. 641.

1890. Eakins, Bull. U. St. Geol. Surv. Wash. 1890. 64.
40. — Z. K. 20. 499. 1892.
Goldsmith, Proc. ac. nat. soc. Philadelphia 2. 164. —
Z. K. 17. 58.
Petersson, Diss. Upsala 1890. — G. F. F. 1890.
275—347. — Z. K. 20. 376—381. 1892.

1891. Krüfs, L. A. 265. 5.

1892. von Chrustschoff, Journ. russ. phys. chem. Ges.
1892. Nr. 2—3. 130. — Z. K. 24. 516. 1895.

1893. Gibbs, Am. Chem. J. 15. 546—566.
Hidden u. Hillebrand, Am. J. Sc. [3]. 46. 208. —
Z. K. 25. 107—108. 1896.

1895. Lockyer, Proc. Lond. 59. 133. — Z. K. 30. 87. 1899.
Rammelsberg, Erghft. II. 272—276.

1896. Czernik, Z. anorg. 12. 238.
Erdmann, Ber. 29. 1710.
Luedecke, die Mineralien des Harzes. Berlin. Gebr.
Bornträger. 1896. 438—439. — Z. K. 29. 187. 1898.

1897. Hintze, Handbuch der Mineralogie Bd. II. 187—196.
(Druckleg. 1889—1890.)

1898. Petersson, Z. K. 29. 395.
Naumann-Zirkel, Elemente der Min. 13. Aufl. 625.

1900. Urbain, Ann. Chim. [7]. 19. 202—210.
Tschernik, Journ. russ. phys. chem. Ges. 32. 252—266.

Nr.	Spez. Gew.	Mineral	Entdeckung		Vorkommen	Chemische Zusammensetzung					Jahr der Analyse	Autor der Analyse	Literatur
			Jahr	Name des Entdeckers		Cerit-erden	Ytter-erden	Thor-erde	Zirkon-erde	Übrige Bestandteile			
1.	4,223	Gadolinit (Ytterbit)	1788	Arrhenius	t terby		38,0			Si. Fe. Be. Ca.	1794	Gadolin	Vetensk. Akad. Hdl. 17. 94. T. II. 137. n. Scheerer, P. A. 51. 412. 1840.
2.	—	Gadolinit			„		47,5				1797	Ekeberg	Vetensk. Akad. Hdl. 1797. 156. nach Scheerer, P. A. 51. 412. 1840.
3.	4,237	„			„		59,75				1800	Klaproth	Crell. Ann. 1801. I. 307. Berl. Akad. 11. Sept. 1800. Klaproths Beitr. 1802. 3. 52.
4.	4,0497	„			„		35,0				1800	Vauquelin	„
5.	—	„			„		55,5				1802	Ekeberg	Vet. Akd. Hdl. 1802. 68. Ann. de Chimie t. 43. 228. Gilb. A. 14. 247. 1803.
6.	—	„			Bornholm?		60,0				1810	Klaproth	Beitrg. 5. 173—175.
7.	—	„			Finbo b. Fahlum	16,69	45,00				1816	Berzelius	Afhdl. Fys. 4. 227. Schweigg S. 14. 33.
8.	—	„			Broddbo b. Fahlum	16,90	45,93				1816	„	Afhdl. Fys. 4. 229. Afhdl. Fys. 16. 404.
9.	—	„			Kårarfvet b. Fahlum	3,40	47,46				1816	„	Afhdl. Fys. 4. 395. Afhdl. Fys. 21. 261.
10.	—	„			Ytterby	4,60	45,20				1834	Richardson	Thomson Outl. 1. 410.
11.	—	„			„	7,90	50,00				1834	Berlin	Diss. Upsala. 1834. B. J. 17. 220—221. 1838.
12.	—	„			„	6,08	45,53				1834	„	„
13.	—	„			„	51,38	7,99				1834	„	Dissertatio chemica analysin Gadolinitorum Ytterbiensium exhibens. Anct. N. J. Berlin, Upsala 1834. Öfv. Akad. Stockholm 1845. 86. Hintze, Handb. II. 195.
14.	—	„			„	49,60	7,64				1834	„	„
15.	—	„			„	48,32	7,41				1834	„	„
16.	—	„			„	51,46	5,24				1834	„	„
17.	—	„			unbek.	4,33	45,3				1835	Thomson u. Steele	Phil. Mag 7. 430. J. pr. 8. 507. 1836. Berz. J. 17. 218. 1838. Records of Science 1835. vgl. Scheerer, P. A. 51. 414. 1850.
18.	—	„			Fahlum	14,31	36,54				1836	Connel	Edinb. New. Phil. J. 20. 1836. 300. B. J. 17. 219. vgl. Scheerer, P. A. 51. 414.
19.	4,35	„			Hitterö	6,56	45,67				1840	Scheerer	P. A. 51. 474. 1840. J. pr. 22. 464. 1841.
20.	4,35	„			„	6,33	44,96				1842	„	J. pr. 27. 71. 1842. P. A. 56. 482. 1842.
21.	3,96 –4,18	„			Schreiberhau (Schlesien)	5,0	43,0				1865	Websky	Ztschr. d. geolg. Ges. 17. 566.
22.	—	„			Ytterby	13,45	37,57				1866	Bahr u. Bunsen	L. A. 137. 33. J. pr. 99. 279.
23.	—	„			Fahlum	11,65	37,57				1866	König	L. A. 137. 27.

Nr.	Spez. Gew.	Mineral	Entdeckung Jahr	Name des Entdeckers	Vorkommen	Cerit-erden	Ytter-erden	Thor-erde	Zirkon-erde	Übrige Bestandteile	Jahr der Analyse	Autor der Analyse	Literatur
24.	4,083	Gadolinit			Finbo	8,65	42,75				1874	Pisani	Des. Cloizeaux Man. de Min. 2. XIII.
25.	4,11	„			Carlberg, Kichspiel, Stora Tuna	19,20	34,58				1874	Lindström	G. F. F. 1874. Nr. 21. 2. 218.
26.	—	„			Ytterby	6,52	39,27				1879	Humpidge u. Burney	J. Ch. Soc. 1879. 35. 117. Z. K. 6. 94. 1884.
27.	—	„			Hitterö	9,92	41,50				1879	„	„
28.	4,448 -4,490	„			„	7,01	45,51				1886	Rammelsberg	Ber. Berl. Akad. 1886. 549. Z. K. 15. 641. 1889.
29.	4,212	„			Ytterby	13,55	38,13				1886	„	„
30.	4,56	„			Devils Head Mountain Douglas Co., Colorado	32,33	22,24	0,89			1886	Eakins	Chem. N. 53. 282. Poc. Colorado Sci. Soc. II. part. 1. 32. Z. K. 12. 493. 1887.
31.	4,59	„			„	25,97	27,71	0,81			1886	„	„
32.	4,33	„			Hitterö	6,67	45,62	0,35			1887	Blomstrand	G. F. F. 8. 442. Lunds Univst. Årskrift 1888. 24. Z. K. 20. 366. 1892.
33.	4,096	„			Ytterby	4,25	47,06	0,31			1887	„	„
34.	4,05	„			„	7,21	44,39	0,25			1887	Wallin	bei Blomstrand, G. F. F. 8. 442. Lunds Univst. Årskrift 1888. 24. Z. K. 20. 366. 1892.
35.	4,201	„			Burnett Co., Texas (nach Hidden, A.J Sc. (3) 38. 476 Llano Co.),	7,90	44,50				1889	Genth	A. J. Sc. (3). 38. 198 bis 203. Z. K. 19. 86. 1891.
36.	4,254	„			Llano Co. Texas	7,67	44,45				1889	„	„
37.	3,592	Gadolinit verwittert (Tengerit)			„	39,20					1889	„	„
38.	—	Gadolinit			„	7,84	41,55	0,58			1890	Eakins	Bull. U. St. Geol. Surv. Wash. 1890. 64. 40. Z. K. 20. 499. 1892.
39.	4,02	„			Malö SO. von Grimstad, Norwegen	14,34	35,95	0,88			1890	Petersson	Diss. Upsala 1890. G.F F.1890 275—347. Z. K. 20. 377—381. 1892.
40.	4,06	„			Carlberg, Stora Tuna, Darlekarlien	9,69	38,09	0,83			1890	„	„
41.	—	„			Torsåker	4,65	46,08	0,75			1890	„	„
42.	4,51	„			Hitterö	5,47	46,51	0,39			1890	„	„
43.	4,24	„			Ytterby	4,71	45,96	0,30			1890	„	„
44.	4,29	„			„	6,41	45,30	0,41			1890	„	„
45.	—	„			Broddbo	15,84	35,78	0,37			1890	„	„
46.	—	„			Gamla Kårarfvet	8,96	40,73	0,32			1890	„	„
47.	—	„			Nya Kårarfvet	14,01	36,71	Spur			1890	„	„
48.	4,276	„			Llano Co., Texas	58,30					1890	Goldsmith	Proc. ac. nat. sc. Phildph. 2. 164.
49.	3,494	Gadolinit (Metagadolinit)			„	20,66	21,85				1890	„	„

Nr.	Spez. Gew.	Mineral	Entdeckung		Vorkommen	Chemische Zusammensetzung					Jahr der Ana- lyse	Autor der Analyse	Literatur
			Jahr	Name des Entdeckers		Cerit- erden	Ytter- erden	Thor- erde	Zirkon- erde	Übrige Be- standteile			
50.	4,288	Gadolinit			Hitterö	7,39	44,30	0,41			1891	Petersson	Öfv. Kgl. Vet. Akd. 45. 179. N. J. M. 1891 I. 372 bis 374.
51.	5,509	„			Ytterby	5,29	46,75	0,39			1891	„	„
52.	—	„			Batum	14,77	39,39				1900	Tschernik	Journ. russ. phys. chem. Ges. 32. 252 bis 266.
53.	4,5	„			Ytterby	6,8	43,5	0,6			1903	Verfasser	—
54.	4,6	„			Hitterö	7,2	47,8				1903	„	„
55.	4,3	„			Colorado	5,9	35,7	0,4			1903	„	—
56.	4,45	„			Texas	7,4	48,2				1903	„	—

Zu den für das Vorkommen der seltenen Erden wichtigsten Mineralien gehört der Gadolinit. Er stellt im ursprünglichen Zustande ein Halbsilikat von Yttrium (teilweise durch Ceriterden vertreten); Beryllium und Eisen dar. Der Gadolinit bildet mit den Mineralien Datolith, Homilit und Euklas die 6. Gruppe der basischen Silikate in Groths tabellarischer Übersicht der Mineralien (1898, S. 116), von Hintze als Datolith-Gadolinit-Gruppe aufgeführt. Die Mineralien dieser Gruppe gehören sämtlich dem Monoklinen Kristallsystem an und zeigen prismatische Form.

Chemische Zusammensetzung. Groth faßt die Formel des Gadolinit als [SiO_4 Be (Y O)]$_2$ Fe auf. Bei Aufstellung dieser Formel hat er nur die berylliumreichsten Varietäten in Betracht gezogen, da von den anderen, zum Teil ganz beryllfreien, nachgewiesen ist, daß sie Umwandlungspseudomorphosen, aus einer einfach brechenden Substanz bestehend, darstellen. Blomstrand (1888) und Petersson (1890) berechnen aus ihren Analysen die Formel des Gadolinits als Fe Be$_2$ Y$_2$ Si$_2$ O$_{10}$, welcher einer chemischen Zusammensetzung von 25,56 SiO_2 48,44 Ytter- oder Cerit Oxyde 15,33 Fe O und 10,68 Be O entspricht.

Der Gadolinit zeigt sich meist als isotropes Umwandlungsprodukt, seltener sind doppeltbrechende Substanzen beobachtet worden. Nicht selten erweist sich ein Individuum als ein Gemenge von anisotroper und isotroper Substanz. Bei der Erhitzung verglimmt der isotrope Gadolinit sehr lebhaft unter eigentümlichem Aufleuchten (Glimmerscheinung von Kobell 1834; vgl. auch Petersson 1890) und wandelt sich in die kristallinische Modifikation um; auch geht die Eigenschaft, mit Salzsäure zu gelatinieren, verloren. Der doppeltbrechende Gadolinit zeigt das Verglimmen nicht, schwillt nur zu blumenkohlähnlichen Gebilden auf und gelatiniert nicht mehr. Beide Modifikationen werden durch die Umwandlung braun und etwas wasserhaltig und nehmen an spezifischem Gewicht zu.

Die Farbe des Gadolinits ist pechschwarz bis grünlichschwarz, meist durchsichtig oder nur kantendurchscheinend, in ganz dünnen Splittern frischen Materials aber ziemlich durchsichtig mit gras- oder olivengrüner, zuweilen auch brauner Farbe. Nach Brögger, sowie Petersson 1890 ist die grüne Masse in den inhomogenen Kristallen die ursprüngliche Gadolinitsubstanz, und die braungelbe Masse repräsentiert eine Stufe der Umwandlung deren Endglied der isotrope Gadolinit ist.

Der Strich des Gadolinits ist grünlichgrau. Bruch muschelig, ohne merkliche Spaltbarkeit. Die Härte über 6 bis zu 7. Spez. Gew. 4—4,5.

Historisches. Das Mineral wurde in einem Steinbruche zu Ytterby in Roslagen, $^1/_4$ Meile von Warnholms Festung, in dem ein weißlicher Feldspat für die Porzellanfabrik zu Stockholm gegraben wurde, teils in dichten Nieren, teils in parallelen Scheiben in rotem Feldspat eingestreut von Arrhenius aufgefunden und zuerst vom Bergmeister Geyer 1788 als ein der Steinkohle ähnlicher schwarzer Zeolith und von Rinmann in seinem Bergwerks-Lexikon als Pechstein beschrieben. Bei der Analyse fand der finnische Chemiker Gadolin 1794 (Anal. 1) neben Kieselsäure, Tonerde und Eisen 38 %, einer neuen Erde darin, und benannte das Mineral nach dem Fundort Ytterbit. Ekeberg 1797 (An. 2), der reineres Material verwandte, fand etwas andere Verhältnisse, in bezug auf dasjenige von Kieselsäure und Yttererde, bestätigte aber die neue Erde, die er Yttra oder Yttererde nannte; zu Ehren des Entdeckers derselben bezeichnete Ekeberg das Mineral als Gadolinit, welcher Name sofort den älteren verdrängte und z. B. sogleich von Klaproth (1800 und 1802) und Hauy (1801) angenommen wurde. Auch Klaproth (1800) und Vauquelin (1801) bestätigten die neue Yttererde. Ekeberg (1802) zeigte dann, daß das ursprünglich für Tonerde gehaltene Beryllerde war. Berzelius fand 1816 zuerst den Cergehalt. (An. 4 und 6.)

Vorkommen. Fast stets im Granit, resp. in Pegmatitgängen eingewachsen.

Deutschland. Harz. Hintze (S. 193) hält ein von Fuchs 1862 erwähntes schwarzes Mineral aus einem Granitgange des unteren Radautales, welches dieser für Orthit gehalten hatte, für Gadolinit. Luedecke 1896 (S. 445) rechnet es zum Orthit (vgl. diesen). Letzterer (S. 438—439) beschreibt das Vorkommen von Gadolinit in den Pegmatitgängen des Gabbro im Steinbruch am Bärenstein im Radautal. Vom Rath (1871) hat die von Ulrich gefundenen Kristalle kristallographisch bestimmt, dieselben waren schwarz, in dünnen Splittern dunkelgrün durchscheinend. H = 7. Keine Glimmerscheinung.

Schlesien. (Hintze S. 193.) Bei Schreiberhau im Riesengebirge am Waldsaume der Kochelwiesen in einem Pegmatitgang, zusammen mit Ilmenit, Fergusonit, Monazit, Xenotim, kirschgrofse Einschlüsse von Gadolinit, umgeben von rotbraun durchscheinender Kruste, mit schwarzem, grün durchscheinendem Kern. Spezifisches Gewicht des braunen Gadolinits 3,96, des grünen 4,139—4,18. Websky 1865 und 1638 (An. 21).

Absolut übereinstimmend mit Webskys Originalstücken sind die von Traube 1888 nach Hintze als von anderem Fundorte stammend, aufgeführten Stücke aus dem alten Feldspatbruch »Wasserloch« bei Mariental in Schreiberhau. Ähnlich sind die Vorkommen im »Krötenloch« bei Schwarzbach bei Hirschberg, im Aspengrund bei Buchwald und von Lomnitz bei Erdmannsdorf. — Ferner erwähnt Traube rundliche Körner zusammen mit Ilmenit im Granit des Hochsteines bei Königshain bei Görlitz.

Österreich. Am Zdjar-Berge bei Böhmisch-Eisenberg in Mähren, eingesprengt im Quarz, Orthoklas und Aktinolith kleine pechschwarze Partien, welche nach Kolenati (1854) Gadolinit sein sollen; als solcher ebenfalls wurden von Oborny 1865 grünschwarze, rhombische Täfelchen bestimmt, welche im Granit neben Malakolith und Diopsid vorkommen. Von Zepharovich (1859 und 1873) und Hintze (S. 194) betrachten diese Bestimmungen als ungenügend.

Norwegen. Auf der Insel Hitterö im südlichen Norwegen, nordwestlich von Kap Lindesnäs. Auf Pegmatitgängen in verschiedenen Feldspatsbrüchen, wie Egeland, Igeltjärn und Medåsen Kristalle von bedeutender Gröfse, bis 10—12 cm lang und mehr als 1 kg schwer, eingewachen in Kalifeldspat, zusammen mit Quarz: Sjögren 1882; genauer von Scheerer 1842 beschrieben, der zwei Analysen (19 und 20) mit Material vom spez. Gew. 4,35 ausführte. Ferner analysiert von Humpidge und Burney 1879 (27). Rammelsberg 1886 (28). Blomstrand 1887 (32), sowie Petersson 1890 (42), 1891 (50). Weitere Mitteilungen über dieses Vorkommen finden sich bei Waage 1864. Des Cloizeaux 1869. Sjögren 1882 und Eichstädt 1885. Petersson 1890 unterscheidet beim Gadolinit von Hitterö eine grüne und eine rotbraune Substanz, wobei er die braune Substanz als Umwandlungsprodukt der grünen auffafst. Er fand, dafs der Hitterö-Gadolit beim Erhitzen in der Regel im Äusseren nicht verändert wurde, weder verglimmte er, noch schwoll er an oder veränderte seine Farbe. Das spezifische Gewicht nahm jedoch zu und er gelatinierte nachher nicht mit Salzsäure. Die grüne Substanz zeigte im ungeglühten Zustande das spez. Gew. 4,51; nach dem Glühen aber 4,73. Eine andere Probe zeigte vor dem Glühen 4,47, nachher 4,62. Eine Probe zeigte eine schwache Verglimmung beim Erhitzen, sie hatte ein niedriges spez. Gew. von 4,36, nach dem Glühen 4,61. Die grüne Substanz hat Petersson analysiert (An. 39). — Verfasser analysierte (An. 54) pechschwarzen (Pulver grün) Gadolinit von Hitterö, mit Fettglanz, auf Feldspat und Glimmer.

Von Malö süd-östlich von Grimstad, das südlich von Arendal und nordöstlich von Kap Lindesnäs liegt, wurde von Petersson 1890 Gadolinit mit dem spez. Gew. 4,06 analysiert (39). Schwarz mit muscheligem Bruch; in dünnen Splittern mit grauer Farbe durchscheinend.

Schweden. Im Feldspatbruch, der Yttergrufva, auf der Insel Ytterby, unweit der Festung Waxholm bei Stockholm. Das erste bekannt gewordene Vorkommen (vergl. Historisches). In dunkelfleischrotem Feldspat mit parallelen Lagen schwarzen Glimmers derbe, unregelmäfsig begrenzte, zuweilen etwas stängelige Massen, seltener deutliche Kristalle, spez Gew. 4,212, nach dem Glühen 4,419 (Rammelsberg 186), Analysen von Gadolin 1794 (1), Ekeberg 1797 (2), Klaproth 1800 (3), Vauquelin 1800 (4), Richardson 1834 (10), Berlin 1834 (11—16), Bahr und Bunsen 1866, (22), Humpidge und Burney 1879 (26), Rammelsberg 1888 (29), Blomstrand 1887 (33), Wallin 1887 (34), Petersson 1890 (43 und 44) und 1891 (51), Verfasser (53). Weitere Mitteilungen über den Gadolinit von Ytterby finden sich bei Levy 1838, Brooke und Miller 1852, Scheerer 1861, von Lang 1864, Des Clorieaux 1874, Sjögren 1882. Von Ytterby stammte wahrscheinlich auch der von Klaproth 1810 beschriebene und analysierte (An. 6) Gadolinit, der diesem unter dem Namen Kohlenblende von Bornholm von Abildgaard in Kopenhagen übergeben worden war. Klaproth selbst bezweifelt den Fundort.

In der Umgegend von Fahlun. Im Steinbruch von Finbo, hart an der Strafse, östlich von Fahlun, in einem Pegmatitgange, welcher den Gneis durchsetzt und aus hellfleischrotem Kalifeldspat, weifsem Oligoklas, Quarz und kristallisiertem Muskovit besteht, zusammen mit Orthit, Pyrophysalit, oder auch Yttrocerit, rundliche oder stumpfeckige Körner von Gadolinit, von Erbsen- bis Haselnufsgröfse, sammetschwarz mit lebhaftem Glanze und flachmuscheligem Bruche, häufig in eine rot- oder gelbbraune erdige Rinde gehüllt: Hausmann 1818. Analysiert wurde dieses Vorkommen von Berzelius 1816 (7), Connel 1836 (18), König 1866 (23). Beschrieben von Des Cloizeaux, welcher ein spez. Gew. von 4,083 fand und von Petersson 1890.

In entgegengesetzter Richtung von Fahlun liegt das mit losen Blöcken dicht besäte und unter dem Namen Brodbo bekannte Feld, ebenfalls eine Fundstätte für Gadolinit, Orthit und Beryll, Berzelius 1816 (An. 8). Nordenskiöld 1859. — Von Fahlun aus, bei Brodbo vorbei, führt der Weg nach dem Hofe Kårarfvet, in dessen Nähe in den Steinbrüchen im Pegmatit mit Orthiten und sog. Pyrorthiten ausgezeichnete Gadolinite, meist krystallisiert, vorkommen (Zittel, 1860). Analysiert wurde dieses Vorkommen von Berzelius 1816 (9) und von Petersson 1890 der Gadolinit von Gamla Kårarfvet (46) und von Nya Kårarfvet (47). Auch Nordenskiöld 1859 und Sjögren 1882 beschreiben das Vorkommen von Kårarfvet.

Von Taberg in Wermland erwähnt Hausmann 1810 pechschwarzen bis dunkelkastanienbraunen Gadolinit in Feldspat eingewachsen.

Von Carlberg, im Kirchspiel Stora Tuna Darlekarlien, analysierte Lindström 1874 (25) einen in einem Pegmatitgang mit Quarz, Albit, schwarzem Yttrotantalit und Orthit sparsam eingesprengten grauschwarzen, grünlich durchscheinenden Gadolinit, spez. Gew. 4,11. Petersson 1890 analysierte (40) ebenfalls dieses Vorkommen, spez. Gew. 4,06. Derselbe beschreibt ferner das Vorkommen von Oesterby, Kirchspiel Stora Skedevi Darlekarlien, welches Nordenskiöld und Weibull auch schon beschrieben haben, ferner ein Vorkommen von Svärdsjö, welches dem Ytterby-Gadolinit ähnelt und einen einzelnen Klumpen aus dem Kirchspiel Torsåker, von dem er eine Analyse ausführte (41).

Kaukasus. Neuerdings wurde von Tschernik (1900) Gadolinit aus der Gegend von Batum analysiert (52).

Italien. Im Granit von Baveno am Lago Maggiore kommen nach Struver (1866) deutliche olivengrüne Kristalle von Gadolinit vor.

Irland. In der Grafschaft Galway im ›Trapp‹ mit Epidot wurde von Mallet 1850 ein schwarzer, derber, haselnußgroßer Einschluß von Gadolinit gefunden.

In Down Co, 2 km von Newkastle an der Dundrum Bay (Ostküste) fand Lacroix 1888 in einem Steinbruch im Granulit der Mourne Mountains einen 5 mm großen, schwarzen Kristall von anscheinend Gadolinit.

Schottland. Bei Greg und Lettsom (1858) findet sich die Notiz, daß ein schwarzes, glasiges Mineral, welches mit Titanit und Orthit im Syenit westlich von New-Abbey, Kircudshire in Schottland, in erbsengroßen Partikeln vorkommt, nach F. Heddle zum Gadolinit gehören soll. (Hintze S. 193.)

Nord-Amerika. Grönland. Nach Des Cloizeaux 1862 und Dana 1877 kommt Gadolinit auf der Disko-Insel, an der Westküste Grönlands, vor. Nach Hintze S. 194 bedarf dieser Fundort noch der Bestätigung.

Ver. Staaten. Colorado. Von Douglas Co. beschrieb und analysierte (30 und 31) Eakins 1886 schwarzen isotropen Gadolinit von der H. 6 und einem spez. Gew. von 4,56 resp. 4,59, welcher mit Orthit in einem zersetzten Granit an Devils Head gefunden wurde. Über dasselbe Vorkommen berichtet Bement 1888. — Verfasser analysierte (55) pechschwarzen Gadolinit von Colorado, spez. Gew. 4,3.

L'Lano Co. Texas. Einen an Gadolinit und verwandten Yttriumhaltigen Mineralien reichen Fundort beschreiben Hidden und Mackintosh 1889. Die Lage des Fundortes ist etwa 8 km südlich von Bluffton in L'Lano Co., am Westufer des Colorado River. Das herrschende Gestein ist Granit von mannigfach wechselnder Farbe und Textur. Sehr häufig ist ein tiefroter Granit von grobem Gefüge und in ihm zahlreiche und ausgedehnte, bis zutage sich erstreckende Quarzadern. In diesen letzteren wurden die Yttrium-Mineralien angetroffen. Die Hauptfundstelle ist eine hügelförmige Erhebung von 100×150 Fuß Grundfläche, steil aus dem umgebenden Granit hervorragend und 27 Fuß über der Fluß-Terrasse gelegen. Sie besteht aus ungeheuren Blöcken und Massen von Quarz und rötlichem Feldspat. Hier findet sich der Gadolinit in mehreren Varietäten (infolge von Zersetzung), neben Fergusonit, Allanit, Cyrtolith, Gummit, einem Karbonat seltener Erden (Tengerit) Yttrialith, Nivenit, Thorogummit etc. Gadolinitmassen fanden sich hier bis zu einem Gewichte von 21 und 30 kg. Einzelne Kristalle von deutlich monoklynem Typus wogen bis 7 kg und ein einzelner hatte eine Länge von 25 cm, spez. Gew. 4,306. Der meiste Gadolinit dieses Vorkommens ist zersetzt und in ein bräunlichrotes, wachsglänzendes Mineral umgewandelt; vielfach durch die ganze Masse oder auch nur an der Oberfläche. Eine weitere Umwandlung führt zu einer gelblichbraunen, erdigen (ockerigen) Substanz, welche beim Trocknen an freier Luft ein sehr helles Pulver liefert. Die mittlere Größe dieser Gadolinitmassen beträgt ungefähr ein halbes Pfund, während die eingewachsenen Kristalle nur $1/8$—$1/4$ Zoll messen und anderseits derbe Massen öfters ein Gewicht von 5,10 und 15 Pfund besitzen. Eine Verwachsung zweier Kristalle wog 42 Pfund und war beinahe frei von Gesteinsart. Eine andere sehr große, spitz zulaufende Masse, in Wirklichkeit ein Kristall, wog reichlich 60 Pfund. Genth (1889) analysierte von diesem Vorkommen Gadolinit von schwarzer Farbe, in dünnen Splittern durchscheinend mit dunkel bouteillen-grüner Farbe, feingepulvert grünlichgrau; Bruch muschelig bis splitterig, spez. Gew. 4,254 (An. 36). Als Tengerit bezeichnet Genth ein stark verwittertes Material mit dem spez. Gew. 3,582., welches sich in den Rissen des Gadolinit in Form einer dünnen, weißen Kruste findet; es ist reicher an Ceriterden als an Yttererden, so daß man annehmen könnte, daß eine Verdrängung von letzteren durch erstere stattgefunden habe (An. 37). Als Fundort eines analysierten (35) Materials vom spez. Gew. 4,201 gibt Genth Burnet Co. an, welches jenseits des Colorado River am östlichen Abhange des Höhenrückens liegt, an dessen westlichen Abhang L'Lano Co. liegt. Nach Hidden stammte dieses Material ebenfalls von L'Lano. — Gadolinit-Material vom spez. Gew. 4,276 von L'Lano Co analysierte (48) Goldsmith 1890. Ein Material von demselben Fundorte mit einem spez. Gew. von nur 3,494 (49) benannte er Metagadolinit. Es scheint der Analyse (49) nach dem Tengerit Genths nahezustehen. Über das Vorkommen von Llano Co. berichten ferner Hidden und Hillebrand 1893; Hintze (S. 194) erwähnt pechschwarze, lebhaft glänzende derbe Stücke von demselben Vorkommen, die sie sich im Breslauer Museum befinden. — Verfasser analysierte (56) pechschwarzes Material von Texas, spez. Gew. 4,45, das wohl ebenfalls von L'Lano Co. stammte.

Der Preis des zur Zeit zur Gewinnung von Rohstoffen für die Nernstlampe gebrauchten Minerals beläuft sich auf ungefähr 7 Mark per Kilogramm.

Homilit.

Lit.

1877. Des Cloizeaux u. Damour, Ann. chim. [5]. 12. 405. —
Z. K. 3. 325—327. 1879.

Lit.

1890. Brögger, Z. K. 16. 135.

| Nr. | Spez. Gew. | Mineral | Entdeckung | | Vorkommen | Chemische Zusammensetzung | | | | | Jahr der Ana- lyse | Autor der Analyse | Literatur |
			Jahr	Name des Entdeckers		Cerit- erden	Ytter- erden	Thor- erde	Zirkon- erde	Übrige Be- standteile			
	3,34	Homilit	1860 1870 1876	Nordens- kiöld Nobel Paykull	Stockö b. Brevig	2,56				Si. Al. Fe. B. Mn. Mg. Fe. Ca. Na. K. H₂O	1877	Damour	A.ch.phys.(5).12.405. Z K.3.225—227.1879.
	3,28	„			„	0,24				„	1890	Petersson	b. Brögger, Z. K. 16. 135.

In naher Verwandtschaft mit dem Gadolinit steht der mit diesem isomorphe Homilit. In dem Vorkommen desselben im Augitnephelinsyenit auf Stockö in der Nähe von Brevig, Südnorwegen, sind kleinere Mengen von Ceriterden gefunden worden, wie aus den in der Tabelle angeführten Analysen von Damour und Petersson zu ersehen. Farbe grün bis gelbbraun. In dünnen Lamellen durchsichtig bis durchscheinend. Bruch glasig, Strich grauweiß. H. 4,5—5, spez. Gew. 3,28—3,34.

Erdmannit.

Lit.

1853. Berlin, P. A. 88. 162.
Blomstrand, P. A. 88. 162.
1862. Des Cloizeaux, Man. de Min. 266.
Nobel u. Michaelson, Oefv. K. Vet. Fhdl. 504. —
J. pr. 90. 109. 1863.
1870. Nordenskiöld, Oefv. K. Vet. Fhdl. 565.
1877. Dana, Min. 1877. 289.

Lit.

Des Cloizeaux u. Damour, Ann. Chim. [5]. 12. 405. —
Z. K. 3. 325—327. 1879.
Engström, Diss. Upsala 1877. — Ber. 10. 1217. —
Z. K. 3. 191—201. 1879.
1882. Paykull, G. F. F. 3. 229.
1890. Brögger, Z. K. 16. 490—497.
1897. Hintze, Hdb d. Min. 197—198. (Drcklg. 1889—90).

| Nr. | Spez. Gew. | Mineral | Entdeckung | | Vorkommen | Chemische Zusammensetzung | | | | | Jahr der Ana- lyse | Autor der Analyse | Literatur |
			Jahr	Name des Entdeckers		Cerit- erden	Ytter- erden	Thor- erde	Zirkon- erde	Übrige Be- standteile			
1.	3,01	Erd- mannit (Homilit, Orthit)	1853	Esmark u. Berlin	Stockö b. Brevig	34,89	1,43			Si. B Al. Fe. Mn. Be. Ca. Mg. K. Na. H₂O.	1853	Blom- strand	b. Berlin, P. A. 88. 162.
2.	3,44	„			Arö b. Brevig	25,39	1,63		5,44		1862	Michael- son	Öfv. Akad. Stockholm. 1862. 505. J. pr. 90. 109.
3.	3,44	„			„	25,59	1,49		un- best.		1862	Nobel	„
4.	3,388	„			Stockö b. Brevig	17,66	2,14	9,93	2,14		1877	Engström	Diss. Upsala 1877. S. 28—31. Z. K. 3. 200. 1879.
5.	3,03	Erd- mannit (Homilit)			„	27,37			3,47		1877	Damour	Ann. chim. phys.1877. 12. 405.

Ein an seltenen Erden reiches Mineral, das jedoch noch wenig erkannt ist, ist der Erdmannit. Er scheint einerseits dem Gadolinit resp. vielmehr dem Homilit, anderseits dem Orthit nahezustehen. Sein Fundort scheint zurzeit auf die Umgegend von Brevig in Norwegen beschränkt.

Das Mineral wurde vom Pfarrer *Esmark* aus Ramnäs teils in Körnern, teils in Blättchen mit Melinophan bei Stocksund (Stockö kleine Insel bei Brevig) entdeckt und Erdmannit benannt. 1853 wurde es von Berlin als ein dunkelbraunes, glasglänzendes, in dünnen Splittern durchscheinendes, nicht in Kristallen ausgebildetes Mineral von Stockö mit dem spez. Gew. 3,01 beschrieben. Eine sehr geringe Menge desselben (nur 0,5 g) wurde von Blomstrand analysiert (1). Berlin schloß aus den angeführten Eigenschaften und Blomstrands Analyse auf eine Verwandtschaft mit Orthit.

1862 analysierten Michaelson (2) und Nobel ein »allanitähnliches«, schwarzbraunes Mineral von Arö bei Brevik vom spez Gew 3,44, H. 4,5. Michaelson hielt dasselbe für identisch mit Erdmannit. Nobels Analyse ist unvollständig. In demselben Jahre erwähnt Des Cloizeaux (1862) unter »Orthit« von Saemann mit Melinophan in der Umgegend von Brevig in einem grauen Feldspat gefundenen Erdmannit von braunroter Farbe. 1877 beschreibt Des Cloizeaux erdmannitähnliche Zersetzungsprodukte, welche aus der Umwandlung von Homilit herzurühren schienen. Derartige braungefärbte Mineralfragmente eines Homilitvorkommens von Stockö, H. 4,5, spez. Gew. 3,03, wurden von Damour analysiert (5). Ungefähr gleichzeitig analysierte Engström (4) ein angeblich dunkellauchgrünes Mineral, spez. Gew. 3,388, aus dem Melinophanvorkommen von Stockö unter der Annahme, dafs dieses Mineral der ursprüngliche Erdmannit Esmarks sei.

Dana (1877) führt das Material aus den Analysen Michaelsons und Nobels als besondere Spezies M i c h a e l - s o n i t auf, während er sonst den Erdmannit zum Orthit rechnet. Paykull 1882 hielt ein mit dem Homilit zusammen gefundenes schwarzbraunes Mineral für identisch mit Erdmannit.

Brögger (1890) hat genauere Untersuchungen über den Erdmannit angestellt. Er hat eine Anzahl Stufen von Stockö und Arö untersucht und kommt hierdurch zu der Überzeugung, dafs der Erdmannit kein Umwandlungsprodukt des Orthit sein kann, obschon vor allem die chemische Zusammensetzung auf eine Orrhitvarietät schliefsen lasse. Brögger hält das Mineral für ein dem von ihm entdeckten Melanocerit und somit auch dem Steenstrupin nahe verwandtes Mineral und fafst den echten typischen Erdmannit als ein Gemenge eines umgewandelten Minerals der Melanoceritreihe mit frischem Homilit oder einem diesem verwandten Mineral auf. Das von Damour und von Engström analysierte Material ist nach Brögger zwar mit dem Erdmannit verwandt, kann aber nicht der typische Erdmannit gewesen sein. Er ist der Ansicht, dafs in dem lauchgrünen Material Engströms ein Umwandlungsprodukt eines neuen Gliedes der Homilit-Gadolinitreihe vorliegen dürfte, in welchem die Ceritoxyde unter den Sesquioxyden vorherrschen, während die im Gadolinit vorherrschenden Sesquioxyde der Yttererden hier zurücktreten.

Brögger erwähnt noch, dafs der Erdmannit sehr oft mit Zirkon verwechselt wird.

Orthit.

(Allanit. — Cerin.)

Lit.
1810. Thomson, Trans. R. Soc. Edinb. 1810. 6. 345. 371. u. 3. VI. 1811. — Phil. Mag. 36. 278. 1810.
1811. Hisinger, K. Vet. Ak. Hdl. 1811. — Afhdl. i. Fysik 4. 327, 1815.
1816. Berzelius, Ann. Chim. III. 26. 181. — Afhdl. i. Fysik 5. 32—52. 1818.
Giesecke, Mineralog Geology of Grönl. 1816, abgedruckt in Gieseckes Moner. Rejse i Grenland, ved. Johnstrup, Kopenhagen 1878. 336.
1821. Leonhard, Orykogn. 1821. 390.
1822. Hauy, Traité de Min. 1822. 4. 398.
1824. Lévy, Ann. Phil. 7. 134.
1825. Haidinger, P. A. 5. 157.
1826. Berzelius, B. J. 5. 226.
1827. Breithaupt, Schweig. Jhrb. 50. 321.
1833. G. Rose, Krystallogr. 166.
1834. Berlin, Diss. Upsala 1834. — B. J. 17. 221. 1838. Strohmeyer, Götting. gelehrt. Anz. 743. — P.A. 32. 288.
1837. G. Rose, Reise im Ural 1. 432.
1839. Rose, P. A. 48. 555.
1840. Scheerer, P. A. 51. 417. — J. pr. 22. 451—489. 1841. — B. J. 21. 204. 1842.
Wollaston bei Scheerer.
1841. Hermann u. Auerbach, J. pr. 23. 273—278. — Bull. soc. nat. Moscou 1841. 3. 544. — B. J. 22. 207. 1843.
1842. Scheerer, P. A. 56. 479—562. — J. pr. 27. 71—82. 1842. — B. J. 23. 293. 1844.
Schubin, Russ. Berg. Journ. 1. 475.
1843. Hartmann, Min. 136.
H. Rose, P. A. 59. 103 u. 476. — B. J. 24. 318. 1845.

Lit.
1844. Breithaupt, P. A. 62. 272. — B. u. H. Ztg. 1844. 729. Kersten, P. A. 63. 135.
Scheerer, P. A. 61. 636—696. — B. J. 25. 636. 1846.
1845. Bahr u. Berlin, Oefv. K. Vet. Fhdl. 1845. 2. 86. — B. J. 26. 368. 1847.
Dufrénoy, Min. 2. 384
1847. Breithaupt, Min. 1847. 3. 595.
Hausmann, Min. 1847. 542.
v. Kockscharow, Russ. Min. Ges. 1847. 174. — Russ. Berg. Journ. 1847. 1. 434. — P. A. 73. 182. 1848.
1848. Credner, N. J. M. 1848. 199. — P. A. 79. 144. 1850.
Hermann, J. pr. 43. 35. 99. 106 u. 112.
Kerndt, J. pr. 43. 219.
Nordenskiöld, J. pr. 44. 205.
Weibye, N. J. M. 1848. 43.
1849. Erdmann, Akd. Stockholm 1849.
Rammelsberg, P. A. 76. 96.
G. Rose, Ztschr. d. geolg. Ges. 1849. 1. 365.
Weibye, N. J. M. 1849. 778.
1850. Credner, P. A. 79. 144.
Jachson, Proc. A. A. A. Sc. 1850. 323.
Rammelsberg, P. A. 80. 285.
1851. Bergemann, P. A. 84. 485.
1852. Miller in Phillips Min. 1852. 312.
G. Rose, Krystallgr. chem. System 1852. 85.
Zschau, N. J. M. 1852. 652.
1853. Blomstrand, Oefv. K. Vet. Fhdl. 9. 296. — J. pr. 66. 156. 1855.
Erdmann, Min. 1853. 354.
Genth, J. pr. 60. 274.

Lit.

Hunt, Am. J. Sc. [2]. 15. 441.

Leonhard, N. J. M. 1853. 554.

1854. Mendelejew, Russ. min. Ges. 1854. 234.

Strecker. J. pr. 64. 386.

1855. Forbes, Dahll. J. pr. 66. 443.

Genth, Am. J. Sc. [2]. 19. 20. — J. pr. 64. 471.

Nordenskiöld, Beskrifn. Finl. Min. 1855. 107.

Zschau, N. J. M. 1855. 514.

1856. Stifft, N. J. M. 1856. 395.

1857. Nordenskiöld, P. A. 101. 635.

Sandberger, N. J. M 1857. 808.

1858. Blake, Am. J. Sc. [2]. 26. 346.

Heddle bei Grey u. Lettsom, Min. Brit. 1558. 138.

Kokscharow, Mat Min. Russl. 1858. 3. 357.

1859. Zittel, L. A. 112. 85.

1860. Des Cloizeaux u. Damour, Ann. Chim. [3]. 59. 365.

von Fritsch, Ztschft. d. geol. Ges. 12. 105.

1861. vom Rath, P. A. 113. 281.

1862. Balch, Am. J. Sc. [2]. 33. 99. 348. — J. pr. 88. 100.

Des Cloizeaux, Min. 1862. 255.

Fuchs, N. J. M. 1862. 912.

Hermann, Bull. soc. nat. Moscou 1862. 3. 248. — J. pr. 88. 193. 1863.

Hunt, Am. J. Sc. [2]. 34. 204.

Michaelson, Oefv. K. Vet. Ak. Fhdl. 1862. 505. — J. pr. 90. 109 (Erdmannit).

1863. Bahr, P. A. 119. 572.

Bluhm, Pseudom. 3. Nachtr. 1863. 104.

Nichlés, C. r. 57. 740.

vom Rath, P. A. 119. 269.

1864. Bahr, L. A. 132, 227.

Delafontaine, L. A. 131. 368.

Kobell, Geschicht. Min. 1864. 679.

Popp, L. A. 131, 364.

vom Rath, Ztschft. d. geol. Ges. 1864. 14. 255.

1865. Kjerulf, Veiviser i Kristiania omegn. Univ. progr. 1865. 38.

1866. Sandberger, N. J. M. 1866. 89.

1867. Roth, Erläut. Karte Niederschlesiens 1867. 203.

1868. Becker, Diss. Breslau 1868. 8.

1869. vom Rath, P. A. 138. 492.

1871. vom Rath, P. A. 144. 576—580. — N. J M. 1872. 320.

1872. Bauer, Ztschft. d. geolg. Ges. 24. 385—390. — N. J. M. 1872. 734.

Rammelsberg, Ztschr. d. geol. Ges. 24. 64 u. 160. — N. J. M. 1872. 649.

1874. Cabell, Chem. N. 29. 141.

Frenzel, Min. Lex. Sachs. 1874. 222.

1875. Rammelsberg, Hdb. d. Minchem. 595—600.

1876. Nordenskiöld, G. F. F. 3. 7. 226. — Z. K. 1. 384. 1877.

Schmidt, Jenaische Zeitschft. f. Naturwiss. 10. 88.

Sjögren, G. F. F. 3. 37. 258.

1877. Dana, Min. 1877, 289.

Hautefeuille, C. r. 85. 953.

Liebisch, Ztschft. d. geolg. Ges. 29. 725.

Engström, Diss. Upsala 1877. — Z. K. 3. 191 bis 201. 1879.

1878. Cederwall, Dkschft. d. physgr. Ges. Lund. 1878. — Z. K. 4. 521. 1880.

Lit.

Johnstrup, Giesekes Min. Reise in Grönl. Kopenhagen 1878. 336.

Jöhsson, Dkschft. d. physgr. Ges. Lund. 1878. — Z. K. 4. 521. 1880.

Mallet, Chem. N. 38. 94 u. 109. — Z. K. 6. 96. 1882.

Nordenskiöld, G. F. F. 4. 1. 28—32. — Z. K. 3. 202. 1879.

Wiik, Z. K. 2. 497.

1879. Cleve, Z. K. 3. 195.

Websky, Ztschft. geol. Ges. 31. 211.

1881. Brögger, G. F. F. 5. 326—376. — N. J. M. 1883 I. — Z. K. 10. 494. 1885.

Carrington u. Bolton, Min. Mag. J. of Min. Soc. G. Brit. u. Irl. Nr. 19. 4. 181—188. — Z. K. 7. 102—103. 1883.

Cohen u. Benecke, geogr. Beschr. Umgeg. Heidelb. 1881. — Z. K. 7. 403. 1883.

Friedel u. Sarasin, C. r. 92. 1374—1378.

Hidden, Am. S. Sc. [3]. 22. 21.

Mallet, Chem. N. 44. 215. — Z. K. 9. 629. 1884.

vom Rath, Stb. der Ndrh. Ges. Bonn. 1881. 25. — Z. K. 6. 539—540. 1882.

1882. Dunnington, Am. Chem. J. 4. 138—140.

Genth, Am. Phil. Soc. 1882. 18. VIII. — N. J. M. 1883. II. 322. — Z. K. 9. 89. 1884.

Hidden, Am. J. Sc. [3]. 24. 372.

König, Proc. Acad. Nat. Sc. Philad. 1882. 15. — Z. K. 7. 1883.

Lewis, Proc. Acad. Nat. Sc. Philad. 1882. 10. — Am. J. Sc. [3]. 24. 138. 1882. — Z. K. 7. 425. 1883.

Mallet, Chem. N. 46. 195.

Page, Chem. N. 46. 195. — Z. K. 9. 627. 1884.

Seamon, Chem. N. 46. 215. — Z. K. 8. 80. 1884.

1883. Fontaine, Am. J. Sc. [3]. 25. 330.

1884. Clarke, Am. J. Sc. [3] 28. 20. — Z. K. 10. 315. 1885.

Dana, Z. K. 9. 283.

Luedecke, Ztschft. f. Naturw. 57. 678.

Reusch, Nyt Mag. f. Naturv. 28. 139.

Robinson, Am. J. Sc. [3]. 27. 412.

Törnebohm, Veger Expedit. vedensk jakttagelser 6. Stockholm 1884. 124.

Torrey, Am. J. Sc. [3]. 27. 412. — Z. K. 10. 315. 1885.

1885. Brown, Am. Chem. J. 6. 172. — Z. K. 13. 76. 1888.

Iddings u. Gross. Am. J. Sc. [3]. 30. 108—111. — Z. K. 11. 307. 1886.

Luedecke, Z. K. 10. 187—189.

Rosenbusch, Physiogrph. II. Aufl. Bd. 1. 499.

1886. Eakins, Chem. N. 53. 282. — Proc. Colorado sci. Soc. II. 1. 32. — Z. K. 12. 493. 1887.

Linnemann, Mthft. VII. 121—123.

Rammelsberg, Erg. I. 175—176.

1887. Brögger, G. F. F. 9. 267.

Genth, Am. Phil. Soc. 1887. 18. III. — Z. K. 14. 295. 1888.

1888. Klemm, Ztschft. geol. Ges. 1888. 40. 186.

Lévy u. Lacroix, Bull. soc. min. Paris. 1888. 11. 61. — Z. K. 18. 366. 1891.

Traube, Min. Schlesiens 1888 153.

Wollemann, Z. K. 14. 626.

Lit.

1889. Hidden u. Mackintosh, Am. J. Sc. [3]. 38. 474 bis
     486. — Z. K. 19. 88—93. 1891.
    Hobbs, Am. J. Sc. [3]. 38. 223—228. — Z. K. 19.
     648. 1891.
1890. Brögger, Z. K. 16. 95—100.
    Genth, Am. J. Sc. [3]. 40. 114—120. — Z K. 20.
     474. 1892.
    Hobbs, Tscherm. Mitt. 11. 1—6. — C. C. 1890. I. 288.
    Nordenström, G. F. F. 12. 540. — N. J. M. 1893.
     I. 32—33. — Z. K. 20. 386. 1892.
1891. Bettendorff, L. A. 263. 164.
1892. Williams, John Hopkins Univ. Circ. 75. — Z. K.
     20. 285. 1892.
1893. Eakle, N. Yorker Acad. Sci. Nov. 27. 1893. — Z.
     K. 23. 210—211. 1894.
    Kemp, The Ore Deposits at Franklin Furnace and
     Ogdensburg N. J. — Trans. N. Y. Acad. Sc.
     1893. 13. 76. — Z. K. 25. 286. 1896.
1894. Dennis u. Maggee, Journ. Am. Chem. Soc. 16. 649.
    Vogel, Z. anorg. Ch. 5. 60.
1895. Hoffmann, Ann Rept. Geol. Survey of Canada 1895.
     Ottowa 1897. 8. Part. — Z. K. 31. 290. 1899.
    Rammelsberg, Hdb. Erg. II. 255—256.
    Sauer, Ber. üb. d. 28. Versamml. d. Oberrhein.
     geol. Vereins Stuttgart. 1895. — Z. K. 29. 157. 1898.
1896. Fromme, Jahresb. d. Vereins f. Naturw. Braun-
     schweig 1896. 199. — Z. K. 29. 188. 1898.
    Hoffmann, Ann. Rep. Geol. Surv. of Canada,
     Ottawa 1896. 7. Part. R. — Z. K. 30. 397. 1899.
    Luedecke, Min. des Harzes p. 445.

Lit.

    Riva, Bolletino Soc. Geol. Ital. 1896. 15. 538—547.
     — Z. K. 31. 407. 1899.
    Schwantke, Die Drusenmineralien des Striegauer
     Granits. Diss. Breslau. Leipzig 1896. — Z. K.
     30. 666. 1899.
1897. Chelius, Notitzbl. d. Ver. f. Erdk. u. d. geol. Landes-
     anstalt Darmstadt 1897 [4]. 18. 24. — Z. K. 32.
     190. 1900.
    Derby, Min. Mag. and J. Min. Soc. 53. 11. 304 bis
     310. — Z. K. 31. 195—197. 1899.
    Hintze, Hdb. d. Min., Bd. II. S. 257—276. Druckl.
     1889—1890.
    von Jeremejew, Verh. d. K. russ. min. Ges. 1897.
     Ser. II. 35. 68—70. — Z. K. 31. 507. 1899.
    Kemp, Trans. Am. Inst. Eng. 1897. 27. 146. — Z.
     K. 31. 300. 1899.
    Ries, Trans. N. York Acad. Sc. 16. 327. — Z. K.
     31. 299. 1899.
1898. Hidden u. Pratt, Am. J. Sc. [4]. 6. 323—326. —
     Z. K. 32. 599. 1900.
    Naumann-Zirkel, Elem. d. Min. 13. Aufl. 629—630.
1899. Antipoff, Verhdl. d. russ. Min. Ges. 37. 45—48. —
     Z. K. 34. 699. 1901.
    Kotora Jimbo, Journ. Coll. Sci. Tokyo. 1899. 11.
     213—281. — Z. K. 34. 218—219. 1901.
    Macmahon, Geol. Mag. 1899. [4]. 6. 194. — Z. K.
     34. 224. 1901.
    Mrazek, Bull. soc. sc. Bukarest 1899. 8. 106. —
     Z. K. 34. 710. 1901.
    Muthmann u. Stützel, Ber. 1889. 2675—2677. —
     Stützel, Diss. München 1899. 29—31.

Nr	Spez Gew	Mineral	Entdeckung		Vorkommen	Chemische Zusammensetzung					Jahr der Analyse	Autor der Analyse	Literatur
			Jahr	Name des Entdeckers		Cerit-erden	Ytter-erden	Thor-erde	Zirkon-erde	Übrige Bestandteile			
1.	3,1 -4	Orthit (Allanit)	1806	Gieseke	Grönland	31,5				sehr wech-selnd	1808	Thomson	Phil. Mag. 36. 278. 1810. Transact. roy. Soc. Edinb. 1810. 6. 371.
2.	—	Orthit (Cerin)			Riddarhyt-tan	28,19					1810	Hisinger	Afhd. i. Fysik 1815. 4. 327. K. Vet. Akd. Hdl. 1811.
3.	3,535 -4,001	Orthit (Allanit)			Alluk, Ost Grön-land	33,9					1811	Thomson	Allan, Thomson und Gieseke, Sitzb. der Kgl. Ges. d. Wiss. Edinb 3. XI. 1811. Gilb. A. 44. 125. 1813. P. A. 5. 158. 1825.
4.	3,288	Orthit			Finbo	17,39	3,80				1815	Berzelius (Hisinger)	Afhdl. i. Fisik V. 39. 1818. bei Scheerer, P. A. 51. 410. 1840.
5.	—	Orthit (Pyror-thit)			Kårarfvet	13,92	4,87				1816	„	Afhd. i. Fisik V. 54. 1818. Annal. de Chimie et de Phys. 1816. III. 26.
6.	3,28	Orthit			Gottliebs-gang bei Finbo	19,44	3,44				1817	„	Afhdl. i. Fysik V. 42.
7.	—	„			„	20,51	2,87				1817	„	„
8.	—	„			„	19,98	3,16				1818	Berzelius und Hisinger	Afhdl. i. Fisik V. 52. 1818.

Nr.	Spez. Gew.	Mineral	Entdeckung		Vorkommen	Chemische Zusammensetzung					Jahr der Analyse	Autor der Analyse	Literatur
			Jahr	Name des Entdeckers		Cerit-erden	Ytter-erden	Thor-erde	Zirkon-erde	Übrige Be-standteile			
9.	—	Orthit? (Cerit)			Mysore, Vor-der-Indien	19,8					vor. 1834	Wollaston	bei Scheerer, P. A. 51. 410. 1840. J. pr. 22. 451. 1841.
10.	3,449	Orthit			Iglorsoit, Grönland	21,60					1834	Stromeyer	P. A. 32. 288.
11.	—	„			Ytterby	20,83	4,56				1834	Berlin	Berlin, Diss. Upsala 1834. B. J. 17. 221. 1838.
12.	—	„			„	29,81	4,98				1834	„	„
13.	3,47 -3,6	„			Miask	17,39					1837	Hermann	J. pr. 23. 273. 1841.
14.	—	„			Bastnäs-grube, Rid-darhyttan	33,43					1840	Scheerer	P. A. 51. 407. 465.
15.	3,79	Orthit (Allanit)			Snarum Now.	21,53					1840	„	P. A. 51. 476. J. pr 22. 460—465. 1841.
16	3,79	„			„	19,96					1840	„	„
17.	3,63 -3,65	Orthit			Fillefjeld, Norw.	21,43	1,91				1840	„	„
18.	3,53	Orthit (Allanit)			Jotounfjeld	19,14					1840	„	„
19.	3,54	„			„	19,65					1840	„	„
20.	—	Orthit (Cerit)			Riddarhyt-tan	26,25					1840	„	„
21.	3,50	Orthit			Hitterö	20,01	0,35				1842	Scheerer	P. A. 56. 479—562.
22.	—	„			Miask	16,35	0,95				1842	Schubin	Russ. Berg. Journ. 1842. 1. 475.
23.	—	„			Hitterö	21,95	1,45				1844	Scheerer	P. A. 61. 636 u. 67, 96. ber. Rammelsberg.
24.	3,373	„			„	20,50	1,45				1844	Scheerer u.Münster	P. A. 61. 642.
25.	3,41	„			Djurgårdberg (Tiergarten) b. Stockholm	20,55	1,18				vor 1845	Berlin	Öfv Akd. Stockholm. 2. 86. 1845. P. A. 51. 465. (J pr. 22. 460'. B.J.26. 368. 1847
26.	2,88	„			Kullberg b. Kläs, Stockholm	11,75	2,12				vor. 1845	„	Öfv Akad.Stockholm. 2. 86. 1845. (B. J. 17. 221). 26. 368. 1847.
27.	2,78	„			Eriksberg b.Stockholm	20,01	0,59				1845	Bahr	Öfv.Akad Stockholm. 2. 86. 1845. B. J. 26. 369. 1847.
28.	3,47 -3,6	„			Miask	22,45					1848	Hermann	J. pr. 43. 35. 99.
29.	3,48 -3,66	„			Werchsturie, Ural	16,53	1,50				1848	„	J. pr. 43. 106.
30.	3,523	Orthit Bodenit			Boden b. Mauersberg b. Marien-berg, Erzge-birge, Sachs.	18,03	17,43				1848	Kerndt	J. pr. 43. 219.
31.	4,265	Orthit Muro-montit			„	9,08	37,14				1848	„	J. pr. 43. 219. 228.
32.	3,647	Orthit			Miask	21,38					vor. 1849	Rammels-berg	P. A. 76. 97.
33.	3,193	.,			Tunaberg	15,60	2,21				1849	Erdmann	Akad. Stockholm. 1849.
34.	3,535	„			East Bread-ford Chester Co., Penn-sylvanien	23,67					1850	Rammels-berg	P. A. 80. 285.

Nr.	Spez. Gew.	Mineral	Entdeckung		Vorkommen	Chemische Zusammensetzung					Jahr der Analyse	Autor der Analyse	Literatur
			Jahr	Name des Entdeckers		Cerit-erden	Ytter-erden	Thor-erde	Zirkon-erde	Übrige Bestandteile			
35.	3,79	Orthit			Krux b. Schmiedefeld, Thürg.	12,49	0,56				1850	Credner	P. A. 79. 144—155.
36.	—	„			„	13,32					1850	„	„
37.	3,4917	„			West Point, N. York	20,90					1851	Bergemann	P. A. 84. 485.
38.	—	,.			Plauenscher Grund b. Dresden	20,73	0,69				1852	Zschau	N. J. M. 1852. 660.
39.	3,5	Orthit?			Suontaka, Finnland	3,3	1,5				1854	Mendelejew Kutorga	Russ. min. Ges. 1854 334.
40.	3,77	Orthit			Wexiö, Schweden	14,51	0,69				1854	Blomstrand	Öfr Ak. Stockholm. 1854. 296. J. pr. 66. 156.
41.	—	„			Näsgrube b. Arendal	12,76					1854	Strecker	J pr. 64. 386.
42.	3,782	„			Monroe, Orange Co., N. York	24,21	·				1855	Genth u. Kayser	Am. J. Sc. (2). 19. 20.
43.	3,825 —3,831	„			Banks Co., Pennsylvania	25,77					1855	„	„
44.	3,491	„			Bethlehem, Pennsylvania	16,12					1855	„	„
45.	2,86 —2,93	Orthit?			Helle Näskilien, Arendal	11,49					1855	Forbes Dahll	J. pr. 66. 443.
46.	3,44	Orthit			Weinheim, Baden	22,31	2,42				1856	Stifft	N. J. M. 1856. 395.
47.	3,47	„			„	18,91	1,47				1856	„	„
48.	—	„			Näsgrube, Arendal	19,33					1859	Zittel	L. A. 112. 85.
49.	3,46	Bragationit			Achmatowsk	3,60					1862	Hermann	Bull. soc. nat. Moscou. 1862. 3. 248. J. pr. 88. 109. 1863.
50.	3,69 —3,71	Orthit			Svampscott, Massachusetts	21,94	1,32				1862	Balch	Am. J. Sc. (2). 33. 99. 348. J. pr. 88. 100.
51.	3,84	„			Trotter Mine Franklin, N. Jersey	23,50					1862	Hunt	Am. J. Sc. (2). 34. 204.
52.	4,103 —4,108	Orthit (Cerin)			Bastnäs b. Riddarkyttan	27,43					1862	Cleve	bei Nils Engström, Diss. Upsala. 1877. Undersökning af nogra mineral, som innehålla sälesynta jördarter. Z. K. 3. 190—201. 1879.
53.	4,15	„			„	26,36					1862	„	„
54.	3,983	Orthit			Laacher See	20,89					1863	vom Rath	P. A. 119. 269.
55.	—	„			Tunaberg	11,11		3,48			1865 bis 1867	Cleve	bei Nils. Engström. Diss. Upsala. 1877. C. c. Z. K. 3. 195—200 1879.
56.	3,54	„			Kragerö	19,43		un-bst.			1865 bis 1867	„	„
57.	3,503	,.			Hitterö	19,77	1,11	0,95			1865 bis 1867	„	„
58.	3,47	„			Näskilien	21,46	1,86				1865 bis 1867	„	„

Nr.	Spez. Gew.	Mineral	Entdeckung		Vorkommen	Chemische Zusammensetzung					Jahr der Analyse	Autor der Analyse	Literatur
			Jahr	Name des Entdeckers		Cerit-erden	Ytter-erden	Thor-erde	Zirkon-erde	Übrige Bestandteile			
59.	3,465	Orthit			Buö	20,97		un bst			1865 bis 1867	Cleve	bei Nils. Engström. Diss. Upsala. 1877. b. c. Z. K. 3. 195—200. 1879.
60.	3,37	„			Körsbärs-hagen	18,48	1,88	1,51			1865 bis 1867	„	„
61.	3,37	Orthit (Allanit)			Grönland	20,31		0,33			1865 bis 1867	„	„
62.	3,041	Orthit			Ytterby b. Stockholm	9,52	2,92	1,12			1865 bis 1867	„	„
63.	3,33	„			„	18,39	4,20	1,63			1865 bis 1867	„	„
64.	3,333	„			Kartago-backe b.Stockholm	20,85	1,93	un-bst.			1865 bis 1867	„	„
65.	2,74	„			Eriksberg b. Stockholm	18,01	1,28	1,34			1865 bis 1867	„	„
66.	2,872	„			„	16,72	1,36	1,50			1865 bis 1867	„	„
67.	3,408	„			Frédriks-haab, Grönland	18,30					1872	Rammels-berg	Ztschft. d. geolg. Ges. 24. 160.
68.	—	„			Amherst Co., Virginia	21,14	1,65				1874	Cabell	Chem. News. 29. 141.
69.	—	„			Wexiö, Schweden						1875	Norden-skiöld	Mitthlg. Ram. Hdb. 1875. 598.
70.	3,52	„			Hitterö	19,73	1,39	0,87			1877	Nils Eng-ström	Undersökning af nogra mineral, som innehålla sällsynta jordarter. Inaug.-Diss. Upsala 1877. — Z. K. 3. 190 bis 201. 1879.
71.	3,67	„			Miask, Ural	19,91	1,24				1877	„	„
72.	3,48	„			Chester Co., Pennsylvania	20,86	1,65	0,31			1877	„	„
73.	3,38	„			Stättåkra	22,19	1,52	0,18			1877	„	„
74.	3,39	„			Ytterby	18,63	4,74	Spur.			1877	„	„
75.	3,57	„			Kragerö, Now.	19,67					1877	„	„
76.	3,39	„			Alve b. Arendal	20,13	1,92	2,49			1877	„	„
77.	3,32	„			Egedes-minde, Grönland	17,27		1,17			1877	„	„
78.	3,33	„			Näskilien, Arendal	17,03	2,91	1,14			1877	„	„
79.	3,28	„			Blakstadbro Froland, Norw.	19,64	1,49				1877	„	„
80.	3,22	„			Stockholm	22,71	0,78	1,06			1877	„	„
81.	2,92	„			Ytterby	11,52	7,55	Spur.			1877	„	„
82.	3,07	„			Carlberg	13,90	2,08				1877	„	„
83.	—	Orthit (Vasit)			Stockholm?	11,74	5,99	0,98			1877	„	„
84.	—	„			„	12,11	5,45	0,94			1877	„	„

Nr.	Spez. Gew.	Mineral	Entdeckung		Vorkommen	Chemische Zusammensetzung					Jahr der Analyse	Autor der Analyse	Literatur
			Jahr	Name des Entdeckers		Ceriterden	Ytererden	Thorerde	Zirkonerde	Übrige Bestandteile			
85.	—	Orthit			Slättåkra, Kichsp Alshedd, Prov. Jonköpping	21,0	1,96				1878	Cederwall	Denkschft. der physiogr Ges.Lund1878. Z. K. 4. 521. 1880.
86.	—	„			„	23,82	1,10				1878	Jönsson	„
87.	—	Orthit (Allanit) zersetzt			Amherst Co., Virginia	21,90					1878	Santos	b. Mallet Chem N. 38. 94 u. 109. 1879. Z. K. 6. 96. 1882.
88.	—	„			„	7,13					1878	„	
89.	3,15	Orthit			Wisemanns Mica Mine Mitchel Co., N.-Carolina	1,53	8,20				1881	Mallet	Chem. N 1881. 44. 215. Z. K. 9 629. 1884 und Seamon, Chem. N 46. 215. 1882. Z. K. 9. 80. 1884.
90.	4,32	Orthit? (Allanit)?			Norfolk, BredfordCo., Virginia	51,13					1882	Page	Chem. N 46 195. Z. K. 9. 627. 1884.
91.	3,323	„			Mica Mine bei Amelia CourtHause, Amelia Co., Virginia	21,52					1882	Dunnington	bei Lewis, Proc. Akad. Nat. Sc. Philad. 1882. 100. Z. K. 7. 425. 1883. Am. Chem. J. 4. 138 bis 140. Am. J. Sc. (3). 24. 138.
92.	3,368	„			„	22,20					1882	„	bei Lewis, Proc. Akad. Nat. Sc. Philad. 1882. 100. Z. K. 7. 425. 1883.
93.	—	„			Alexander Co., N.-Carl.	9,73					1882	Hidden	Am. J. Sc. (3). 24. 372.
94.	3,005	„			„	14,81	0,85				1882	Genth	Am. Phil. Soc. 1882. Aug. 18. N. J. M. 1883. II. 322. Z. K. 9. 89. 1884.
95.	—	„			Topsham, Maine	18,23					1884	Torrey	Am. J. Sc. (3). 27. 412. Z. K. 10. 315. 1885.
96.	—	„			„	17,26					1884	Clarke	Am. J. Sc. (3). 28. 20. Z. K. 10. 315. 1885.
97.	3,59	Orthit (Allanit)			Lowesville, Nelson Co., Virginia	17,00	4,11				1885	Memminger	bei Brown, Am. Chem. J. 1885. 6 172. Z. K. 13. 76. 1888.
98.	2,606	„ (zersetzt)			„	5,22					1885	Valentin	„
99.	3,52	Orthit (Allanit)			Devils Head Mountain, Douglas Co., Colorado	23,48					1886	Eakins	Chem. N. 53, 282. Proc. Colorado scient. Soc. II. part. II. 1. 32. Z. K. 12. 493. 1887.
100.	3,63	„			Statesville, N.-Carolina	18,99	1,12				1887	Keller	b Genth. Am. Phils. Soc. 1887. Z. K. 14. 295. 1888.
101.	3,546	„			Nord-Carolina	23,98	0,36	0,33			1890	Genth	Am. J Sc. (3). 40. 114 bis 120. Z. K. 20. 474. 1892.
102.	3,491	„			„	23,15	0,33				1890	„	
103.	—	Orthit (Allanit, Cerin)			Gyttorp, Bergdistrikt Nora, Schweden	24,72					1890	Nordenström	G. F. F. 1890. 12. 540. N. J. M. 1893. I, 32 bis 33 Z. K. 20. 386. 1892.
104.	—	Orthit			Miask	13,54	7,81				1899	Muthmann u. Stützel	Ber. 1899. III. 2675 bis 2677. vgl. Stützel, Diss. München. 1899. 29 u. 31.

Nr.	Spez. Gew.	Mineral	Entdeckung		Vorkommen	Chemische Zusammensetzung					Jahr der Analyse	Autor der Analyse	Literatur
			Jahr	Name des Entdeckers		Cerit-erden	Ytter-erden	Thor-erde	Zirkon-erde	Übrige Bestandteile			
105.	—	Orthit (Allanit)			Llano Co, Texas	25,06					1899	Muthmann u. Stützel	Ber. 1899. III. 2675 bis 2677. vgl. Stützel, Diss. München 1899. 29 u. 31.
106.	3,44	Orthit (Bucklandit)			Achmatowsche Grube, Ural	0,81					1899	Antipoff	Verhdl. d. russ. Min.-Ges. 37 45—48. Z. K. 34. 699. 1901.

Ein an seltenen Erden, vor allem Ceritelementen, reiches Mineral, welches aufserordentlich verbreitet vorkommt, ist der Orthit. Der Orthit gehört zur Epidotgruppe der Silikate, hat chemisch nahe Verwandtschaft zum Cerit, zeigt Monoklin prismatische Kristallform und ist mit Epidot isomorph. Kristalle am Orthit sind selten, er kommt meist in derben, körnigen oder stengeligen Aggregaten vor sowie als akzessorischer Gemengteil in vielen Graniten, Dioriten und Gneisen, oft in solcher Häufigkeit, dafs er fast ein wesentlicher Bestandteil wird. Die vollkommen begrenzten Kristalle sind nach Rosenbusch optisch oft schön zonar struiert, manche zeigen sich bei unveränderter Form und ohne merkliche Zersetzungserscheinung isotrop, ähnlich wie beim Gadolinit. Der Orthit hat muscheligen Bruch, eine Härte von 5,5—6 und ein spez. Gew. von 3—4. Die Farbe ist rotbraun, grünbraun, dunkelgrau bis pechschwarz. Er zeigt Glasglanz, fettartig auch halbmetallisch.

Seine chemische Zusammensetzung ist im frischen Zustande analog der des Epidot. Die Formel schreibt Hintze (S. 257) $H_2 (Ca Fe)_4 (Al Ce)_6 Si_6 O_{26}$. Groth (Tab. IV S. 121) $[Si O_4]_3 (Al Ce Fe)_3 [Al OH] Ca_2$.

Der Gehalt an Ceroxyd und Didymoxyd beträgt 10—20%, der an Yttererde geht gewöhnlich nicht über 3%, der an Lanthan ist in der Regel gröfser als der an Yttrium, der an Thorium ist sehr verschieden, geht aber kaum über 3,5%. Der Gehalt an Kieselsäure beträgt durchschnittlich 31—36%. Vor dem Lötrohr ziemlich leicht unter Aufschäumen zu schwarzem, magnetischem Glase schmelzbar, und zwar unter mehr oder minder starkem Aufblähen; letzteres ist geringer oder bleibt ganz aus bei den Varietäten, welche ihren natürlichen Wassergehalt verloren haben. Einige zeigen beim Erhitzen ein Aufleuchten und Verglimmen, ähnlich wie beim Gadolinit. Die meisten Varietäten sind von Salzsäure unter Gallertbildung zersetzbar, aber nicht mehr, wenn sie vorher geglüht wurden; andere verhalten sich jedoch gerade umgekehrt.

Der Orthit unterliegt, und zwar wie es scheint ziemlich leicht, verschiedenartigen Veränderungen; Hintze S. 259.

Künstlich wurde er darzustellen versucht von Hautefeuille (1877) und Friedel und Sarasin (1881).

Historisches. (Die hier folgenden Ausführungen sind Hintzes Handbuch S. 259—261 entnommen.)

Das Mineral wurde von *Giesecke* auf Grönland während seiner Reise von 1806—1813 an mehreren Punkten entdeckt und von Thomson 1810 beschrieben, analysiert (1) und nach dem schottischen Mineralogen Allan »Allanit« genannt.

(Das Schiff, mit welchem Giesecke einen Teil der in Grönland gesammelten Mineralien nach Kopenhagen schickte, wurde unterwegs von einem englischen Kaper genommen und dessen Ladung in Leith in Schottland verkauft (Leonhard 1821, Kobell 1864). Allan brachte die Mineralien an sich, erkannte an dem darunter befindlichen Kryolith die Herkunft aus Grönland und übergab das anfänglich für Gadolinit gehaltene Mineral an Thomson zur Untersuchung.)

Der von Hisinger (1810) beschriebene und analysierte (2) Cerin von Riddarhytta in Schweden wurde bald von Hauy (1822) als mit dem Allanit zusammengehörig erkannt, ebenso von Leonhard (1821).

Haidinger (1825) bestimmte die Kristallform des Allanits von Grönland als asymmetrisch, G. Rose (1833) die des Cerins von Riddarhytta als rhombisch und wies darauf hin, dafs die Formen beider in Einklang gebracht werden könnten. — Berzelius (1816) hatte ein Material von Finbo bei Fahlun wegen der geradlinigen äufseren Form von ὀϱϑός als Orthit bezeichnet und ein anderes Vorkommen von Kårarfvet bei Fahlun als Pyrorthit von πῦϱ Feuer, wegen seines Verglimmens beim Erhitzen. Stromeyer (1834) erwies die nahe Übereinstimmung von Allanit und Orthit in bezug auf ihre chemische Zusammensetzung. Scheerer (1840) brachte sie auf eine gemeinschaftliche stöchiometrische Formel und 1844 war derselbe durch Vergleichung der vorhandenen und neuer eigener Messungen zu der Überzeugung gekommen, dafs Orthit und Allanit-Cerin die gleiche und zwar rhombische Kristallform besäfsen.

Einige Autoren, wie Hartmann (1843), Dufrénoy (1845) hielten zwar noch die Trennung von Orthit und Allanit-Cerin aufrecht, andere wie Hausmann (1847), Miller (1852) vollzogen deren Vereinigung. In Deutschland ist es gebräuchlich geworden, den Namen Orthit vor dem eigentlich älteren Allanit zu bevorzugen. Einige Autoren, wie Des Cloizeaux (1862), brauchen noch nach Hermanns (1848) Vorschlag den Namen Orthit für die Varietäten mit 2% und mehr Wasser, Allanit dagegen für die mit geringem oder ohne Wassergehalt, übrigens mit dem Zugeständnis, dafs beide Varietäten in bezug auf alle anderen (eventuell variablen) Merkmale sich vollkommen gleich verhalten.

10*

Die Übereinstimmung des Orthits mit verschiedenen Formen des Epidots erklären sich durch folgende Beziehungen. Levy (1824) hatte ein in Kalkspat eingewachsenes Mineral von der Näskil-Grube bei Arendal als Bucklandit beschrieben; mit demselben identifizierte G. Rose (1825 und 1833) kleine, glänzende, schwarze Kristalle in Auswürflingen vom Laacher See, konstatierte weiter eine Winkelübereinstimmung mit Epidot und vermutete deshalb eine Zugehörigkeit »zu einer und derselben Gattung«. Später bestimmte G. Rose (1837) ebenfalls als »schwarzen Epidot oder Bucklandit« die Kristalle im Granit von Werchoturie im Ural, welche Kupfer und Erman gefunden hatten und jener für Orthit, dieser für Gadolinit gehalten hatte. Als nun Hermann (1848) an diesen Kristallen die Zusammensetzung des Orthits fand (An. 28), schloß er weiter auf die morphologische Verwandtschaft aller Orthite, resp. Allanite mit Epidot und konnte dies auch gleich durch eine, zusammen mit Auerbach ausgeführte Untersuchung des schon 1841 von ihm als Uralorthit beschriebenen Orthits von Miask bestätigen. Etwa gleichzeitig war Kokscharow (1847) durch Messung flächenreicher Kristalle von Uralorthit zu demselben Resultat der Übereinstimmung von Orthit und Epidot in Kristallsystem, Winkeln und Habitus gelangt, auch mit vergleichender Heranziehung von anderen Orthiten, resp. Allaniten. Daraufhin untersuchte G. Rose (1852) die Cerinkristalle von der Bastnäsgrube aufs neue und fand als Ursache der scheinbar rhombischen Form die Zwillingsbildung der monosymmetrischen Kristalle. Der Laacher Bucklandit, welcher übrigens auch von Breithaupt (1827) unter dem neuen Namen Tautolith 1847 als Epidotus ferrorus beschrieben worden war, wurde von vom Rath (1861 und 1863) als Orthit bestimmt. Jedenfalls ist der Arendaler Bucklandit, von welchem keine Analyse vorliegt, wohl auch Orthit.

In neuester Zeit (1899) wurde der Bucklandit von der Achmatowschen Grube von Antipoff analysiert (106), welcher darin einen kleinen (0,8%) Gehalt an Ceriterden nachwies. Hermann (1848) bezeichnete als Xanthorthit von ξανϑός einen gelben Orthit vom Eriksberge bei Stokholm. Kokscharow (1847) hatte einen vom Fürsten Bagration (1845) in den Halden der Achmatowschen Grube gefundenen Kristall als Bagrationit beschrieben, dann aber wegen vollkommener Winkelübereinstimmung als Orthitvarietät eingereiht, unter Beibehaltung des Spezialnamens wegen der eigentümlichen Kristallausbildung (Kokscharow 1858); später hat dann Hermann (1862) den nach seiner Meinung eigentlich freigewordenen Namen Bagrationit auf Kristalle von der Achmatowschen Grube übertragen, welche die eigentümliche Form der schwarzen Epidote von dort, aber einen Cergehalt, jedoch geringer als die Orthite haben. Seine Analyse (49) ergab nur einen Cergehalt von 3,6%. Kokscharows ursprünglicher Bragationit ist wegen Mangels an Material nicht analysiert worden.

Der Bodenit Breithaupts (1844) und der Muromontit Kerndts (1848), beide von Boden bei Mauersberg im Erzgebirge von Kerndt 1848 analysiert (30 und 31), sowie der Wasit Bahrs (1863) von der Insel Rönsholm bei Stockholm sind auch nur unreine Orthite.

Vorkommen. In verschiedenen kristallinischen Gesteinen, in Granit, Syenit, Diorit, auch in Gneisen, als akzessorischer Gemengteil in derben Massen oder einzelnen, eingewachsenen Kristallen. Als wesentlicher Nebengemengteil im Tonalit des Adamello. Seltener in jungvulkanischen Gesteinen, in einzelnen Kriställchen. Auch im körnigen Kalk beobachtet.

Deutschland. Laacher See. In den vulkanischen Sanidin-Auswürflingen ziemlich selten einzelne bis 6 mm große Kristalle, frisch, rein schwarz von lebhaftem Glanze, bald aber eine mattere, stellenweise irisirende Oberfläche annehmend; mit rosenroten, am Licht bleichendem Zirkon, zuerst von G. Rose 1825 (1833) entdeckt und mit Lévys (1824) Bucklandit identifiziert, auch von Breithaupt (1827) als Tautolit beschrieben. von G. vom Rath (1861) kristallographich als Orthit besimmt und 1863 analysiert (55), spez. Gew. 3,983.

Odenwald. Auerbach an der Bergstraße. Im körnigen Kalk als seltene, winzige schwarze Kristalle (vom Rath 1881). Bei Kirch-Brombach im Böllsteiner Granit in der Nähe der grobkörnigen Pegmatitadern finden sich kleine Orthitkristalle, etwas größere im Pegmatit selbst. Auch die bereits früher bekannten Vorkommen von Orthit im Odenwalde stehen in Verbindung mit Pegmatit. Chelius 1897.

Baden. In den Granitgängen der Umgegend von Weinheim, besonders im Birkenauer Tal eingesprengt derbe Partien, stecknadelkopf- bis erbsengroß, pechschwarz bis grünlich- oder bräunlichschwarz, fast stets im Feldspat eingewachsen, häufiger im grünlichweißen Oligoklas als im fleischroten Mikroklin: selten ausgebildete Kristalle; (Leonhard 1853). Analysiert von Stift 1856 (46 und 47). Cohen und Benecke (1881) erwähnen kleine Kristalle von Epidothabitus in den „orthitführenden" Gängen des Bickenauer Tals. — Bei Badenweiler an der Südwestseite des Blauens fand Sandberger (1857) in fleischrotem Granit scharf ausgebildete, bis 5 mm lange Kristalle von Orthit; später fanden sich nur noch spärlich schwarzbraune Körner (Wollemann 1888). Ferner fand Sandberger 1866 den Orthit im Diorit des Laufer Tales und des Reuchtales, im Hornblendegneis des Wildschapbachtales und zwischen Wolfach und Schiltach.

Das Orthitvorkommen im Schwarzwald hat Sauer (1895) untersucht und gefunden, daß dieses Mineral eine ungeahnte weite Verbreitung nicht bloß im ganzen Kinziggebiete, sondern weit darüber hinaus, bis in den südlichen Schwarzwald besitzt. Der Orthit kann geradezu als Leitfossil für die ganze Gneisgruppe, die als Schapbachgneis zusammengefaßt wird, bezeichnet werden, deren glimmerreiche, körnig schuppige Abänderungen er begleitet. Der Orthit besitzt den bekannten äußeren Habitus, pechglänzendes Aussehen und flachmuschligen Bruch, der mit zartem rotem Saume versehenen Durchschnitte, welche in der düsteren Umgebung der biotitreichen Gneise an Wirkung verliert, so daß das Mineral besonders bei geringen Dimensionen leicht übersehen werden kann.

Ausser den orthitführenden Gneisen fand Sauer orthitführende Amphibolite, teils gewöhnliche Plagioklasamphibolite mit akzessorischem Orthit (so im Heubachtal bei Schiltach), teils eigenartig äufserst dichte, splitterig brechende Amphibolite, deren einzige mit blofsem Auge erkennbare Gemengteile häufig Orthite sind (so die Gehänge gegenüber Steinbruch im Wildschapbach und Dohlenbach am Elmlisberge bei Sulzbach).

Bayern. Aschaffenburg. Bei Dürrmosbach in einem ziemlich grofskörnigen, weifsen oder rosenroten Feldspat, braunschwarze, lebhaft glänzende, längliche Körner und Kristallfragmente (Sandberger 1866).

Harz. Fuchs (1862) fand in einem Granitgange des Radautales kleine schwarze Kristalle von Orthit. Später fand ihn Ullrich ebenfalls in denselben Gängen mit Gadolinit und sandte Kristalle an vom Rath (1871), welcher dieselben gemessen hat. Luedecke (1886) hält den Fund von Fuchs für Gadolinit, glaubt jedoch nach der Beschreibung von vom Rath, dafs der Ullrichsche Kristall Orthit sei. Luedecke selbst hat dann Orthitkristalle am Bärenstein in Quarzgängen des Gabbros gefunden und bestimmt. Ebenso erwähnt Fromme 1896 Orthit-Vorkommen im Radautale.

Thüringen. In den Graniten ziemlich verbreitet. Zuerst von Credner (1848) aufgefunden als kleine, bis linsengrofse Körner und kleine, prismatische Kristalle in einer Hornblende und oligoklasführenden, gneisartigen Abänderung des Granits am Hegberge bei Brotterode, im Syenitgranit zwischen Suhl und Zella, sowie am Brand unterhalb Stützerbach bei Ilmenau und im Meyersgrunde am Fufse der Wilhelmsleite oberhalb Manebach, besonders reichhaltig aber 1850 auf der Magneteisenerz-Lagerstätte am Schwarzen Krux im Mathildenschacht auf der Höhe des Eisenberges bei Schmiedefeld, östlich von Suhl; hier findet sich der Orthit nach Bauer 1872 in Körnern und Kristallen zusammen mit Flufsspat, Kalkspat, Epidot, Granat, Hornblende, Molybdänglanz und Pyrit in einem mittelkörnigen Granit, aber auch in der reinen Magnetitmasse. Die Kristalle sind immer tafelförmig bis $1^1/_2$—2 cm grofs; Farbe pechschwarz ins Braune, glas- bis fettglänzend, spez. Gew. 3,79 von Credner 1850 analysiert (An. 35 und 36): Bauer 1872.

In den Graniten der Umgegend von Ilmenau war der Orthit als akzessorischer Gemengteil neben Titanit und Epidot durch von Fritsch (1860) beobachtet worden; die Orthite umgeben sich bei beginnender Zersetzung mit einem blutroten Ringe und werden eventuell ganz aufgelöst, nur einen braunen, eisenschüssigen Ton zurücklassend. Luedecke (1885) beschrieb schwarze, ringsum ausgebildete Kristalle aus den Granit von den »Zwei Wiesen«, wo sich die Strafse von der Schmücke nach Elgersburg, von der nach Manebach und Ilmenau im Freibachgrunde abzweigt, spez. Gew. 3,762. Ebenso Orthit vom Fufse der Wilhelmsleite im Meyersgrunde bei Ilmenau. Weiter fand Luedecke Orthite in dem durch grofse Kalifeldspate ausgezeichneten Granit am Glasbachkopfe und an dem Strafseneinschnitte gegenüber vom Eselkopfe, beide Fundpunkte an der Strafse von Schlofs Altenstein nach Ruhla gelegen; die Orthite sind hier zum Teil dunkelbraun, besonders am Gladbachskopfe, zum Teil gelblichgrün oder rostrot durch Umwandlung, besonders am Eselskopfe grünlich durchscheinend. Endlich fand Luedecke Orthit in den Graniten von Zella, vom Thüringer Tal bei Liebenstein, von Ilmenau, vom Fels bei Telle unweit Schmiedefeld und bei Brotterode.

Sachsen. Im Plauenschen Grunde bei Dresden in Feldspat bis zollgrofse Individuen von Zschau 1852 gefunden und analysiert (38).

Im Syenit des rechten Elbe-Ufers in der Gegend von Moritzburg, kleine Körner. Seltener in den Syeniten von Seligstadt, Lamperdorf und des Triebischtales zwischen Garsebach und Gobschütz. Auch die den Gabbro durchsetzenden Granitgänge von Rofswein und Böhringen führen etwas Orthit. Durch Weisbach im Granit von Bobritzsch bei Freiberg breitsäulenförmige Kristalle aufgefunden (Frenzel 1874). Nach Klemm (1888) in hellfarbigen pegmatitischen Gängen im dunklen Pyroxensyenit von Gröba bei Riesa zusammen mit Chalkopyrit, Pyrit, Zirkon und Titanit als bohnenförmige Körner.

Zu Boden bei Mauersberg unweit Marienberg im Erzgebirge kommen eingesprengt in hellgrünem Oligoklas der im dolomitischen Kalkstein, welcher ein Lager im Gneis bitdet, eingewachsen ist, schwärzlich braune säulenförmige Kristalle vor, welche dem von Breithaupt und Kersten (1844) beschriebenen Rodenit, spez. Gew. 3,5—4,3, angehören und gleichzeitig mit diesem kommen hier grünlich- bis pechschwarze erbsengrofse Körner vor, dem von Kerndt (1848) beschriebenen Muromontit (vom latinisierten Mauersberg) angehörend; spez. Gew. 4,263. Beide 1848 von Kerndt analysiert (30 und 31).

Schlesien. Im Pegmatit von Striegau neben Turmalin, Epidot, Zirkon, Xenotim und Anatas (Derby 1897). Im Granit des Windmühlenberges bei Striegau als Seltenheit kleine derbe Partien im Kalifeldspat oder im Epidot eingewachsen (Becker 1868). Bei Striegau eingesprengt im Feldspat der Drusenwand (Schwandtke 1896). Derselbe fand ein Stück in Kalthaus zusammen mit Quarz von dichtem Albit umschlossen.

Im Granit von Gräben eingewachsen in körnigem Aphrosiderit (Websky 1879). Im Granit der Streitberge in pegmatitischen Ausscheidungen kleine schwarze Körner (Traube 1888). — Zu Heinrichswalde bei Reichenstein in einem Granitgange eingewachsen, kleine Kristalle (Roth 1867).

Im Granitporphyr bei Erdmannsdorf und im Riesengrunde am rechten Ufer der Aupa dünne schwarze Kristalle (Liebisch 1877). — Zu Hain bei Giersdorf, am Berge bei Oblasser's Gasthof im Granitit schwarzbraune, dünnsäulenförmige Kristalle (im Breslauer Museum; nach Hintze S. 265.) — In der Gegend von Schreiberhau (G. Rose 1849), an den Kochelwiesen im Kalifeldspat der Pegmatitgänge ziemlich grofse und dicke, äufserlich rotbraune, matte Kristalle. — Aus dem Feldspatbruch bei Schwarzbach, südlich von Hirschberg, stammt ein schwarzbrauner, 1 cm langer und breiter Kristall. (Im Breslauer Museum; nach Hintze.)

Österreich. Im Pyroxen-Werneritgneifs des niederösterreichischen Waldviertels in Verwachsung mit Epidot (Lacroix 1888).

Tirol. In den unter dem Namen Tonalit beschriebenen biotitreichen Quarzdioriten des Adamello-Stockes auf der Grenze von Tirol und der Lombardei, sind nadel- und dünnsäulenförmige, rein schwarze Kristalle von Orthit so zahlreich, dafs sie als wesentlicher Nebengemengteil gelten können. Spezielle Fundstellen sind bei Cadegolo im Camonica-Tale und am Lago d'Avio, hauptsächlich aber in mächtigen Blöcken, welche oberhalb des Dorfes Villa an der Ausmündung des Val San Valentino liegen (vom Rath 1864).

Skandinavien. In Skandinavien ist der Orthit sehr verbreitet. Er tritt dort meist auf Pegmatitgängen in Gneis oder Norit auf. Die beutendsten Fundorte sind folgende:

Norwegen. Auf der Insel **Hitterö** oder Hitteren, Bez Trondhjem, kommen in den Granitgängen im Norit derbe Massen und bis faustgrofse, schwarzglänzende Kristalle von Orthit vor. Neben dem Titaneisen ist hier der Orthit das bei weitem vorherrschende der akzessorisch auftretenden Mineralien. (Zschau 1855, Des Cloizeaux 1862, Scheerer 1844, Rammelsberg 1849, Bettendorff 1891.) Analysiert von Scheerer 1842 (21) und 1844 (23 und 24); letztere Analyse zusammen mit Münster Cleve 1865 (58), Engström 1877 (72), spez. Gew. 3,5 und 3,373, Scheerer 1842 und 1844, spez. Gew. 3,546, Rammelsberg 1849, spez. Gew. 3,503, Cleve 1865, spez. Gew 3,52, Engström 1877.

Vor dem Lötrohr meist leicht schmelzbar, unter Blasenwerfen ohne Aufblähen. — Blum 1863 beschrieb von hier verschiedengradige Umwandlungen, die alle in Glimmerbildung auszugehen scheinen.

Arendal. Auf den Pegmatitgängen im Gneis grofse derbe Massen und unvollkommen ausgebildete Kristalle, bis 12—15 cm grofs, meist im fleischroten Feldspat eingewachsen, vielfach auf Platten von schwarzem Glimmer aufgewachsen: Nordenskiöld 1876; auch in Gestalt von ziemlich mächtigen Schnüren. Pechschwarz, muscheliger Bruch mit starkem Glanz; die Kristalle gewöhnlich weniger frisch. Analysiert von Strecker 1854 (41) von der Naesgrube; Forbes Dahl 1855 (45) von Helle bei Naeskilien, spez. Gew. 2,86—2,93; Zittel 1859 (48) Naesgrube; Cleve (58) Naeskilien, spez. Gew. 3,47 und (59) Buö, spez. Gew. 3,465; Engström 1877 (76) Alve, spez. Gew. 3,39 und (78) von Naeskilien, spez. Gew. 3,33.

Vor dem Lötrohr meist starkes Aufblähen. Spezialfundorte sind die Gruben Naes, Naeskilien, Langseo, Barbo, Thorbjörnsbön, Alveholm, Solberg, Aslak, Nul, Braastad, Buön, Narestöe, Barrestved, Nödebröe, Alve. — Ferner nennt Scheerer 1844 auch Haneholm, die Solberg- und die Lyngrot-Grube bei Tvedestrand, sowie Rödkinholm bei Fredriksvärn. Nordenskiöld 1878 fand im schmutziggrauen Feldspat von Garta bei Arendal Orthit in zum Teil bis $^1/_2$ m grofsen Kristallen und derb.

Von Blakstadbo bei Froland, nordwestlich landeinwärts von Arendal, analysierte (79) Engstöm 1877 Orthit vom spez. Gew. 3,28.

Bei **Kragerö**, nordöstlich von Arendal, wie dort in granitischen Massen im Gneis grofse, langgestreckte, schwarze Prismen, zuweilen gekrümmt und gebrochen, die Zwischenräume dann mit Feldspat- oder Quarz-Masse ausgefüllt (Weibye 1848 und 1849); auch blätterig in Apatit eingewachsen (Cleve 1879). Analysiert von Cleve (57), spez. Gew. 3,54 und Engström (75), spez. Gew. 3,57.

Bei **Snarum.** Pechschwarze bis bräunliche, matt fettglänzende Körner, spez. Gew. 3,79 mit Hornblende, Quarz und Apatitkristallen in Apatit. Analysiert von Scheerer 1840 (15 und 16).

Bei Snarum an den Ufern der Bygdin-Vand zwischen Jotun-Fjeld und Net-Fjeld an der Ostseite des von Dovre-Fjeld nach Süden ziehenden Gebirgskammes, besonders an der Mündung des Mjelka-Elf in den Bygdin-Vand, pechschwarze, rundliche Körner eingesprengt in gangartigen Gesteinsadern, welche wesentlich aus fein körnigem, weifsen Plagioklas bestehen, durchzogen von fleischroten Streifen. 1840 analysiert (18 und 19) von Scheerer, spez. Gew. 3,53—3,54; vom Fillefjeld pechschwarze derbe Massen, spez. Gew. 3,63—3,65 (An. 17).

Aus dem Granit von Grevsenåsens hat Kjerulf 1865 tafelförmige Orthitkristalle bis zu 2,5 cm breit beschrieben. Am Sognsvand fanden Reusch (1884) und Brögger (1887) tafelförmige Orthitkristalle. Ebenso fand Brögger in einem der Steinbrüche des Tonsenås eine kleine Orthittafel. Brögger (1890) hat die Ausbildung und optischen Eigenschaften der Orthitkristalle norwegischer Herkunft genau untersucht.

Schweden. Am Solberg bei Wexiö in einer granitischen, feldspatreichen Aussonderung eines schwarzen Amphibolgesteins findet sich Orthit, derb oder fein eingesprengt, zum Teil sogar gut kristallisiert Analysiert (40) von Blomstrand 1854 und von Nordenskiöld 1875 (69).

In der Umgegend von **Stockholm** verbreitet in den Ganggraniten und Gneisen, meist nur in schwarzen derben, isotropen Massen, kaum in Kristallen. Scheerer (1844) erwähnt als Fundorte: Kullberg, Narieberg, Danvikstull, Kallbergstrakten, Eriksberg, Barnängen, Langholmen, Kartagobacken, Hessingen; Berzelius (1826) führt Skeppsholmen und Erdman (1853) Ladugårdsgärdet an. Analysiert wurde das Vorkommen von Djurgårdberg, spez. Gew. 3,41 (An. 25), und Kullberg, spez. Gew. 2,88 (An. 26); von Berlin 1845: das Vorkommen von Eriksberg, spez. Gew. 2,74 und 2,872 (An. 65 und 66); von Cleve: der gelbe Xanthorthit von Eriksberg, spez. Gew. 2,78, von Bahr 1845 (An 27). Auf Ytterby bei Stockholm in einem Feldspatbruch in rotem Kalifeldspat kommt der Orthit mit Yttrotantalit als derbe oder strahlige Massen, häufig etwas verwittert, grauschwarz oder grünschwarz vor. Analysiert von Berlin (An. 11 und 12) und von Cleve (An. 62 und 63), spez. Gew. 3,04—3,33. Vorkommen von Kartagobake bei Stockholm wurde ebenfalls von Cleve analysiert (An. 65).

Nach Engströms Analysen (An. 85 und 86) ist auch der Wasit nur ein sehr verwitterter Orthit. Bahr (1863) hatte mit diesem Namen zu Ehren Gustav Wasas ein glänzendes, bräunlichschwarzes, in dünnen Splittern gelbbraunes Mineral, von der Insel Rönsholm (nahe bei Resareö in den Scheeren von Stockholm) belegt, weil er in demselben neben SiO_2, Al_2O_3, Fe_2O_3, V_2O_3, Ce_2O_3 etc. etwa 1% einer neuen Erde fand, deren Element er Wasium nannte; nachdem Nicklès 1863, Popp 1864 und Delafontaine 1864 das Wasium für identisch mit Thorium erklärt hatten, erkannte auch Bahr 1864 es als Thorium; auch Engströms Analysen geben Thorerde an, letzterer beobachtete, dafs das schwarzbraune Mineral verwachsen ist mit einem roten, in welches es übergeht; Strich der braunen Varietät kanelbraun (An. 82), der roten hellgelbbraun (An. 83).

Vom Erzlager von Tunaberg analysierte (An. 33) Erdman einen schwarzgrünen, glänzenden Orthit, spez. Gew. 3,193, welcher beim Erhitzen matt und hellgrün wird und vor dem Lötrohr unter Aufkochen zu flaschengrüner Schlacke schmilzt. Dasselbe Vorkommen wurde von Cleve analysiert (An. 55).

In der Provinz Jönköping im Kirchspiel Alsheda bei Stättäkra kommt im Quarzbruch eines Pegmatitganges schwarzer glänzender Orthit in Feldspat eingewachsen vor. Analysiert von Engström (An. 73), spez. Gew. 3,38, sowie Cederwall und Jönsson (An. 85 und 86).

In Westmanland bei Riddarhytta auf der Bastnäsgrube findet sich Orthit mit Hornblende und Kupferkies, meist mit Cerit eingewachsen im Gneis, oder in kristallinischen Massen und kleinen, schwarzen Kristallen. Hierher stammte das 1810 von Hisinger als Cerin analisierte (An. 2) Material. Von Rose 1833 kristallographisch untersucht. Von Scheerer 1840 (An. 14 und 20) und von Cleve 1862 analysiert (An. 52 und 53), spez. Gew. 4,1—4,15

In der Umgegend von Fahlum findet sich reichlich Orthit, so im Steinbruch von Finbo, dem sog. Gott liebsgang, hart an der Strafse östlich von Fahlum, ferner westlich von Fahlum in einem mit losen Blöcken dicht besäten Brodbo benannten Felde und in Steinbrüchen in der Nähe des Hofes Kårarfvet, zu dem der Weg von Fahlum bei Brodbo vorbeiführt. Hier findet er sich in dem aus fleischrotem Kalifeldspat, weifsem Oligoklas, Quarz und kristallisiertem Muskovit bestehenden Pegmatit zusammen mit Gadolinit als derbe Masse, sowie auch in matten doppeltbrechenden Kristallen oder in langen, säuligen oder nadelförmigen Strahlen; letztere besonders bei Kårarfvet der sog. Pyrorthit, welcher, zum Glühen gebracht weiterglimmt. Analysiert wurde dieses Vorkommen 1815 von Berzelius und Hisinger (An. 4—8), spec. Gew. 3,28.

Als weitere schwedische Fundorte führt Scheerer 1844 noch an: Guttenwik und Engelholm in Ostgothland, Agegrufvan in Wetmland, Furudal in Dalarne, Askeberg in Södermannland; Erdman 1853 nennt Kolmården, Vallby, Oerby und Jälla bei Upsala.

Zu Carlberg, im Kirchspiel Stora Tuna, kommt Orthit in einem Pegmatitgange mit Quarz, Albit, schwarzem Yttrotantalit und grauschwarzem Gadolinit vor; spez. Gew. 3,07, analysiert (An. 82) von Engström 1877.

Nach Nordenström (1890) wurde bei Gyttorp im Bergdistrikt Nora im Sommer 1890 in einer neuaufgefundenen Eisenerzgrube (die östliche Gittorpsgrube) Allanit (Cerin) in sehr reichlicher Menge gefunden. Das Mineral kommt dort im Granulit als von dunklem Glimmer umgebene Linsen vor. Eine Analyse desselben wurde vom chem. techn. Bureau in Stockholm ausgeführt (An. 103). Nach Törnebohm besteht der Allanit von Gyttorp aus einer kleinkörnigen bis feinkörnigen, gesteinsähnlichen Mischung von Allanit und Biotit, worin der Allanit überwiegt.

Finnland. *Nordenskiöld* (1848, 1850 und 1857) erwähnt folgende Fundorte von Orthit: Jussaro und Aengshölm im Kirchspiel Pojo, Stillböle und Stansviks im Kirchspiel Helsinge, Nordsundviks auf der Halbinsel Kimito und die Klippe Laurinkari bei Abo an der Mündung des Bockholm Sund; hier tritt er im Granit in Kalkspat eingewachsen als schwarze, glänzende Kristalle, spez. Gew. 3,425—3,427, Härte 6, auf. Vielfach, besonders zu Sillböle fand *Nordenskiöld* den Orthit als Kern von Epidotkristallen. *Wilk* 1878 fand tafelige kleine Orthitkristalle im Kalkspat von Pargas. Ein von *Kutorga* im Granit bei Suontaka gefundenes Mineral, spez. Gew. 3,05, von Mendelejew 1854 analysiert (An. 39), ist nach Kokscharow (1858) kein Orthit resp. höchstens ein Gemenge.

Rufsland. Ural. Von Werchoturie, südlich von Bogoslowsk auf dem Wege nach Jekaterinenburg im Granit analysierte (An. 29) Hermann (1848) schwarze Kristalle, spez. Gew. 3,48—3,66.

Bei Miask am Ilmensee im Ilmengebirge kommt der Orthit eingewachsen in Miaskit vor, von Hermann und Auerbach 1841 unter dem Namen Uralorthit beschrieben, von Kokscharow gemessen. Analysiert zuerst 1837 von Hermann (An. 13), spez Gew. 3,47—3,6; von Schubin (An. 22) 1842; von Hermann (An. 28) nochmals 1848; von Rammelsberg (An. 32) 1849, spez. Gew. 3,647; von Engström (An. 71) 1877, spez. Gew. 3,67, und endlich in neuester Zeit 1899 von Muthmann und Stützel (An. 104).

Gröfsere Kristalle des Miasker Orthits sind meist mehr oder weniger zersetzt, oft von einer braunen, erdigen Rinde umgeben und auch im Bruch sogar erdig; derbe Massen bis zum Gewicht von mehreren Kilo. Nach Hermann leicht und vollständig in Salzsäure löslich, aber schwer und unvollständig nach dem Glühen; vor dem Lötrohr anfangs unverändert, in stärkerer Hitze an den Kanten unter Aufblähen zu blasigem, schwarzem Glase schmelzbar; von Des Cloizeaux 1860 gemessen.

Auf der Achmatowschen Grube im Distrikt von Slatoúst mit Klinochlor in weifsem Diopsid bindet sich der sog. »Bagrationit« als grofse Seltenheit (Kokscharow 1858). Hermann (1862) analysierte (An. 49) von demselben Fundorte schwarze Kristalle vom spez. Gew. 3,46 und der Härte 6,5, welche einen Übergang zwischen Orthit und Epidot zu bilden scheinen. Der Cergehalt betrug nur 3,6%. Hermann legte dieser Substanz den nach seiner Meinung freigewordenen Namen Bragationit bei.

In neuester Zeit hat Antipoff 1899 Bucklandit von der Achmatowschen Grube analysiert (An. 106). Das Mineral hatte im gepulverten Zustande ein spez. Gew. von 3,44.

Sibirien. Im südlichen Baikal-Gebiete am grofsen und kleinen Bystraja, Nebenflüssen des Irkut, der wiederum in den Angara, einen Zuflufs des Baikalsees, an dessen Südende sich ergiefst: von Jeremejew 1897.

Rumänien. Zusammen mit Ribeckit und Zirkon im Granit am Berge Jocov-deal und Muntele Rosu bei Turcoaia Dobrogea als Seltenheit: Mrazek in Bukarest 1899.

Italien. Am Vesuv als äufserste Seltenheit in grobkörnigen Aggregaten von Sanidin, Sodalith, Nephelin, Hornblende, Melanit, Magnetit und Zirkon, schwarze, bis 6 mm grofse Kristalle: vom Rath 1869.

Auf Sardinien bei Nuovo (Riva 1896) und auf Elba bei Grotto Docei neben Xenotim, Monazit und Zirkon (Derby 1897).

Frankreich. Im Pyroxen-Amphibolgneis von Pont-Paul bei Morlaix, Pay de Léon im Departement Finistère zahlreiche, sehr kleine, schwarze Kristalle, von einer ockerigen Hülle umgeben, vielfach in Verwachsung mit Epidot. Starke Reaktionen auf seltene Erden, namentlich Didym, zeigend. Lévy und Lacroix 1888.

Schottland. Bei Criffel in Eeast-Kirkcudbrightshire in Syenit zusammen mit Titanit kleine Säulen (Heddle bei Grey und Lettsom, 1858). Bei Lairg in Sutheplandshire in Nord-Schottland: im Hornblendgranit. (Macmahon 1899).

Nord-Amerika. Grönland. In Grönland wurde der Orthit zuerst entdeckt, und zwar wie schon erwähnt (vgl. Historisches), um 1806 von Giesecke. Um 1808 hat dann Thomson die erste Analyse (An. 1) an Material vom spez. Gew. 3,1—4 ausgeführt. Giesecke (1816) erwähnt als Fundort besonders die kleine Insel Kakarsuatsiak an der Küste von Akajaruanik, besehend aus einem dem norwegischen Zirkonsyenit ähnlichen granitischen Gestein, enthaltend Hornblende, Zirkonkristalle und Allanit.

Von Alluk (Ost-Grönland) analysierte (An. 3) 1811 Thomson Allanit vom spez. Gew. 3,535—4,001. Dasselbe Vorkommen beschreibt Des Cloizeaux (1860) als grünlichbraune Kristalle, vor dem Lötrohr sich aufblähend. Leonhard (1821) beschreibt das Vorkommen am Berge Kakasoeitsiak bei Allak nach Hintze (S. 269) identisch mit Giesecke Fundort auf der Insel Kakarsuatsiak, ferner beschreibt Leonhard als Fundort Kingiktorsoah und Iglorsoit von Haidinger 1825 kristallographisch bestimmt. Das Vorkommen von Iglorsoit, spec. Gew. 3,449, wurde von Stromeyer 1834 analysiert (An. 10), von Des Cloizeaux 1860 als lange Säulen, graubraun in Granit vor dem Lötrohr sich stark aufblähend, beschrieben. Derselbe führt als Fundort an Aliursuk, Ivihaët, Narksak und Fiskenaes an der West-küste letztere beiden Vorkommen in Granit, grünlich, rauchgraue Kristalle, vor dem Lötrohr leicht unter Auf-schäumen schmelzbar.

Von Fréderikshaab an der Südwestküste anslisierte (An. 68) Rammelsberg 1872 eine schwarze, glasige Masse von Orthit, in feinsten Splittern gelbbraun durchsichtig, im Pulver grau, spez. Gew. 3,408, vor dem Lötrohr unter starkem Anschwellen zu poröser Masse schmelzbar. Vom Egedesminde Distr. an der Westküste analysierte (An. 79) Engström 1871 Orthit von spez. Gew. 3,32.

Kanada. An der Bergstrafse von St. Joachim nach der St. Pauls Bay dünne Tafeln in einem Felsitfels: Hund 1853. — Am Hollow Lake, spez. Gew. 3,253: Dana 1877. — Bei Hagarty Renfrew Co., Ontario, derbe Massen: Hoffmann 1895. — Am Lac à Baude, Camplain Co., Quebec, kommt Allanit in grofsen Kristallen vor: Hoffmann 1896.

Ver. Staaten. In Maine bei Topsham in Granit mit Columbit und Gahnit schwarze oder rostbraune, dünnsäulenförmige Kristalle (Robinson, 1884). Analysiert (An. 98 und 99) von Torrey und Clarke 1884.

Massachusetts. Von der Küste bei Swampscot analysierte (An. 50) Balch 1862 derbe Partien von Orthit, spez. Gew. 3,69—3,71 aufgewachsen auf Feldspat und Quarz in Gängen im Syenit; ferner findet sich Orthit nach Hintze im Bolton quarry, in körnigem Kalkstein mit Petalit; bei St. Royalston; zu Athol auf der Strafse nach Westminster Kristalle im Gneis.

Connecticut. In den Gneisbrüchen von Haddam.

Staat New York. Von West-Point beschreibt und analysierte (An. 37) Bergemann 1851 derbe Massen und tafelige Kristalle von Orthit zum Teil von bedeutender Gröfse im Gneis vorkommend, spez. Gew. 3,4917, nach dem Glühen nicht mehr in Säuren löslich. — Von Monroe im Orange County beschreibt Genth 1855 derbe, pechschwarze, wachsglänzende Massen vom spez. Gew. 3,782 analysiert (An. 42), zusammen mit Kayser 1855 vor dem Lötrohr unter Aufblähen schmelzbar, leicht löslich in Salzsäure. Ferner wurde Orthit im Staate New York gefunden: bei Port Henry; Kemp 1897. — Im Granit des Magneteisenlagers von Sandford bei Moriah in Essex County zusammen mit Lanthanit, Kristalle bis zu 20 cm Länge, vornehmlich an den Berührungsflächen des Erzes mit dem Granit auf-tretend. Blake 1858, Dana 1884. — Bei Mineville Essex Comp. N. Y. Kristalle von oft sehr grofsen Dimensionen in einem aus Quarz und Orthoklas bestehenden groben Pegmatit aus dem Cokschen Schachte: Ries 1897.

New Jersey. In der Trotter Mine bei Franklin Furnace, zuerst erwähnt von Jackson 1850, im Feldspat der Magnetitgruben. Mit Feldspat im Granit, spez. Gew. 3,84, von Hunt 1862 analysiert (An. 51). Ebenfalls von der Trotter Mine beschreibt Eakle in Itaha 1893 rein schwarze, tafelige Kristalle, welche sich mit den Zinkerzen der Mine in einem granitischen Gange fanden. *Kemp* in New York 1893 fand hier den Orthit mit Thorit und Zirkon zusammen.

Pennsylvanien. Bei East Breadford Chester Co. schwarze, fettglänzende, derbe Massen, spez. Gew. 5,535, vor dem Lötrohr stark aufschwellend und sich wurmförmig krümmend, von Salzsäure leicht unter Gallertbildung zersetzt, von Rammelsberg 1850 analysiert (An. 34). Dasselbe Vorkommen, spez. Gew. 3,48, von Engström 1877 analysiert (An. 74). Bei Bethlehem in Northampton County große bräunlichschwarze, wachsglänzende Kristalle, spez. Gew. 3,491, in einem zersetzten Granit. Genth 1855 analysierte (An. 44) von diesem zusammen mit Kayser. Dieselben analysierten (An. 34) derben schwarzen Orthit von spez. Gew. 3,825—3,831, welcher bei Eckhardts Furnace in Banks County im Granit mit Zirkon zusammen reichlich vorkommt.

Maryland. In dem durch größere Mikroklinkristalle porphyrartig entwickelten Granite von Ilchester fand *Hobbs* 1890 Orthit in inniger Verwachsung mit Epidot, so zwar, daß der Orthit den tiefbraunen Kern der mehrere Millimeter langen Epidotsäulchen bildete. *Williams* (1872) fand den Orthit im eruptiven Granit der Umgegend von Baltimore, umgeben von Epidot in paralleler Verwachsung.

Virginia. Bei Norfolk in Bredford Co. schwarze, pechglänzende, derbe Masse, spez. Gew. 4,32, beschrieben von Mallet 1882, analysiert (An. 92) von Page.

In Amherst Co. bei Little Friar Mountain, 15 engl. Meilen von der Virginia-Midland-Eisenbahn, große, in zersetztem Feldspat eingewachsene Kristalle mit Magnetit, von Cabell 1874 analysiert (An. 70). Ebendaher zersetzte Masse zum Teil von einer erdigen Zersetzungskruste bedeckt, welche aus einer äußeren weißlichen und einer inneren ziegelroten Schicht besteht, letztere (An. 90) bedeutend ärmer an Ceriterden als erstere (An. 89). Mallet 1878: analysiert (An. 89 und 90) von Santos.

In Amelia Co. in der Nähe von Amelia Court House auf den im Granit angelegten Glimmergruben, neben Monazit und Mikrolith, als dünne, einige Zoll lange, graulichschwarze, pechglänzende Täfelchen, spez. Gew. 3,323 bis 3,368, Härte 5,5, im Feldspat und Quarz eingewachsen, zuweilen mit aschgrauer Zersetzungskruste umgeben, Lewis 1882; analysiert von Dunnington und König (An. 93 und 94).

In Nelson Co. bei Lowesville, spez. Gew. 3,59, analysiert (An. 100) von Memminger; zuweilen in eine erdige, bräunlichgelbe bis gelbrote Masse vom spez. Gew. 2,606 zersetzt, analysiert (An. 101) von Valentin: Brown 1885.

Nord-Carolina. In Alexander Co. in der Gegend von Stony Point in Sharpes Township, bei Salem Church, zu White Plains in feldspatreichem Gneis findet sich der Orthit als kleine hellbraune, wachsglänzende Kristalle mit Smaragd, Monazit und Rutil, zum Teil lose im Boden, da das gneisartige Gestein an der Oberfläche vollkommen zersetzt ist; beschrieben von Hidden 1881 und von demselben 1882 analysiert (An. 95): von Genth (1882). Kristalle vom spez. Gew. 3,005 analysiert (An. 96).

In Mittchell Co. auf der Wisemann Mica Mine pechschwarze Krystalle in Kaolin eingewachsen, spezifisches Gew. 3,15, analysiert (An. 91) von Mallet 1881 (vgl. auch Seamen 1882).

Bei Statesville mit kleinen Zirkonen vergesellschafteter bräunlichschwarzer, pechglänzender Allanit, spez. Gew. 3,63, analysiert (An. 103) von Keller. In Henderson Co. auf der Meredeth Freeman Zirkon Mine erwähnen Hidden und Pratt 1898 Allanit in Massen bis zu 50 Pfund. Weitere Analysen an Orthit aus Nord-Carolina, ohne genaue Angabe des Fundortes, führte Genth 1890 aus an Material vom spez. Gew. 3,546 und 3,491 (An. 104 und 105).

Colorado. Am Devils Head Mountain in Douglas Co. in einem zersetzten Granit pechschwarzer, stark glänzender Orthit, spez. Gew. 3,52, analysiert (An. 102) von Eakins 1896.

Texas. In Llano Co. am Westufer des Colorado River (näheres über diesen Fundort siehe bei Gadolinit) fanden Hidden und Mackintosh 1889, zusammen mit Gadolinit, Cyrtolith, Tengerit, Samarskit, Nivenit, Thorogummit, Yttrialith und Fergusonith etwa 10 kg Allanit in derben, nierigen Massen; Farbe schwarz, spez. Gew. 3,488. Analysiert von Muthmann und Stützel 1899 (An. 108).

Als akzessorischer Gemengteil wurde Orthit von Iddings und Grofs 1885 in den Vereinigten Staaten mannigfach verbreitet nachgewiesen in metamorphen Gesteinen, in älteren kristallinen Eruptivmassen und in glasigen Laven, in Hornblendegneis und Glimmergneis, Granit, Granitporphyr, Quarzporphyr, Diorit, Porphyrit, Andesit (glasigen), Dacit und Rhyolit von verschiedenen Orten in Maine, Massachusetts, Rhode Island, Colorado, Nevada, Wioming und Utah.

Ägypten. Von Assuan erwähnt Hintze (S. 270) kleine tafelige Kristalle von Orthit in Granit, im Breslauer Museum befindlich.

Asien. Indien. Von Mysore, im südlichen Teil von Vorder-Indien, analysierte (An. 9) um 1834 Wollaston nach Scheerer 1840 ein Mineral mit ca. 20 % Ceriterden, das er zum Cerit rechnet, aber eher Orthit denn Cerit sein dürfte.

Japan. Im Granit zu Miidra in Omi und zu Awayi fand *Kotora Jimbo* in Tokyo 1899 Orthit.

Piemontit.

Lit.
1893. Hillebrand u. Williams, Am. J. Sc. [3.] 46. 50. — Z. K. 25. 104. 1896.

Nr.	Spez. Gew.	Mineral	Entdeckung		Vorkommen	Chemische Zusammensetzung					Jahr der Ana- lyse	Autor der Analyse	Literatur
			Jahr	Name des Entdeckers		Cerit- erden	Ytter- erden	Thor- erde	Zirkon- erde	Übrige Be- standteile			
—	Piemontit				South Moun- tain, Penn- sylv.	0,89	1,52			Si. Al. Fe. Mn. Ca. Mg. K. Na. H₂O Cu. Pb.	1893	Hille- brand	bei Williams, Am. J. Sc. (3). 46. 50. 1893. Z. K. 25. 104. 1896.

Von dem, dem Orthit nahe verwandten Piemontit analysierten und beschrieben Hillebrand und Williams Material vom South Mountain in Pennsylvanien, in dem ca. 1°/₀ Ceriterden und 1,5°/₀ Yttererden enthalten
waren (vgl. Anl.). Vielleicht ist der Gehalt an diesen Erden in dem sonst an seltenen Erden freien Mineral nur
auf Beimengungen von Orthit zurückzuführen. Durch seinen Gehalt an seltenen Erden würde dieser Piemontit
ein Verbindungsglied von Orthit und normalem Piemontit sein. Er zeichnet sich auch durch einen höheren Gehalt
an Mangan aus, der ihn dem Manganepidot von Jakobsberg näher bringt.

Nach Williams ist dieser Piemontit in den sauren Eruptivgesteinen (ancient rhyolite) des South Mountain, Pennsylvania, ein sehr verbreitetes Umwandlungsprodukt, dem diese Gesteine vielfach ihre rote Färbung
verdanken. Aufser als mikroskopischer Gemengteil kommt er auch in makroskopischen Kristallen vor, und
zwar 1. mit Scheelit zusammen als Ausfüllung rundlicher Hohlräume, welche wahrscheinlich durch Verwitterung
von Sphärolithen entstanden sind. Diese Räume werden ausgefüllt von Quarz, Eisenglanz und in ihren zentralen
Partien von Scheelit und Piemontit. Der letztere bildet kleine Nadeln von 0,2 mm Länge und 0,05 mm Breite und ist
dem Scheelit eingewachsen; 2. bildet das Mineral radialfaserige Aggregate von 3—7 mm Durchmesser auf Klüften
des Rhyolithes.

Mosandrit, Johnstrupit und Rinkit.

Lit.
1841. Berzelius, Briefl. Mitt. im N. J. M. 1841. 684.
       Mosandrit.
       Erdmann, B. J. 21. 178. Mosandrit.
1848. Weibye, Karsten u. von Dechens Arch. 22. 534.
       Mosandrit.
1849. Weibye, N. J. M. 1849. 774. Mosandrit.
1853. Berlin, P. A. 88. 156. Mosandrit.
1854. Dana, Man. of. min. 4. ed. Mosandrit.
1862. Des Cloizeaux, Man d. min. 1862. 532. Mosandrit.
1878. Brögger, Z. K. 2. 275. Mosandrit.
1884. Lorenzen, Z. K. 9. 248—251 u. Medd. om. Grönl.
       1884. 7. Rinkit.

1887. Brögger, G. F. F. 9. 267. Mosandrit.
       Graeff, N. J. M. 1887. II. 248. Rinkit.
1889. Bäckström, Bih. K. Vet. Hdl. 15. II. 3. 1—25. —
       Z. K. 19. 100. 1891. — Ber. 25. 775. 1892.
1890. Brögger, Z. K. 16. 74—94. Mosandrit, Johnstrupit
       und Rinkit.
1892. Dana, Min. 720. Mosandrit u. Johnstrupit.
       Rosenbusch, Physiogr. 1892. 615. Mosandrit,
       Johnstrupit u. Rinkit.
1897. Hintze, Hdb. d. Min. Bd. II. 1147—1151.
1898. Groth, Tabbl. Übs. 121.

Nr.	Spez. Gew.	Mineral	Entdeckung		Vorkommen	Chemische Zusammensetzung					Jahr der Ana- lyse	Autor der Analyse	Literatur
			Jahr	Name des Entdeckers		Cerit- erden	Ytter- erden	Thor- erde	Zirkon- erde	Übrige Be- standteile			
1.	3,02 –3,03	**Mosan- drit**	1840	Erdmann	Låven	26,56				Si. Ti. Fe. Mn. Ca. K. Na. H₂O. F.	1853	Berlin	P. A. 88. 156.
2.	3,0	„			„	16,79	3,52	0,34	7,43		1890	Bäck- ström	b. Brögger, Z. K. 16. 80.
3.	3,29	**John- strupit**	1888	Brögger	Langesund- fjord	13,51	1,11	0,79	2,84	Si. Ti. Al. Fe. Mn. Ca. Mg. Na. K. H₂O. Fe.	1890	͵	b. Brögger, Z. K. 16. 81.
4.	3,46	**Rinkit**		Lorenzen u. Steen- strup	Kangerd- luarsuk	21,01	1,15			F. Si. Ti. Fe. Ca. Na.	1884	Lorenzen	Medd. om Grönland 1884. 7. Z. K. 9. 248—251.
5.	3,46	„			„	21,25	1,21				1884	„	„
6.	3,46	„			„	21,49	0,40				1884	„	„

In naher Beziehung zur Epidotgruppe und somit dem Orthit stehen nach Brögger (1890) die an seltenen Erden reichen, in ihrem Vorkommen bisher nur spärlich gefundenen Mineralien Mosandrit, Johnstrupit und Rinkit. Diese drei sind homöomorphe Mineralien, welche einander sehr nahe stehen, ohne jedoch identisch zu sein. Ganz interessant ist es, wie Brögger ausführt, dafs ebenso, wie es mit Eudialyt und dem Eukolit, dem Steenstrupin und dem Melanocerit der Fall ist, auch hier nahe verwandte, aber nicht identische Spezies vorliegen, von welchen in allen drei Fällen die einen nur bei Kangerdluarsuk in Grönland, die andern nur am Langesundfjord in Norwegen bekannt sind. Der **Mosandrit** wurde wahrscheinlich im Jahre 1840 von *Erdmann* entdeckt und vorläufig untersucht, obwohl die chemische Zusammensetzung nicht bestimmt angegeben werden konnte. Im Jahre 1849 beschrieb Weibye Kristalle von Mosandrit; 1853 analysierte Berlin das Mineral (vgl. Anl. 1). Mit dem Kristallsystem haben sich aufser Weibye (1848 und 1849), Dana (1854) und später Des Cloizeaux (1862) befafst. 1871 beschrieb Brögger als Mosandrit einige Kristalle von Låven, welche sich später als ein neues Mineral, Låvenit (s. dieses) gezeigt haben, die beiden Mineralien haben, obwohl sie bisweilen sehr leicht zu verwechseln sind, nichts miteinander zu schaffen. Der **Johnstrupit** wurde 1888 von *Brögger* entdeckt, welcher ihn wegen seiner grofsen Ähnlichkeit mit diesem zunächst für Mosandrit hielt. Die nähere Untersuchung zeigte aber, dafs das Mineral nicht mit dem echten Mosandrit identisch sondern ein neues Mineral ist, welches *Brögger* nach Professor Johnstrup in Kopenhagen: Johnstrupit nannte. Die Kristallform der beiden isomorphen Mineralien ist monoklin. Äufserlich unterscheiden sie sich nur durch die Farbe Beim Mosandrit ist die Farbe gewöhnlich, wenn derselbe frisch ist, tief rötlichbraun, die des angegriffenen Minerals gelblich, bisweilen grünlichgelb. Strich blafsgelb. Der Johnstrupit ist in frischem Zustande bräunlichgrün, mit gelblichgrünem Strich, wenn zersetzt, ist derselbe wie der Mosandrit gewöhnlich gelblich gefärbt. Glasglanz, auf Bruchflächen harz- oder fettartiger Glanz. Der Mosandrit ist selten frisch und unzersetzt. Groth (1898) schreibt die Formel des Mosandrit: $Si_{12} O_{46} (Ti\,Zr\,Ce\,Th)_4 (OH, F)_6 (Ce\,Y) Ca_{10} Na_2 H_{12}$ und die des Johnstrupit $Si_{12} O_{46} (Ti\,Zr)_6$ $F_6 (Ce_1\,Y, Fe) F (Ca_1\,Mg)_{12} Na_6 H_2$. Die Härte ist bei beiden ungefähr $= 5$. Das spez. Gewicht ist beim Mosandrit nach Erdmann 2,93—2,98, nach Berlin 3,2—3,03, nach Brögger 3,0, beim Johnstrupit nach Brögger 3,19, nach Bäckström 3,29.

Das Vorkommen der beiden Mineralien auf den Gängen **Süd-Norwegens** beschreibt Brögger in folgender Weise. Der Mosandrit wurde zuerst auf der kleinen Insel Låven, südlich von Stokö, entdeckt und findet sich auch hier in stellenweise ganz reichlicher Menge in einzelnen Partien der grofsen Gangmasse dieser Insel. Auch auf der gegenüberliegenden Spitze der gröfseren Insel Stokö selbst, welche ursprünglich mit der Gangmasse von Låven zusammengehört haben mufs, findet sich der Mosandrit, hier aber viel spärlicher. An den naheliegenden Inseln findet man ihn hier und da, aufserhalb Låvens jedoch überall nur als Seltenheit. Etwas häufiger findet man echten Mosandrit in geringer Menge auch auf mehreren Gängen der Scheeren bei Barkevik.

Das einzige bis jetzt bekannte Vorkommen des Johnstrupit fand *Brögger* ebenfalls auf einem der vielen Scheeren in der Nähe von Barkevik und wurde hier in ganz frischen Stücken gesammelt. Diese Stufen hatten eine gewisse Ähnlichkeit mit Cappelenitstufen und sind auch im Mineralienhandel als Cappelenit verkauft worden. Alles was im Handel als Cappelenit verkauft wird, ist aber nicht Cappelenit, sondern teils Johnstrupit. Das Mineral mufs zu den seltensten der Gänge des Langesunds gerechnet werden. Sowohl der Mosandrit als der Johnstrupit haben eine ganz beschränkte Verbreitung; auf den Gängen bei Fredriksvärn oder Laurvik dürften dieselben kaum vorkommen, und nur an einer einzigen Lokalität, Låven, bildet der eine derselben, der Mosandrit, stellenweise einen wesentlichen Gangbestandteil. Seine oft 20—50 cm langen, selten bis 1 cm dicken, linealförmigen Kristalle setzen hier stellenweise in grofser Menge kreuz und quer durch die Gangmasse, welche an diesen Stellen aufserdem hauptsächlich aus Feldspat, schwarzem Glimmer, Ägirin und rotem Eläolit besteht.

Die Kristalle des Mosandrit von Låven sind gewöhnlich stark zersetzt; wenn frisch, sind sie braun. Die Stufen des Johnstrupit zeigen aufser diesem Mineral noch Wöhlerit, Rosenbuschit, Eukolith, Prismen von grünem Apatit etc., violettblauen Flufsspat, schwarzen Glimmer, Ägirin, Eläolith, Sodalith, Feldspate und Zeolithe. Die linealförmigen Kristalle des Johnstrupit sind nach dem Rosenbuschit gebildet, denn die Nadeln des Rosenbuschit durchsprießen die Johnstrupittafeln.

Die Verbreitung des Mosandrit in den normalen Eläolith-Syeniten ist nach Rosenbusch (1892) nicht gering, aber noch nicht näher bestimmt.

Als der grönländische Vetter von Mosandrit und Johnstrupit ist der **Rinkit** anzusehen, der den vorigen, wie schon angeführt, sehr nahe steht, aber nicht ganz identisch mit jenen ist. Seine chemische Formel fafst Groth in ähnlicher Weise wie die jener folgendermafsen auf: $Si_{12} O_{46} [Ti\,T_2]_4 Ce_6 Ca_{11} Na_9$.

Die Farbe ist frisch gelbbraun, verwittert strohgelberdig Glasglanz, auf dem Bruch Fettglanz. Dünne Splitter durchscheinend. Härte 5. Spez. Gewicht nach Steenstrup 3,46.

Vorkommen des Rinkit. Grönland. Im Eläoth-Syenit von Kangerdluarsuk zusammen mit Arfvedsonit, Ägirin, Eudialith, Polythionit, Steenstrupin u. a. Von Lorenzen 1884 (vgl. Analyse) untersucht und zu Ehren von Rink, Direktor des dänisch-grönländischen Handels, benannt.

Brasilien. In den Eläolith-Syeniten der Serra de Tinguá, Provinz Rio de Janeiro, neben Låvenit häufiger als dieser, innig verwachsen mit violettem Fluorit, farblose bis schwach gelblich gefärbte Kristallkörner, spez. Gew. 3,02—3,5, von Graeff 1887 mit Rinkit identifiziert.

Auch in vielen anderen Gebieten von Eläolith-Syeniten und ihrem Ganggefolge. Rosenbusch 1892 (nach Hintze S. 1151).

Cerit.

Lit.

1751. Cronstedt, Akad. Hdl. 1751. 335. — Min. 1758. 183.

1780. Bergmann, Opusc. phys. et chem. Vol. 6. 108. (Tungstein).

1784. D'Elhuyar, Neue Abhdl. Schwed. Akad. 1784. 121. (Tungstein).

1804. Hisinger u. Berzelius, Gehl. Journ. 1804. 2. 397. — Afh. i. Fys. 1806. 1. 58.
Klaproth, Gehl. Journ. 1804. 2. 309.

1805. Vauquelin, Ann. du Mus. 1805. 5. 412. — J. pr. 30. 194. 1843.

1807. Klaproth, Beitr. 1807. 4. 140—152.

1809. Hauy, Tabl. comp. 1809. 120.

1810. Hisinger, Afh. i. Fys. 1810. 3. 287. — K. Vet. Akad. Hdl. 1811.
John, Chem. Unters. 1810. 2. 247.

1811. Thomson, Trans. of. R. Soc. Edinb. 1811. — Gilb. A. 44. 122—123. 1813.

1817. Werner in Hoffmann, Min. 1817. 4 a. 286.

1822. Hauy, Min. 1822. 4. 393.

1824. Laugier, Ann. Chim. [2]. 27. 311. — B. J. 5 204. 1826.

1835. Demarçay, J. pr. 6. 49.
Gerhardt, J. pr. 4. 124.

1839. Mosander, P. A. 47. 207. — L. A. 32. 47.

1840. Scheerer, P. A. 51. 409. 420. 477. 482. — J. pr. 22. 449. 1841.
Wollaston, P. A. 51. 410. — J. pr. 22. 451. 1841.

1842. Mosander, Fhdl. Scand. Natf. Stockholm. 1842. 387. — P. A. 56. 503. — J. pr. 30. 276. 1843.
Scheerer, P. A. 56. 482. — B. J. 23. 9 u. 144. 1844.

1843. Hermann, J. pr. 30. 194. — B. J. 24. 312. 1845.

1844. Scheerer, P. A. 61. 636.

1849. Marignac, Ann. Chim. [3]. 27. 209. — J. pr. 49. 406.

1853. Kjerulf, L. A. 87. 12—18.

1858. Bergemann, P. A. 105. 124.

1859. Rammelsberg, P. A. 107. 631.

1861. Ste-Claire Deville, Ann. Chim. [3]. 61. 344.
Hermann, J. pr. 82. 406.
Kenngott, Uebers. min. Forsch. 1861. 98.

1862. Des Cloizeaux, Min. 1862. 131.

1864. J. pr. 91. 223.

1865. Delafontaine, Archiv. de la Bibl. univ. T. XXII. — J. pr. 94. 124.

Lit.

1869. Fischer, Krit. Studien 1869. 56.
Zschiesche, J. pr. 107. 65.

1870. Nordenskiöld, Oefv. K. Vet. Fhdl. 27. 551.
Sonnenschein, Ber. 3. 632.

1873. Nordenskiöld, Oefv. K. Vet. Fhdl. 30. 13. Nr. 7. — Ber. 7. 476. 1874.
Nordström, Oefv. K. Vet. Fhdl. 30. 16.

1875. Brauell, Diss. Jena 1875.
Rammelsberg, Minchem. 661—662.

1876. Rammelsberg, Ber. 9. 1582.

1877. Cossa Accad. Linc. 1877—1878. Ser. 3 a. Transuti Vol. II. 191. — Z. K. 3. 325. 1879.
Engström, Diss. Upsala. — Z. K. 3. 191—201. 1879.

1878. Delafontaine, C. r. 87. 634.
Frerichs u. Smith, L. A. 191. 337.

1879. Lecoqu de Boisbaudran, C. r. 88. 322—324.
Stolba u. Kettner, Ber. Böhm. Ges. Wiss. Prag. 1879. 4. VI. 372.

1882. Bertrand (Paris), Z. K. 6. 294.
Brauner, Mthft. III. 1—55.

1883. Arche, Mthft. IV. 913—925. — Ber. 17. 66. 1884.
Debray, Ber. 16. 1096.

1884. Bauer, Diss. Freiburg, Brsg. 1884. 10.

1885. Auer von Wellsbach, Mthft. V. 508—522.

1886. Crookes Chem. N. 54. 21. 40.

1887. Krüfs u. Nilson, Oefv. K. Vet. Fhdl. 44. 371.
Spezia Atti della R. Acad. Scienze Torino 1887. 22. — Z. K. 14. 503—504. 1888.

1888. Kiesewetter u. Krüfs, Ber. 21. 2310—2320.

1893. Gibbs, Am. Chem. J 15. 546—566. — Ber. 27. 68. 1894.

1894. Vogel, Z. anorg. Ch. 5. 60.

1896. Tschernik, Journ. russ. phys. chem. Ges. 28. 345. — Pharm. Ztg. f. Russl 35. 263. — Z. anorg. Ch. 12. 238. — Z. K. 31. 514. 1899.

1897. Hintze, Hdb. der Min. II. 1327—1329.
Tschernik, Journ. russ. phys. chem. Ges. 29. 215 u. 292—302. — C. C. 1897. II. 374.

1898. Groth, Tabl. IV. Aufl 121.
Muthmann, Ber. 31. 1719.
Naumann-Zirkel, Elemente. 639.
Travers, Proc. R. Soc. Lond. 64. 130. — Z. K. 32. 285. 1900.

1899. Muthmann u. Stützel, Ber. 1899. 2667. s. a. Stützel, Diss. München 1899.

Nr.	Spez. Gew.	Mineral	Entdeckung		Vorkommen	Chemische Zusammensetzung					Jahr der Analyse	Autor der Analyse	Literatur
			Jahr	Name des Entdeckers		Cerit-erden	Ytter-erden	Thor-erde	Zirkon-erde	Übrige Be-standteile			
1.	3,77 —3,8	Cerit	1751	Cronstedt	Bastnäs-Grube bei Riddarhyttan, Schwed.	50,75				Fe Ca. H_2O. Mg. Mn. Al.	1804	Hisinger u. Berzelius	Gehl. J. 1804. 2. 397. 1804. Afh. i. Fis. 1806. 1. 58.
2.	4,530	"			"	67,0					1805	Vauque-lin	J. pr. 30. 194. 1843. Ann du Muséum1805. 5. 412.
3.	4,660	"			"	54,5					1807	Klaproth	Beitr. 1807. 4. 140 bis 152.

Nr.	Spez. Gew	Mineral	Entdeckung		Vorkommen	Chemische Zusammensetzung					Jahr der Analyse	Autor der Analyse	Literatur
			Jahr	Name des Entdeckers		Cerit erden	Ytter erden	Thor erde	Zirkon erde	Übrige Bestandteile			
4.	—	Cerit			Bastnäs-Grube bei Riddarhyttan, Schwed.	68,59					1810	Hisinger	Klaproth, Wtrb. Supl. I. 1816. Afh i. Fis. 1810. 3. 287. K. Vet. Akd. Hdl. 1811.
5.	—	,,			,,	71,40					1810	John	Chem Unters. 1810. 2. 247.
6.	4,149	Cerit?			unbekannt	44,0					1811	Thomson	Annales of Philosophy VII. 147. Transact of the Roy. Soc of Edinb. 1811. Gilb A. 44. 122—123. 1813.
7.	—	Cerit? (Cerine Titanifère)			Ceylon	36,5					1826	Laugier	Ann de Ch. et Phys. T 27. 311. B. J. 5. 204.
8.	—	Cerit (Ochroit)			Riddarhyttan?	60,93					1843	Hermann	J. pr. 30. 194.
9.	—	Cerit			Bastnäs b. Riddarhyttan	64,195					1853	Kjerulf	L. A. 87. 12—18.
10.	—	,,			als Bestandteil des Zirkonsyenits	59,04					1858	Bergemann	P. A. 105. 124.
11.	—	,,			Bastnäs bei Ryddarhyttan	71,83					1859	Rammelsberg	P. A. 107. 631.
12.	—	Cerit (Lanthanocerit)			,,	68,41					1861	Hermann	J. pr. 82. 406.
13.	4,86	Cerit			,,	59,43					1873	Nordström	Vet. Ak. Förh. Stockh. 1873. 30. 16.
14.	—	,,			,,	66,92					1875	Brauell	Diss. Jena 1875. 15.
15.	—	,,			,,	67,85					1879	Stolba u. Kettner	Ber. Böhm. Ges. d. Wiss. 1879. 372. Prag 4. VI.
16.	4,11 −4,19	,,			Schweden	63,18					1883	Arche	Montshft. f. Ch. IV. 913—925.
17.	−4,11 4,19	,,			,,	64,04					1883	,,	,,
18.	−	,,			,,	64,22					1884	Bauer	Diss. Freiburg, Bsg. 1884.
19.	5,08	Cerit (Certitanit)			Batum	43,20	7,64	0,73	11,67		1896	Tschernik	Journ. d. K. russ. phys. chem. Ges. Petersburg 28. 345. Pharm. Zt. f. Russ 35. 263. Z. K. 31. 514. 1899.
20.	—	Cerit			Bastnäs bei Riddarhyttan	66,10					1899	Muthmann u. Stützel	Ber. 1899. III. 2667, s. a. Stützel, Diss. München 1899.

Eines der ersten Mineralien, in denen man seltene Erden entdeckte und das in seinen Hauptbestandteilen aus solchen besteht, ist der Cerit. Zwar kommt er für die Gewinnung der Ceritelemente kaum mehr in Betracht, jedoch verdient er in der Geschichte der seltenen Erden einen hervorragenden Platz. Seiner chemischen Zusammensetzung nach ist er ein wasserhaltiges Silikat der Cermetalle mit geringem Gehalt an Calzium und Eisen. Hintze (S. 1327) schreibt die Formel $H_6(CaFe)_2 Ce_6 Si_6 O_{26}$, welcher Formel ein Gehalt an ca. 65% Ceriterden und 23,5% Kieselsäure ensprechen würde. Groth (1898) leitet die Formel $[SiO_4]3Ce_2[OH]_4[CeO](CaFe)$ aus der Analyse Nordströms (An. 13) ab, da dies die einzige Analyse ist, zu welcher Kristalle benützt wurden, während zu allen anderen derbes, unzweifelhaft verändertes Material verwandt wurde. Nach Fischer (1869) enthält der derbe Cerit verschiedene Beimengungen.

Die Kristallform des Cerit ist rhombisch. Kristalle sind aber äußerst selten. Meist tritt er derb in feinkörnigen Aggregaten auf. Die Farbe ist nelkenbraun bis kirschrot und dunkelrötlichgrau. Der Strich graulichweiß; geringer Diamant bis Fettglanz. Bruch splitterig und uneben; spröde. Härte 5—6, spez. Gew. 4,9—5. Schon von Cronstedt zu 4,988 angegeben. (In den hier folgenden Ausführungen halten wir uns an Hintze S. 1328.)

Vor dem Lötrohr für sich unschmelzbar; unter Anwendung erwärmter Luft in der Oxidationsflamme gelb, dann am Rande schwarz werdend, in der Reduktionsflamme zu braunem Email schmelzbar (Spezia 1887); mit Borax in der äufseren Flamme zu gelbem, kalt farblosem Glase; in der inneren Flamme schwache Eisenreaktion; in Phosphorsalz schwer zu bräunlichgelbem, kalt weifsem Glase löslich; mit Soda eine dunkelgelbe Schlaake gebend. Durch Salzsäure unter Gallertbildung zersetzbar.

Historisches. Wie Klaproth 1804 berichtet, findet sich die erste Nachricht über das Mineral bei Cronstedt 1751, der es zusammen mit einem andern Vorkommen von Bipsberg in Dalekarlien als besondere Gattung des Eisenerzes in seinem Lehrbuche unter dem Namen Schwerstein oder Tungstein aufführte und als »ferrum calciforme, terra quadam incognita intime mixtum« charakterisierte. Scheele 1781 hat dann den perlgrauen Tungstein von Bipsberg chemisch untersucht und darin die Wolframsäure gefunden. Seine Resultate wurden auch auf das Mineral von Riddarhyttan bezogen, der als »rötlicher Tungstein« aufgeführt wurde, bis d'Elhuyar 1784 die chemische Verschiedenheit vom Tungstein konstatierte, die auch schon Bergmann 1780 vermutet hatte. *Klaproth* 1804 fand in dem 1788 vom Bergmeister Geyer erhaltenen Material wesentlich eine neue eigentümliche Substanz, die er wegen der hellbraunen Farbe, in der sie ihm »im reinen Zustand« erschien, Ochroit nannte und einstweilen in die Verwandtschaft der Yttererde stellte. Durch Hisinger und Berzelius (1804) Untersuchungen des Cerit von der Bastnäs- oder St. Goraens-Grube bei Riddarhyttan in Westmannland wurden *Klaproths* Beobachtungen wesentlich bestätigt. Diese hatten das Metall der neuen Erde Cerium, nach dem 1801 entdeckten Planeten Ceres, das Mineral aber Cerit benannt. *Klaproth* 1807 meinte, dafs diese Namen als von χηρός = cera Wachs hergeleitet scheinen könnten und richtiger Cererium und Cererit lauten müfsten. Bei·Hauy 1809, Cérium oxydé silicifère, später 1822, Cérium oxydé siliceux rouge, im Gegensatz zum c. o. s. noir, dem Allanit. Werner 1817 nannte das Cerium Cerin, das Mineral Cerinstein Hermann 1843 wollte die von *Klaproth* untersuchte Substanz wegen viel höherem Kieselsäuregehalt als Ochroit (An. 8) abtrennen. Später, 1861 (An. 12), benannte er Lanthanocerit, eine Varietät mit geringerem Cer-Gehalt und mit Kohlensäure, die aber nach Kenngott (1861) von beigemengtem Lanthanit herrührte. Nicht zu verwechseln ist der Cerit mit dem Cerin, welchen Namen Hisinger für den Orthit einführte, und der in der älteren Litteratur vielfach für dieses Mineral gebraucht wird.

Vorkommen. **Schweden.** Das wichtigste Vorkommen des Cerit ist auf der Bastnäs-Grube bei Riddarhyttan in Westmannland, wo er auf einem Lager im Gneis mit Orthit als feinkörnige, rötlichgraue Aggregate auftritt. Hier wurde das Material zu den Analysen von Hisinger und Berzelius (An. 1) um 1750 mit Asbest als Gangart des Kupferkieses gebrochen. Weitere Analysen von Vauquelin (An. 2), Klaproth (An. 3), einer späteren (1810), Analyse Hisingers (An. 4), der von Sohn (An. 15) und wohl auch der von Thomson (An. 6), sowie der beiden Analysen von Hermann (An. 8 und 12), der von Rammelsberg (An. 11), Nordström (An. 13), Stolba und Kettner (An. 15), Muthmann und Stützel (An. 20). Das Material zur Analyse von Bergemann (An. 10), der als Ursprungsort nur angibt, dafs dasselbe aus Zirkonsyenit stamme, dürfte wohl auch von Riddarrhyttan gewesen sein, ebenso dasjenige zu den Analysen von Arche (An. 16 und 17), Brauell (An. 14) und Bauer (An. 18), welche nur mitteilen, dafs sie das Mineral aus Schweden erhalten haben.

Kaukasus. Aus der Gegend von Batum hat Tschernik 1896 ein ceritartiges Mineral analysiert (An. 19), dem er den Namen Certitanit gibt, und das seiner chemischen Zusammensetzung nach dem schwedischen Cerit ähnelt, bei einem spez. Gew. von 5,08. In diesem Mineral fand er im Jahre darauf (1897) bis zu 1 % der Ramsayschen Edelgase.

Indien. Aus der Provinz Mysore im Süden Vorder-Indiens hat um das Jahr 1830 Wollaston (bei Scheerer 1840) ein Mineral analysiert, das er zum Cerit rechnet, das aber wohl dem Orthit näher steht, und dort aufgeführt worden ist (vgl. Orthit. An. 9).

Ceylon. Von Ceylon hat schon im Jahre 1824 Laugier ein Mineral unter dem Namen Cerine Titanifère analysiert (An. 7), das vielleicht zum Cerit zu rechnen ist, vielleicht aber noch näher dem Orthit steht.

Kainosit.

Lit.	Lit.
1886. Nordenskiöld, G. F. F. 8. 143—146. — Z. K. 13. 399. 1888.	1897. Hintze, Hdb. d. Min. Bd. II. 882. Sjögren, G. F. F. 19. 54—60. — Z. K. 31. 311. 1899.

Nr.	Spez. Gew.	Mineral	Entdeckung		Vorkommen	Chemische Zusammensetzung					Jahr der Analyse	Autor der Analyse	Literatur
			Jahr	Name des Entdeckers		Ceriterden	Yttererden	Thorerde	Zirkonerde	Übrige Bestandteile			
1.	3,413	Kainosit		Nordenskiöld	Hitterö	Spur	30,0			CO_2. Si. Ca. Mg. Fe. Na. H_2O.	1886	Nordenskiöld	G. F. F. 8. 143—146. Z. K. 13. 399. 1888.
2. 3.	3,413 3,38	„ „		„	„ Kogrube im Nordmarkgebiet	Spur	37,34 35,9				1886 1897	„ Mauzelius	„ b. Sjögren, G. F. F. 19. 54—60. Z. K. 31. 311. 1899.

Die dem Cerit als Cerverbindung entsprechende Yttriumverbindung ist anscheinend der Kainosit. Er wurde von *Nordenskiöld* 1886 bei Hitterö in nur sehr geringer Menge gefunden und analysiert (An. 1 und 2). In neuerer Zeit von Sjögren auf der Kogrube im Nordmarkgebiet beobachtet und von Mauzelius (An. 3) analysiert. Er ist von gelbbrauner Farbe, halbdurchsichtig, etwas fettglänzend. Härte 5—6. Spez. Gewicht nach *Nordenskiöld* 3,413 nach Sjögren 3,38.

Orthokieselsaure Salze.

Yttergranat.

Lit.

1803. Gruner, Gilb. Ann. 13. 497.

1851. Bergemann, P. A. 84. 486.

1854. Bergemann, Niederrhein. Ges. für Nat. Bonn. 12. 1.

Lit.

1868. Websky, Zeitschft. d. geolog. Ges. 1868. 257.

1890. Brögger, Z. K. 16. 169.

1890. Soltmann, Z. K. 18. 628—629.

1893. Piners, Z. K. 22. 481.

Nr.	Spez. Gew.	Mineral	Entdeckung		Vorkommen	Chemische Zusammensetzung					Jahr der Ana- lyse	Autor der Analyse	Literatur
			Jahr	Name des Entdeckers		Cerit- erden	Ytter- erden	Thor- erde	Zirkon- erde	Übrige Be- standteile			
	3,88 -3,898	Granat (Ytter- granat)			Stokö				3,07 +Si	Si.Fe.Mn. Mg. Ca. Ti.	1851	Berge- mann	P. A. 84. 486.
	3,88 -3,898	„			„		6,66				1854	„	Verhandl. d. Naturw. Ver. d. pr.Rheinl.etc. 1855. S. 71. Niederrh. Ges. Bonn. 1854. 12. 1.
	4,197	„			Kochel- wiesen bei Schreiber- hau		2,64			Si. Al. Fe.	1868	Websky	Zeitschft. d. geol. Ges. 1868. 20. 257.
	3,85	Granat (Titan- granat)			Stockö		0,38			Si. Ti. Fe. Mn. Al. Ca. Mg. Na. H₂O.	1890	Petters- son	b. Brögger, Z. K. 16. 171.
	—	Granat (Melanit)			Oberroth- weil am Kaiserstuhl				1,28	Si. Ti. Al. Fe. Mn. Ca. Mg.	1890	Soltmann	Z. K. 18. 628—629, vgl. auch Piners, Z. K. 22. 481.

Eine Varietät des Granat enthält Ytter- und Zirkonerden, dieselbe wurde von Bergemann als Ytter- granat bezeichnet.

Vorkommen. Deutschland. In einem Granitgange an den Kochelwiesen bei Schreiberhau als derber Einschluß zwischen Feldspat und Quarz. Farbe dunkelrötlichbraun.

Norwegen. Bei Brevik in einer grünen Feldspatmasse.

Intermediäre Silikate.

Rowlandit.

Lit.

1891. Hidden, Am. J. Sc. (3). 42. 430—431.

Lit.

1893. Hidden u. Hillebrand, Am. J. Sc. (3). 46. 208. — Z. K. 25. 207. 1896.

Nr.	Spez. Gew.	Mineral	Entdeckung		Vorkommen	Chemische Zusammensetzung					Jahr der Ana- lyse	Autor der Analyse	Literatur
			Jahr	Name des Entdeckers		Cerit- erden	Ytter- erden	Thor- erde	Zirkon- erde	Übrige Be- standteile			
	—	Rowlan- dit (Yt- trium- silikat)	1891	Hidden	Llano Texas		61,91			Ti. Si. Fe. Mn. Mg. Ca. CO₂. H₂O.	1891	Hidden	Am. J. Sc. (3). 42. 430 bis 431.
	4,515	Rowlan- dit (Ga- dolinit)		„	„	14,40	47,70	0,59			1893	Hille- brand	b. Hidden, Am. J. Sc. (3). 46 208. Z. K. 25. 107. 1896.

Der von *Hidden* entdeckte Rowlandit ist wesentlich ein Yttrumsilikat mit Gehalt an Ceriterden (Ce La) und etwas Thorium. Er kommt mit Gadolinit, Yttrialit etc. auf Pegmatitgängen in Llano Co., Texas vor, hat eine bräunlich flaschengrüne Farbe, vollkommenen Glasglanz und ist in dünnen Splittern vollständig durchsichtig. Härte 6. Spez. Gew. 4,515. Bruch muschelig. Das Pulver ist hellgrüngrau. Von Säuren leicht unter Gelatinieren zersetzt. Vor dem Lötrohre schwillt er an und leuchtet bei weiterem Erhitzen stark, ohne zu schmelzen. Durch Zersetzung geht er in eine ziegelrote Substanz über, indem das Eisen sich höher oxydiert und Wasser und Kohlensäure aufgenommen werden. (Vgl. Analysen.)

Yttrialith.
(Grüner Gadolinit.)

Lit.

1889. Hidden u. Mackintosh, Am. J. Sc. (3). 38. 474 bis 486. — Z. K. 19 89—90. 1891.

1893. Hidden u. Hillebrand, Am. J. Sc. (3). 46. 208. — Z. K. 25. 107—108.

Lit.

1894. Luquer, School of Mines Quart, N.-York 1894. 14. 323. — Z. K. 26. 603. 1896.

1902. Hillebrand, Am. J. Sc. [4]. 13. 145—152.

Nr.	Spez. Gew.	Mineral	Entdeckung		Vorkommen	Chemische Zusammensetzung					Jahr der Analyse	Autor der Analyse	Literatur
			Jahr	Name des Entdeckers		Cerit-erden	Ytter-erden	Thor-erde	Zirkon-erde	Übrige Bestandteile			
	4,575	Yttrialith (grüner Gadolinit)	1889	Hidden u. Mackintosh	Bufften Colorado River, Llano Texas	6,56	46,50	12,83		Si. Ti. Ur. Al. Fe. Mn. Pb. Ca. Mg. H₂O.CO₂. P. K. Na.	1889	Hidden	Am. J. Sc. (3.) 38. 474 bis 486. Z. K. 19. 89. 1891.
	4,654 —4,646	„	„	„	„	8,25	43,45	10,85			1902	Hillebrand	Am. J. Sc. (4). 13. 145 bis 152.

Ein dem Gadolinit anscheinend verwandtes Mineral ist der von *Hidden* und *Mackintosh* 1889 entdeckte Yttrialith, der wohl als ein Zersetzungsprodukt des Gadolinit anzusehen ist. Das Mineral ist ein Thorium-Yttrium-Silikat; es weicht in der Zusammensetzung vom Gadolinit ab, indem es doppelt so viel Kieselsäure und ferner kein Berillyum enthält. Der Name Yttrialith wurde demselben gegeben mit Bezug auf den wichtigsten Bestandteil desselben. Der Yttrialith wurde entdeckt in Vergesellschaftung mit Gadolinit, öfters auch aufgewachsen auf letzterem, und wurde wegen seiner charakteristischen, orangegelben, zersetzten Oberfläche (jene des daran grenzenden Gadolinit ist unverändert von dunkel ziegelroter Farbe) früher für grünen Gadolinit angesehen. Das Mineral wurde bisher nur in derben, gelben Massen bis zu 10 Pfund pro Stück gefunden. Kristalle bisher unbekannt. Auf Bruchflächen ist die Farbe olivengrün. Das spez. Gewicht beträgt 4,575, Härte = 5—5,5. Leicht löslich in Salzsäure. Beim Erhitzen über dem Bunsenbrenner dekrepitiert das Mineral heftig und zerfällt zu Pulver.

Nach dem Glühen über dem Gebläse wird es tabaksbraun, unschmelzbar und unlöslich. Die Merkmale dienen zugleich, um den Yttrialith von dem Gadolinit zu unterscheiden, welcher ein spez. Gewicht von 4,2—4,8 (Varietäten von demselben Vorkommen) besitzt und beim Erhitzen lebhaft aufglimmt und in scharfkantige Fragmente zerspringt. Analysiert wurde das Mineral von Hidden (An. 1) und in neuester Zeit von Hillebrand (An. 2).

Vorkommen. *Hidden* und *Mackintosh* fanden den Yttrialith an den beim Gadolinit genauer beschriebenen Vorkommen von Llano Co., Texas. Ebenda wurde er später von Luquer in New-York 1894 und von Hillebrand 1902 beobachtet.

Thalenit.

Lit.
Benedicks Bull. Geol. Inst. Upsala 1898. 4. 1—5. — G. F F. 20. 308. — Z. K. 32. 614—616. 1900.

Nr.	Spez. Gew.	Mineral	Entdeckung		Vorkommen	Chemische Zusammensetzung					Jahr der Analyse	Autor der Analyse	Literatur
			Jahr	Name des Entdeckers		Cerit-erden	Ytter-erden	Thor-erde	Zirkon-erde	Übrige Bestandteile			
1.	4,227 —4,23	Thalenit	1898	Benedicks	Österby b. Skora, Skedvi, Dalekarlien		63,35			Si. Fe. Al. Be. Ca. Mg. Na. Sn. H₂O. CO₂ N. He.	1898	Benedicks	Bull. of. Geolog. Inst. Upsala 1898.4.1—15. G. F F 1898. 20. 308. Z. K. 32. 614—616. 1900.

Nr.	Spez. Gew.	Mineral	Entdeckung		Vorkommen	Chemische Zusammensetzung					Jahr der Analyse	Autor der Analyse	Literatur
			Jahr	Name des Entdeckers		Cerit-erden	Ytter-erden	Thor-erde	Zirkon-erde	Übrige Be-standteile			
2.	4,11 -4,16	Thalenit	1898	Benedicks	Österby b. Skora, Skedvi, Dalekarlien		63,91				1898	Benedicks	Bull. of Geolog. Inst. Upsala 1898. 4. 1 bis 15. G. F. F. 1898. 20. 308. Z. K. 32. 614—616. 1900.
3.	3,945	„ (verwittert)	„		„		58,58				1898	„	„

An Yttererden reich ist ein neues, von Benedicks beschriebenes schwedisches Mineral »Thalenit«, das der Entdecker in die Verwandtschaft der chemisch nahestehenden, yttriumreichen Mineralien Yttrialith, Rowlandit und Kainosit zu stellen sucht. Das Mineral ist zu Ehren des um die spektrographische Untersuchung der seltenen Erden verdienten Prof. T. R. Thalén in Upsala benannt. Kristallsystem monoklin. Benedicks unterscheidet mehrere Varietäten. Die eine ist von hellfleischroter Farbe, halbdurchsichtig und zeigt Fettglanz. Keine deutliche Spaltbarkeit; unebenen bis splitterigen Bruch. Das Mineral ist spröde; es ritzt Glas und schwierig Orthoklas, wird aber von Quarz geritzt; Härte also 6,5. Spez. Gew. 4,227, nach dem Glühen 4,29. Analyse dieser Varietät unter 1. Die zweite, etwas später entdeckte Varietät ist gelb, etwas leichter, spez. Gew. 4,11—4,16 und unterscheidet sich von der ersten, aufser durch die gelbe Farbe, durch viel gröfsere Durchsichtigkeit, stärkeren Glanz und muscheligen Bruch (An. 2). Diese gelbe Varietät findet sich in der roten, sehr spärlich drusenförmig eingeschlossen; die Grenze der beiden ist dabei oft sehr deutlich durch einen dunkleren, roten Rand markiert. Schliefslich fand Benedicks eine verwitterte Varietät, welche gröfstenteils so weich war, dafs das Mineral mit Leichtigkeit von dem Nagel geritzt wurde. Spez. Gew. 3,945 (An. 3). Aus den Analysen berechnet sich die Formel $H_3 Y_4 Si_4 O_{16}$. Das Mineral scheint auch Helium zu enthalten.

Vorkommen. Der Thalenit wurde an Stufen mit Fluocerit von der Quarzgrube in Österby, Kirchspiel Stora Skedvi, Dalekalien, angetroffen. Er kommt in kompakten, oft mehrere Zentimeter ausgedehnten Stücken vor, welche von Gadolinit- und Allanitkristallen durchsetzt sind und nur gegen den Quarz durch selbständige Kriställchen begrenzt werden.

Astrophyllit.

Nr.	Spez. Gew.	Mineral	Entdeckung		Vorkommen	Chemische Zusammensetzung					Jahr der Analyse	Autor der Analyse	Literatur
			Jahr	Name des Entdeckers		Cerit-erden	Ytter-erden	Thor-erde	Zirkon-erde	Übrige Be-standteile			
1.	3,324	Astrophyllit	1844	Weibye	Brevik				4,97	Si. Ti. Al. Fe. Mn. Ca. Mg. Na. K. H_2O. Fl. Ta.	1863	Pisani	C. r. 56. 846.
2.	3,375	„			El Paso, Colorado				2,20		1877	König	Z. K. 1. 425. 1877.
3.	3,3 -3,4	„			Eikaholmen b. Brevik				3,65		1889	Bäckström	Bih. Sv. Vet. Akad. Hdl. 15. II. 3. p. 1 bis 25. 1889. — Z. K. 19. 100. 1891. bei Brögger, Z. K. 16. 209. 1890.
4.	—	„			St. Peters Dome, Pikes Peak, Colorado				1,21		1891	Eakins	Am. J. Sc. (3). 42. 35. Z. K. 22. 559. 1894.

Geringere Mengen von Zirkonium an Stelle von Titan enthält der Astrophyllit, der in seiner Zusammensetzung den Metasilikaten sehr nahe kommt, dieselbe entspricht der Formel $(Si\ Ti\ Zr)_6\ O_{16}\ (Fe\ Mn)_4\ (K\ Na\ H)_4$ (Vgl. die Analysen).

Metasilikate.

Für das Vorkommen des Zirkoniums von Wichtigkeit sind die von Brögger in seinem hier so oft zitierten wertvollen Werke »über die Mineralien Südnorwegens« (Bd. 16 Z. K.) als Zirkon-Pyroxene aufgeführten monoklinen Mineralien Låvenit, Wöhlerit und Rosenbuschit und das trikline Mineral Hiortdahlit.

Låvenit.

Lit.
1878. Brögger, Z. K. 2. 275.
1885. Brögger, G. F. F. 7. 598. — Z. K. 10. 503.
1887. Brögger, G. F. F. 9. 252.
   Graeff, N. J. M. 1887. I. 122. — Z. K. 14. 295.
      1888 und N. J M. 1887. II 247. — Z. K. 15.
      638. 1889.

Lit.
   Gürich, Ztschft. d. geol. Ges. 39. 101. — Z. K. 17.
      212. 1890.
1888. Osann, N. J. M. 1888. I. 117—130. — Z. K. 17.
      311. 1890.
1890. Brögger, Z. K. 16. 339—350.
1891. Lacroix, Bull. soc. min. Paris. 14. 15. — Z. K. 22.
      279. 1894.

Nr.	Spez Gew.	Mineral	Entdeckung		Vorkommen	Chemische Zusammensetzung					Jahr der Analyse	Autor der Analyse	Literatur
			Jahr	Name des Entdeckers		Cert-erden	Ytter-erden	Thor-erde	Zirkon-erde	Übrige Be-standteile			
1.	3,51	Låvenit	1878	Brögger	Låven				31,65	Si.Fe Mn Ca. Na. Nb. Ta.	1885	Cleve	G. F. F. 7. 598. Z. K. 10. 503. 1885.
2.	3,547				Klein-Arö				28,79		1887	„	G. F. F. 9. 252.
3.	3,547				„				28,90		1889	„	b. Brögger, Z. K. 16. 344.

Im Jahre 1875 fanden *Brögger* und *Reusch* zusammen auf der Insel Låven einige Kristalle eines unbekannten Minerals, welches sie damals für Mosandrit hielten, und das *Brögger* 1878 als Mosandrit beschrieb. Später (1885) entdeckte er jedoch, daß dieses Mineral, welches zwar in mehrerer Beziehung große Ähnlichkeit mit dem Mosandrit zeigt, in Wirklichkeit mit jenem nichts zu schaffen hat. Er führte es nun unter dem Namen Låvenit nach dem Fundort als neues Mineral ein.

Das Kristallsystem ist monoklin. Die chemische Formel schreibt Groth (Tab. 1898, S. 147) [Si O$_3$]$_2$ (Mn Ca Fe) [Zr O F] Na. Der Farbe nach können zwei verschiedene Varietäten des Låvenit unterschieden werden; die eine Varietät ist hellgelb, bisweilen fast farblos, oder honiggelb; die andere ist dunkelrotbraun bis schwarzbraun. Diese verschiedene Farbe steht auch mit abweichender Zusammensetzung in Verbindung, indem die helle Varietät reicher an Kalk und Natron als die dunkle Varietät ist. Die Härte ist ungefähr 6. Das spez. Gewicht nach Cleve an der hellen Varietät 3,51, an der dunklen 3,547. Graeff fand für dunklen Låvenit von Brasilien 3,526.

Vor dem Lötrohr ziemlich leicht zu brauner Schlacke schmelzbar. Von Salzsäure zersetzt, obschon nicht vollständig.

Vorkommen. **Norwegen.** Das norwegische Vorkommen beschreibt Brögger 1890 wie folgt. Der Låvenit gehört auf den Syenitpegmatitgängen der südnorwegischen Augit- und Nephelinsyenite zu den größten Seltenheiten. Auf der Insel Låven findet er sich vereinzelt mit dem Mosandrit, dem Tritomit und anderen Mineralien zusammen. *Brögger* hat ihn hier bis zu mehreren Zentimeter langen Kristallbruchstücken gefunden. Auf Låven finden sich vorwiegend die helleren Varietäten, zu welchen auch das 1885 von Cleve analysierte (An. 1) Material gehörte.

Auf der Insel Klein-Arö kommt er mit Capellenit und Natronkataplett vor. Hier sitzt der Låvenit zum Teil im Eukolit. Die tiefbraunen, glänzenden Kriställchen ragen durch die Eukolitmassen hindurch. Von hier stammt das Material zu den von Cleve 1887 und 1889 ausgeführten Analysen (An. 2 und 3) der dunkleren Varietäten.

Außer an den eben erwähnten Vorkommnissen kommt der Låvenit auch noch auf mehreren Gängen bei Arö, an einigen Fundorten der Barkevikscheeren vereinzelt und als große Seltenheit vor. Bei Frederiksvärn oder Laurvik hat *Brögger* ihn niemals vorgefunden.

Frankreich. In den nephelinreichen Phonoliten des Départements Haute-Loire, besonders in den Gesteinen des Suc de Montusclat; auch in denen von Lardeyrols in den Ardenen fand *Lacroix* 1891 bis 0,25 mm lange Kriställchen von Låvenit; goldgelb und farblos.

Afrika. In den im Jahre 1563 aus dem Krater Logoa do Fogo auf der Azoren-Insel Sao Miguel ausgeworfenen Saniditen gelbbraune, stark glänzende etwa 2 mm lange und 0,5 mm breite, prismatische Kriställchen: Osann 1888.

Auf den Los-Inseln auf Cassa und auf Tumbo unregelmäfsig gerundete oder gestreckt säulenförmige Körner von Låvenit, zuweilen auch gröfsere Kristalle mit schärferer Begrenzung, im Eläolithsyenit oder meist in losen Blöcken, am Strande von Cassa auch in einem gröfseren Felsen anstehend: Gürich und Brögger 1887 und 1890.

Brasilien. In den Nephelinsyeniten der Serra do Tinguá, Provinz Rio de Janeiro, meist scheinbar regellos begrenzte Körner, etwa 0,2 mm lang, hellgelb bis farblos; spez. Gew. 3,626. Graeff 1887.

Rosenbusch erwähnt den Låvenit aufser aus Nephelinsyeniten auch aus Tinguaïten und aus den Sodalithtrachyten Ischias als häufigen Bestandteil.

Rosenbuschit.

Lit.
1887. Brögger, G. F. F. 9. 254.
1890. Brögger, Z. K. 16. 378—386.

Lit.
1892. Rosenbusch, Physiogr. 1892. 509.
1897. Hintze, Hdb. Min. Bd. II. 1140—1141.

Nr.	Spez. Gew.	Mineral	Entdeckung		Vorkommen	Chemische Zusammensetzung					Jahr der Analyse	Autor der Analyse	Literatur
			Jahr	Name des Entdeckers		Cerit-erden	Ytter-erden	Thor-erde	Zirkon-erde	Übrige Be-standteile			
1.	3,315	Rosen-buschit	1887	Brögger	Barkevik, Brevik	2,38			18,69	Si. Ti. Fe. Mn. Ca. Na.	1887	Cleve	G. F. F. 9. 254. 1887. b. Brögger, Z. K. 16. 382.
2.	3,315	„			„	0,33			20,10		1887	„	b. Brögger, Z. K. 16. 383.

Unter einer Anzahl Stufen der südnorwegischen Syenit-Pegmatitgänge, welche sich als Radiolith (Natrolith) von Brevig im Stockholmer Reichsmuseum fanden, entdeckte *Brögger* 1887 ein neues, an Zirkonium reiches Mineral, das er nach dem bekannten Heidelberger Gelehrten Rosenbusch »Rosenbuschit« benannte. Die Formel desselben berechnet *Brögger* als $2 Na_2 Zr O_2 Fl_2 \cdot 6 Ca Si O_3 \cdot 1 Ti Si O_3, Ti O_2$, Cleve (bei Brögger 1890) $3 Na_2 O_2 Zr Fl_2 9 Ca O_2 SiO \cdot 1 (Ti O) O_2, Ti O$. Die Härte bestimmte *Brögger* zu 5 6; das spez. Gew. 3,30, Cleve 3,315. Die chemische Untersuchung des Minerals wurde von Cleve ausgeführt. Seine erste Analyse war wegen mangelnden Materials und der grofsen Schwierigkeit, Zr und Ca zu trennen, ungenau. Er führte darum bald darauf, nachdem er unter Mitwirkung von Bäckström einen Gehalt von nicht weniger als 5,83 % Fluor gefunden hatte, eine zweite Analyse aus, deren Resultate ihn zu der obigen Formel führte.

Der Rosenbuschit schmilzt leicht vor dem Lötrohre und färbt dabei die Flamme intensiv gelb. Er gibt kein Wasser im Kolben ab. Von Salzsäure wird er leicht zersetzt.

Vorkommen. Das Hauptvorkommen des Rosenbuschit ist nach *Brögger* die Insel Skudesundskär bei Barkevik, wo er sich ziemlich spärlich mit Wöhlerit findet. Aufserdem fand ihn *Brögger* als Seltenheit an mehreren Scheeren bei Barkevik, auf Bratholmen und auf Ober-Orö.

Nach Rosenbusch (1892) kommt er auch in nordamerikanischen und brasilianischen Eläolith-Syeniten vor.

Wöhlerit.

Lit.
1843. Scheerer, P. A. 59. 327—361. 222. — B. J. 25. 375. 1846.
1845. Scheerer, Nyt. Mag. f. Naturv. 4. 165.
1847. Scheerer, P. A. 72. 565.
1848. Weibye, Karsten und v. Dechens Archiv. 22. 538.
1849. Weibye, N. J. M. 1849. 521.
1854. Dauber, P. A. 92. 242.
Des Cloizeaux, Ann. Chim. [3]. 40. 76.
1855. Dana A. system of min. 4. ed. 343. u. 513.
1856. Kenngott, Min. Forschungen 1854. 110.
1859. Des Cloizeaux, Ann. d. mines 16. 229.
Möller, Nyt. Mag. f Naturv. 10. 228.
1860. Kenngott, Min. Forschung. 1859. 92.
1862. Des Cloizeaux, Man. d. Min. 162.
1865. Hermann, Bull. de la soc. imp. des Nat. de Moscou 38. 465. — J. pr. 95. 125.

Lit.
1868. Des Cloizeaux, Ann. Chim. [4]. 13. 425.
1871. Hermann, J. pr. [2]. 4. 191—210.
Rammelsberg, Mtsber. Berl. Akad. 36. 599.
1873. Rammelsberg, P. A. 150. 200—215.
v. Zepharovich, Min. Lex. 1873. 344.
1874. Des Cloizeaux, Man. de Min. 2. XXIV.
1887. Brögger u. Morton, G. F. F. 9. 253.
Krüfs u. Nilson, Ber. 20. 2141—2142.
1888. Krüfs u. Kiesewetter, Ber. 21. 2310—2320.
Krüfs u. Nilson, Ber. 21. 558.
Lévy u. Lacroix, Min. roches 1888. 294. — C. r. 106. 777. — Z. K. 18. 324. 1891.
1890. Brögger, Z. K. 16. 351—366.
1893. von Zepharovich, Min. Lex. 1893. 264.
1897. Hintze, Hdb. d. Min. Bd. II. 1144—1146.

12 *

Nr.	Spez. Gew.	Mineral	Entdeckung		Vorkommen	Chemische Zusammensetzung					Jahr der Analyse	Autor der Analyse	Literatur
			Jahr	Name des Entdeckers		Cert-erden	Ytter-erden	Thor-erde	Zirkon-erde	Übrige Bestandteile			
1.	3,41	Wöhlerit	1843	Scheerer	Brevig				15,17	Si. Nb Fe. Mn. Mg. Ca. Na. H₂O.	1843	Scheerer	P. A. 59. 327. P. A. 72. 565. 1847.
2.	—	„			„				22,72		1865	Hermann	Bull. Soc. Moscou. 1865. 38. 467. J. pr. 95. 125.
3.	—	„			„				19,63		1871	Rammelsberg	Berl. Akd. Ber. 1871. 36. 587—599. P. A. 150. 211.
4.	3,442	„			„	0,66			16,11		1890	Cleve	b. Brögger, Z. K. 16. 360.

Der Wöhlerit wurde 1843 von *Scheerer* auf mehreren Inseln des Langesundfjords, namentlich Lövö, entdeckt und eingehend chemisch untersucht. Weibye (1848) erwähnt, dafs er das Mineral schon 1842 auf Rödkindholmen bei Frederiksvärn entdeckt habe. Die monokline Kristallform ist derjenigen des Låvenit sehr ähnlich. Die empirische Zusammensetzung nach Groth (Tab. 1898 S. 147) Si_{10} Zr_3 Nb_2 O_{42} F_5 Ca_{10} Na_5. Die Farbe ist gewöhnlich lebhaft honiggelb, wachsgelb, weingelb bis schwefelgelb, seltener tiefer bräunlichgelb und ebenso selten fast farblos. Frische Kristalle sind durchsichtig und Bruchstücke derselben haben ein harzähnliches Aussehen. Der Wöhlerit ist deutlich, wenn auch unvollkommen, spaltbar nach der Symmetrieebene. Die Härte wird gewöhnlich = 5, gleich der des Apatit, angegeben, sie ist jedoch an frischen Kristallen sehr nahe 6 und an Kristallflächen ist nach Brögger nur sehr schwierig ein Unterschied von der Härte des Orthoklases zu erkennen. Das spez. Gew. nach *Scheerer* 3,41. Cleve fand an der von ihm analysierten Substanz 3,442.

Die chemische Zusammensetzung des Wöhlerit ist 1843 von *Scheerer* (An. 1), 1865 von Hermann (An. 2), 1871 von Rammelsberg (An. 3) und um 1889 von Cleve im Auftrage *Bröggers* untersucht worden (An. 4). Das Mineral wird von einigermassen konzentrierter Salzsäure, besonders in der Wärme, leicht aufgeschlossen. Vor dem Lötrohre schmilzt es in starker Glühhitze zu einem gelblichen Glase.

Vorkommen (nach *Brögger* 1890). Der Wöhlerit gehört zu den häufigeren der seltenen Mineralien der südnorwegischen Pegmatitgänge. *Scheerer* fand ihn auf Lövö gegenüber Brevig, und in der Tat findet er sich auch heute noch hier an mehreren Stellen; das Hauptvorkommen ist jedoch die kleinere Insel Skudesundskär N.O. von Teineholmen bei Barkevik. Er wurde hier früher in ziemlicher Menge gefunden; jetzt ist das Vorkommen beinahe ausgebeutet. Er kommt auf dem gröfsten, ungefähr 2 m mächtigen Gange dieser Insel zusammen mit Mosandrit, Eukolit, Katapleit, Rosenbuschit, Orangit, Pyrochlor und Zirkon vor. Der Wöhlerit fand sich hier früher in hübschen Kristallen oft von mehreren Zentimetern Länge.

Auch an mehreren anderen Vorkommnissen der Barkiksscheeren kommt der Wöhlerit, obwohl im ganzen spärlich, vor. Auf »Lamöskjär« (Låven) und Stokö, von welchen Stellen Weibye ihn erwähnte, kennt *Brögger* denselben nur als grofse Seltenheit, ebenso von den Aröscheeren nur ganz spärlich. In der Gegend von Frederiksvärn fand ihn *Weibye* auf Rödkindholmen; *Brögger* fand den Wöhlerit auf der Insel Risö bei Frederiksvärn; er kommt hier nicht in ordentlich ausgebildeten Kristallen, sondern in grofsen dünnen Tafeln vor. Dieselben sind teilweise in eine nicht näher untersuchte grünviolette Substanz umgewandelt. Bei Laurvik ist der Wöhlerit als grofse Seltenheit im Eläolith vorgekommen.

Bei Détró in Siebenbürgen wurde er von Breithaupt und Cotta beobachtet, jedoch ist er hier später nicht mehr aufgefunden worden (von Zepharovich 1873 und 1893).

Hiortdahlit.

Lit.
1888. Brögger, Nyt. Mag. f. Naturv. 31. (Separat 1888).
1890. Brögger, Z. K. 16. 367—377.
1892 Dana, Min. 1892. 377.

Lit.
Rosenbusch, Physiogr. 1892. 689.
1897. Hintze, Hdb. Bd. II. 1177—1178.
1898. Groth, Tabell. IV. Aufl. 147—148.

Nr.	Spez. Gew.	Mineral	Entdeckung		Vorkommen	Chemische Zusammensetzung					Jahr der Analyse	Autor der Analyse	Literatur
			Jahr	Name des Entdeckers		Cert-erden	Ytter-erden	Thor-erde	Zirkon-erde	Übrige Bestandteile			
	3,235 -3,267	Hiort-dahlit	1877	Brögger	Mittel-Arö, Langesund-fjord				21,48	Si. Ti. Fe Mn. Ca. Mg. Na. H₂O. F.	1890	Cleve	b. Brögger, Z. K. 16. 367. 1890.

Im Jahre 1887 fand *Brögger* in einer Sendung von Mineralien aus den Gängen des Langesundfjords ein dem Wöhlerit ähnliches Mineral, welches bei näherer Untersuchung, obwohl mit dem Wöhlerit nahe verwandt, sich doch als bestimmt verschieden ergab. Er benannte dasselbe nach Professor Th. Hiortdahl in Christiania mit dem Namen ›Hiortdahlit‹ und beschreibt es wie folgt. Der Hiortdahlit bildet dünne, linealförmige Kristalle, gewöhnlich von geringer Größe, 5—10 mm lang, 2—3 mm breit und oft nur hauchdünn; seltener erreichen die Kristalle eine Länge von 12—20 mm bei einer Breite von 5—10 mm und einer Dicke von 1—2 mm. Die Farbe dieser linealförmigen Kristalle erinnert an den Wöhlerit; die gewöhnlichen Nuancen sind strohgelb, weingelb, schwefelgelb bis honiggelb, seltener gelblichbraun. Der Glanz ist auf Kristallflächen Glasglanz, auf Bruchflächen größerer Kristalle deutlich fettartig. Das spez. Gewicht beträgt nach *Brögger* 3,267 nach Cleve 3,235.

Die chemische Zusammensetzung wurde von Cleve (vgl. An.) ermittelt und aus dessen Resultaten berechnet *Brögger* die Formel 6 [Ca₂ Si₂ O₆] 2 [(Na₂ Ca H₄) Zr₂ F₄ O₄] ⅔ Ca (Mg Fe Mn) (Zr Ti Si)₂ O₆].

Das Mineral gelatiniert leicht mit Säuren. Vor dem Lötrohre schmilzt es ziemlich leicht zu einem gelb-weißen Email. Mit Phosphorsalz erhält man eine farblose Perle mit Kieselsäureskelett.

Vorkommen. Der Hiortdahlit fand sich ziemlich häufig auf einem kleinen Gange an der Nordseite der Insel ›Mittel-Arö‹, mit Feldspat und schwarzem Glimmer. Häufig sind die Kristalle wie die des Wöhlerit mit Flußspat durchwachsen. Dies Zusammenvorkommen mit Flußspat ist nach *Brögger* charakteristisch für alle auf den südnorwegischen Gängen auftretenden, an Zirkonerde reichen Mineralien.

Perowskit vgl. Dysanalyt.

Polykieselsaure Salze.

Yttrotitanit.

(Keilhauit.)

Lit.
1844. Erdmann, Oefr. K. Vet. Fhdl. 1. 355. — B. J. 25. 328. 1846.
Scheerer, P. A. 63. 459—462.
1855. Dana, Am. J. Sc. (2). 19. 363.
Forbes u. Dahll, Edinb. N. Phil. Journ. 1. 69. 3. 59. — Nyt. Mag. 8. 223. — J. pr. 69. 354. 1856.

Lit.
1859. Rammelsberg, P. A. 106. 296.
1876. Rammelsberg, Ber. 9. 1583.
1879. Nilson, Ber. 12. 554.
1888. Kiesewetter u. Krüss, Chem. N. 58. 175.
1895. Vogt, Ztschft. f. prakt. Geolog. 1895. 367. 441. — Z. K. 29. 401. 1898.

Nr.	Spez. Gew.	Mineral	Entdeckung		Vorkommen	Chemische Zusammensetzung					Jahr der Analyse	Autor der Analyse	Literatur
			Jahr	Name des Entdeckers		Cerit-erden	Ytter-erden	Thor-erde	Zirkon-erde	Übrige Bestandteile			
1.	—	Yttrotitanit (Keilhauit)	1841	Weibye	Arendal	0,32	9,62			Si. Ti. Ca. Fe.	1843	Erdmann	Oefr. K. Vet. Fhdl. 1. 355. B. J. 25. 328. 1846.
2.	3,69	„			Buö bei Arendal	0,63	9,74				1843	„	„ b. Scheerer. P. A. 63. 459—462. 1844.
3.	3,519 -3,720	„			„	0,28	4,78				1855	Forbes	Edinb. N. Phil Journ. 1855. 1. 62. 3. 59. J. pr. 69. 354. 1856.
4.	3,773	„			„	12,08					1859	Rammels-berg	P A. 106. 296.
5.	3,716	„			„	8,16					1859	„	„
6.	3,55 -3,59	„			Narestö bei Arendal		6,27				1886	„	Ram. Hdb. Erg. 1. 269.

Eine Varietät des Titanit, welche größere Mengen Yttererden enthält, ist der von Scheerer 1884 eingeführte Yttrotitanit. *Erdmann* (1844) hatte das von Weibye gefundene Mineral zu Ehren des Geologen Keilhau Keilhauit benannt. Kristallsystem monoklin; isomorph mit Titanit. Härte 6—7, spez. Gew. 3,5,—3,7. Farbe bräunlichrot bis dunkelbraun. Chemische Zusammensetzung: Eine Mischung von Titanit Ca Ti Si O₅ mit (Y Al Fe)₂ Si O₅.

Vorkommen. Norwegen. Im roten Feldspat als derbe bis bräunlichschwarze Massen und als Kristalle, zuweilen von beträchtlicher Größe in der Gegend von Arendal bei Buö, Kragerö, Alve und Narestö.

Eukolit-Titanit.

Lit
1853. Scheerer, B. u. H. Ztg. 7. 389.
1886. Hamberg, G. F. F. 8. 475.

Lit.
1890. Brögger, Z. K. 16. 514—520.
1892. Solly u. Collins, Min. Soc. London. 10. 3.

| Nr. | Spez. Gew. | Mineral | Entdeckung | | Vorkommen | Chemische Zusammensetzung | | | | | Jahr der Ana- lyse | Autor der Analyse | Literatur |
			Jahr	Name des Entdeckers		Cerit- erden	Ytter- erden	Thor- erde	Zirkon- erde	Übrige Be- standteile			
1.	3,59	Eukolit-Titanit	1843	Scheerer	Langesund-fjord	2,57	0,59	0,18		Si. Ti. Ca. Fe. Mg Na. K.	1890	Lind-ström	bei Brögger, Z. K 16. 514.

Eine Titanitvarietät, welche etwas weniger seltene Erden enthält, ist der Eukolit-Titanit. Scheerer hat 1853 zuerst diese Varietät erwähnt. Brögger (1890) hat denselben genauer untersucht. Farbe tiefbraun bis gelblich-braun. Spez. Gew. 3,59.

Vorkommen. **Norwegen.** Im weißlichen Feldspat auf Stokö, bei Frederiksvärn, Barkevik, Stock-sund, Grofs-Arö und Mittel-Arö, Nörestad bei Risör und Kragerö.

Alshedit.

Lit.
1878. Blomstrand, Denkschft. d. physiogr. Ges. Lund 3. 7.

| Nr. | Spez. Gew. | Mineral | Entdeckung | | Vorkommen | Chemische Zusammensetzung | | | | | Jahr der Ana- lyse | Autor der Analyse | Literatur |
			Jahr	Name des Entdeckers		Cerit- erden	Ytter- erden	Thor- erde	Zirkon- erde	Übrige Be- standteile			
1.	3,36	Alshedit		Blom-strand	Slättåkra, Kirchspiel Alsheda, Småland		2,78			Si. Ti. Ca. Fe. Al.	1878	Blom-strand	Dkschft. d. physiogr. Ges. Lund 1878. 3. 7.
2.	3,36	"			"		2,57					"	"

Eine den vorigen verwandte yttriumhaltige Titanitvarietät ist der Alshedit. Er wurde von *Blomstrand* als in Quarz eingewachsene kleine Kristalle und derbe Massen, blafsbraun bis aschgrau, spez. Gew. 3,36 bei Slättåkra im Kirchspiel Alsheda in Småland, Provinz Jönköping gefunden und analysiert.

Tscheffkinit.

Lit.
1832. Laugier, bei Beudant Min. 1832. 2. 652.
1839. Rose, P. A. 48 551. — B. J. 20. 209. 1841.
1844. Rose, P. A. 62. 593. — J. pr. 97. 345. 1866.
1862. Damour, Bull. soc. géol. 19. 550.

Lit.
1866. Hermann, J. pr. 97. 348.
1868. Hermann, J. pr. 105. 304.
1888. Price, Am. Chem. J. 10. 38—39.
1891. Eakins, Am. J. Sc. (3). 42. 34. — Z. K. 22. 560. 1894

| Nr. | Spez. Gew. | Mineral | Entdeckung | | Vorkommen | Chemische Zusammensetzung | | | | | Jahr der Ana- lyse | Autor der Analyse | Literatur |
			Jahr	Name des Entdeckers		Cerit- erden	Ytter- erden	Thor- erde	Zirkon- erde	Übrige Be- standteile			
1.	4,26	Tscheff-kinit		Lesche-nault	Coromandel	36,0				Si. Ti. Fe. Ca. Mg. H_2O.	1832	Laugier	b. Beudant, Min 1832. 2. 652.
2.	4,508 –4,549	"	1839	G. Rose	Ilmen-gebirge	45,09					1839	H. Rose	P. A. 48. 551. B. J. 20. 209. 1841.
3.	4,5296	"			"	47,29					1844	"	J. pr. 97. 345. 1866. P. A. 62. 593.
4.	4,26	"			Coromandel	38,38					1862	Damour	Bull. soc. géol. 19. 550.
5.	4,55	"			Miask, Ilmen-gebirge	22,8	3,45	20,91			1866	Hermann	J. pr. 97. 348.

| Nr. | Spez. Gew | Mineral | Entdeckung | | Vorkommen | Chemische Zusammensetzung | | | | | Jahr der Ana- lyse | Autor der Analyse | Literatur |
			Jahr	Name des Entdeckers		Cerit- erden	Ytter- erden	Thor- erde	Zirkon- erde	Übrige Be- standteile			
6.	4,363	Tscheff- kinit			Coromandel	23,10	3,00	14,40			1868	Hermann	J. pr. 105. 334.
7.	4,4	,,			Hat Greek b. MassiesHills Nelson Co., Virginia	32,23			2,29		1888	Price	Am. Chem. J. 10. 38 bis 39. Z. K. 17. 320. 1890.
8.	4,33	,,			Bedford Co., Virginia	39,77	1,82	0,85	Spur		1891	Eakins	Am. J. Sc. (3.) 42. 34. Z. K. 22. 560. 1894.
9.	4,38	,,			,,	36,24	1,64	0,75	Spur		1891	,,	,,

Zu den Titaniden gehört der an Ceritelementen reiche, bisher ziemlich selten gefundene Tscheffkinit. Anscheinend ein nicht homogenes Mineral. Gustav Rose (1839) hat das Mineral zuerst eingehend beschrieben und nach dem damaligen Chef des russischen Bergkorps Tscheffkin benannt. Es findet sich nur als derbe, amorphe Masse. Der Bruch ist flachmuchelig. Die Farbe ist sammetschwarz; starker Glasglanz, fast undurchsichtig. Härte 5—5,5, spez. Gew. 4,26—4,55.

Die chemische Zusammensetzung weist überall auf ein mehr oder weniger unreines Zersetzungsprodukt und variiert sehr, vielleicht ist sie dem Yttrotitanit analog, wie auch Dana (1854) vermutet.

Vorkommen. Rußland. Ural. Im Granit des Ilmengebirges bei Miask vielfach mit Feldspat verwachsen. Dieses Vorkommen wurde zuerst von G. Rose beschrieben und von H. Rose analysiert (An. 2 und 3). Später auch von Hermann (An. 5).

Amerika. Ver. Staaten. In Virginia am Hat Greek, östlich von Massies Hills in Nelson Co., schwarze, lose Klumpen in der Erde bis zu 20 Pfund; spez. Gew. 4,4; analysiert von Price (An. 7).

Auch in Bedford Co. wurden mehrere gerundete Klumpen mit braungelbem, ockerigem Überzuge gefunden, innerlich mit bandartiger Schichtung von glänzend schwarzer (spez. Gew. 4,88, An. 8) und matter, schwarzer (spez. Gew. 4,38, An. 9) Farbe. Analysiert von Eakins.

Indien. An der Küste von Coromandel. Beudant (1832) erwähnt ein durch Leschenault von dort mitgebrachtes schwärzlichbraunes Mineral, von Laugier analysiert (An. 1). Später von Damour als Tscheffkinit erkannt (An. 4).

Zirkelit.

Lit.
1894. Hussak, Tscherm. Mitt. 14. 408. — Z. K. 27. 325. 1897. (Eisenspinell.)
1895. Hussak, Min. Mag. 50. 11. 80—88. — Z. K. 28. 213—214. 1897.

Lit.
1897. Prior, Min. Mag. 11. 52. 180—183. — Z. K. 31. 187. 1899.

| Nr. | Spez. Gew. | Mineral | Entdeckung | | Vorkommen | Chemische Zusammensetzung | | | | | Jahr der Ana- lyse | Autor der Analyse | Literatur |
			Jahr	Name des Entdeckers		Cerit- erden	Ytter- erden	Thor- erde	Zirkon- erde	Übrige Be- standteile			
1.	4,708	Zirkelit			Jacupiranga, S. Paulo				48,90	Ti. Ur. Fe. Ca. Mg.	1895	Hussack u. Prior	Min. Mag. of the Min. Soc. London. 11. 50. 80. Z. K. 28. 214. 1897.
2.	4,741	,,			,,	2,52	0,21	7,31	52,89		1896	Prior	Min. Mag of the Min. Soc. London. 11. 52. 180—183. 1897. Z. K. 31. 187. 1899.

Ein neues, an Zirkonium reiches Mineral, das auch sämtliche übrigen seltenen Erden in geringerer Menge zu enthalten scheint, ist der von *Hussak* im zersetzten Magnetit-Pyroxenit von Jacupiranga, S. Paulo, Brasilien gefundene Zirkelit. Früher war das Mineral für Eisenspinell gehalten worden. *Hussak* erwies diese Ansicht 1894 als irrig und fand, daß es den qualitativen Untersuchungen nach eine neue Zirkonverbindung sein mußte. Im folgenden Jahre beschrieb er es näher unter dem Namen Zirkelit, wobei er eine quantitative Analyse mitteilt (vgl. ds.). Kristallsystem regulär (Oktaeder). Ohne Spaltbarkeit, mit ausgezeichnet muscheligem Bruch. Harzglanz. Farbe schwarz, nur dünne Splitter dunkelbraun durchscheinend; Strich bräunlichschwarz. Optisch isotrop. Härte über 5; spez. Gew. 4,7. Magnetisch nur durch eingeschlossene Magnetitkörner. Bleibt im Kölbchen unverändert;

vor dem Lötrohre schwer an den Kanten schmelzbar. Unlöslich in Säuren; zersetzt durch Schmelzen mit Kaliumbisulfat und durch rauchende Fluorwasserstoffsäure. Eine 1896 von Prior (1897) ausgeführte Analyse ergab aufser
Zirkonium gröfsere Mengen von Thorium, sowie etwas Cerit- und Yttererden.

Katapleit.

Lit.

1849. Weibye, N. J. M. 1849. 524. u. 770. Anm.
    Weibye u. Sjögren, K. Vet. Ak. Hdl. 99. — P. A.
    79. 299. 1850.
1854. Dauber, P. A. 92. 239.
1875. Rammelsberg, Minchem. 677.
1880. Blomstrand 12. Skand. Natf. Mödes Forhandl. 291.
1882. Sjögren, Oefv. K..Vet. Fhdl. 7. 59—62. — Z. K. 8.
    653. 1884.
1884. Brögger, Z. K. 8. 427 u. 653. — G. F. F. 7. 427. —
    Z. K. 10. 504. 1885.
    Sjögren, G. F. F. 7. 275.
    Sjögren u. Weibull, G. F. F. 7. 269. — Z. K. 10.
    509. 1884.

Lit.

1886. Götz, Mitt. d. naturw. Vereins f. Neuvorpommern
    u. Rügen. Sep. 8. — Z. K. 17. 294. 1890.
    Rammelsberg, Ztschft. d. d. geol. Ges. 38. 506.
1887. Blomstrand, Bih. K. Vet. Hdl. 12. Afh. II. 9. 6.
1888. Lévy u. Lacroix, C.r.106.777. — Min. roches. 1888. 166.
1889. von Zepharovich, Natwiss. Jhrb. Lotos 1889. —
    Z. K. 20. 294. 1892.
1890. Brögger, Z. K. 16. 434—461.
1892. Dana, Min. 412.
1894. Flink, Z. K. 23. 359.
1897. Hintze, Hdb. d. Min. 1603—1607.
1898. Groth, Tab. 159
1899. Flink, Boeggild u. Winter, Medd. om Grönl. 24. —.
    Z. K. 34. 663—666. 1901.

Nr.	Spez. Gew.	Mineral	Entdeckung		Vorkommen	Chemische Zusammensetzung					Jahr der Ana- lyse	Autor der Analyse	Literatur
			Jahr	Name des Entdeckers		Cerit- erden	Ytter- erden	Thor- erde	Zirkon- erde	Übrige Be- standteile			
1.	2,79 –2,81	Katapleit (Kalk- natron- katapleit)	1849	Weiby	Låven(Lamö) bei Brevig, (Lammans- skjär)				29,57	Si. Al. Fe. Ca. Na. H₂O.	1850	Sjögren	P. A. 79. 300.
2.	—	,,			,,				40,12		1875	Rammels- berg	R Hndb. 677.
3.	—	,,			,,				31,82		1884	Weibull	b. Sjögren G. F. F. 7. 272. Z. K. 10. 509. 1885.
4.	—	,,			,,				32,18		1884	,,	,,
5.	—	,,			,,				32,53		1885	Forsberg	b. Brögger, Z. K. 16. 456. 1890.
6.	—	Katapleit (Natron- katapleit)			Klein-Arö				32,60		1885	,,	,,
7.	—	,,			,,				30,8		1886	Cleve	,,
8.	—	,,			,,				30,94		1886	,,	,,
9.	2,743	,,			Grönland				31,83		1894	Flink	Z. K. 23. 359.
10.	2,781	,,			Narsarsuk, im Fjord Tunugdliar- fik, Süd- Grönland				30,85		1899	,,	bei Flink, Böggild u. Winter. Medd. om. Grönl. Kop. 1899.24. 1—213. Z. K. 34. 665. 1901.

    Das an Zirkonium reiche Mineral Katapleit (von κατα und πλείον aus dem Reichtume der begleitenden
Mineralien) wurde 1849 von *Weibye* auf der Insel Låven (Lamansskjär) entdeckt und von ihm an·Berlin in Lund
zur Untersuchung übersandt. Diese wurde A. Sjögren anvertraut, welcher die ersten Analysen des Minerals ausführte und mit *Weibye* zusammen 1849 eine Beschreibung desselben veröffentlichte.
    Das Kristallsystem ist anscheinend hexagonal. Nach der chemischen Zusammensetzung unterscheidet
Brögger (1890) zwei verschiedene Varietäten. 1. gewöhnlicher Katapleit oder Kalknatronkatapleit und 2. Natronkatapleit. Der gewöhnliche Katapleit zeichnet sich durch rötliche, fleischrote, gelblichrote bis ganz hellgelbliche oder röt-
lichweifse Farben aus; seltener sind tiefbräunlichrote oder selbst dunkelbraune Varietäten. Der Glanz ist auf den
Kristallflächen gewöhnlich starker Glasglanz, auch auf Spaltflächen; an Bruchflächen etwas fettartiger Glanz; die
gröfseren zersetzten Massen sind oft ganz matt im Bruche. Der Natronkatapleit, welcher hauptsächlich in Grönland,
selten am Langesund in Norwegen sich findet, ist teils wasserhell, teils schmutziggrau; eine schöne himmelblaue
Farbe, die er bisweilen zeigt, hält Brögger für organischen Ursprungs, da die Kristalle beim Erhitzen weifs werden.
Beim grönländischen Natronkatapleit erscheinen die Kristalle nach Flink im durchfallenden Lichte leicht gelbbraun
bis fast farblos. Oberflächlich zeigen sie sehr lebhafte Anlauffarben, die Basis rötliche und gelbe, die Pyramiden
grüne und blaue Töne, wodurch die Kristalle trotz ihrer Kleinheit auffallen. Härte 6, spez. Gewicht ungefähr 2,8.

Der Kalknatronkataplait wurde zuerst 1850 von Sjögren analysiert (An. 1); später, um 1875, untersuchte auch Rammelsberg denselben (An. 2). Um 1884 wurde er dann von Weibull (An. 3 und 4) und von Forsberg (An. 5) analysiert. Der Natronkatapleit wurde zuerst 1885 von Forsberg (An. 6), bald darauf von Cleve (An. 7 und 8) analysiert. Neuerdings der grönländische von Flink (An. 9 und 10).

Die Formel deutet Brögger (1890) als $H_2 Na_2 [Zr(OH)_2][SiO_3]_3$, Dana (1892) als $Na_2 SiO_3 + H_4 Zr Si_2 O_8$. Hintze (1897) als $H_2 (Na_2 Ca) Zr Si_3 O_{11}$. Groth (1898) als $Si_3 Zr O_{11} Na_2 H_4$. Flink (1899) als $Na_2 SiO_3 H_4 Zr (SiO_4)_2$.

Vorkommen. **Norwegen.** Auf der Insel Låven, wo er zuerst von Weibye entdeckt wurde, findet er sich in gröfseren Massen. Ferner kommt er nach Brögger auf Stokö, Eikaholmen, auf den Arö-Inseln, des Langesundfjords recht häufig vor, obwohl niemals in gröfserer Menge vereinigt. Faustgrofse Massen sind in den Barkevikscheeren und auf manchen andern der kleinen Inseln selten und fast nur mit Leukophan zusammen vorhanden. Gewöhnlich bildet er kleine, tafelförmige Kristalle oder radial- und rosettenförmig angeordnete Anhäufungen von Tafeln, bisweilen krummschalige Massen etc.

Der Natronkatapleit wurde in Norwegen von *Brögger* nur auf einem kleinen Gange der Insel Klein-Arö gefunden.

Grönland. In Narsarkuk gehört er nach *Flink* zu den seltensten Mineralien. Dieser fand ihn im pegmatitisch ausgebildeten Syenit in kleinen Drusenräumen zwischen grofsen Individuen von Ägirin und Feldspat. Im Eläolithsyenit aus der Gegend von Kangerdluarsuk kommt er nach Ussing (bei *Flink* 1894) mikroskopisch klein akzessorisch beigemengt vor. Wahrscheinlich aus derselben Gegend, jedoch ohne den Fundort genauer angeben zu können, beschreibt *Flink* 1894 Kristalle von Kataplešt. Die Kristalle, welche häufig zu Drusen zusammengewachsen sind, können eine recht beträchtliche Gröfse erreichen. Der gröfste ist 4,7 cm breit und 8 mm dick. Das spez. Gewicht ist 2,743, Härte 5. Nach einer von *Flink* ausgeführten Analyse (An. 9) kommt das grönländische Mineral dem reinen Natronkatapleit sehr nahe. Er ist in reinem Zustande farblos und durchsichtig, jedoch meist durch Verunreinigungen trübe und wie milchig aussehend.

Elpidit.

Lit.
1894. Lindström u. Nordenskiöld, G. F. F. 16. 336. —
N. J. M. 1895. I. 457. — Z. K. 26. 83. 1896.

Lit.
1899. Flink, Boeggild und Winter, Medd. om Grönl.
1899. 24. 1—213 — Z. K. 34. 675—677. 1901.

Nr	Spez. Gew.	Mineral	Entdeckung		Vorkommen	Chemische Zusammensetzung					Jahr der Analyse	Autor der Analyse	Literatur
			Jahr	Name des Entdeckers		Ceriterden	Yttererden	Thorerde	Zirkonerde	Übrige Bestandteile			
1.	2,524 -2,594	Elpidit	1894	Lindström	Igaliko, Grönland				20,48	Cl. Si Fe Ca. Na. K. H_2O	1894	Lindström	G. F. F. 16. 330 N. J. M. 1895. 1. 457. Z. K. 26. 83. 1896.

Gröfsere Mengen Zirkonium enthält das Mineral Elpidit. Der Elpidit wurde von *Lindström* 1894 bei Igaliko entdeckt. Der Name ist von έλπις (Hoffnung) abgeleitet. 1897 fand ihn *Flink* auf seiner Reise in Grönland zu Narsarsuk in gröfserer Menge. Die Kristallform dieses Minerals ist nach Nordenskiöld rhombisch. Farbe weifs bis hell ziegelrot. Härte gleich der des Quarzes, die rötliche Varietät ist etwas härter. Spez. Gewicht der weifsen, reineren Varietät 2,524, der roten unreineren 2,594. Eine von *Lindström* ausgeführte Analyse führt diesen zu der Formel $Na_2 O Zr O_2 3 H_2O 6 SiO_2$; *Flink* berechnet $Na_2 Si_2 O_5 + Zr (Si_2 O_5)_2$.

Vorkommen. Der Elpidit ist ein in Grönland häufigeres Mineral. In Narsarsuk ist sein Vorkommen nach *Flink* sehr verbreitet. Er findet sich dort fast an allen Fundstellen, wechselt aber sehr in Form, Struktur und Farbe.

Nach *Lindström* findet sich das stenglige Mineral auf Ägirinkristallen, bisweilen auch die Drusenräume zwischen denselben ausfüllend, seltener mit Neptunit und Epididymit zusammen vorkommend.

Leukosphenit.

Lit
1899. Flink, Boeggild und Winter, Medd. om Grönl. 1899. 24. 1—213. — Z. K. 34. 673—675. 1901.

Nr.	Spez. Gew.	Mineral	Entdeckung		Vorkommen	Chemische Zusammensetzung					Jahr der Analyse	Autor der Analyse	Literatur
			Jahr	Name des Entdeckers		Ceriterden	Yttererden	Thorerde	Zirkonerde	Übrige Bestandteile			
1.	3,05	Leukosphenit	1897	Flink	Narsarsuk im Fjord von Tunugdliarfik, Julianehaab, Süd-Grönland				3,5	Si. Ti. Ba. Na. K. H_2O.	1899	Mauzelius	b. Boeggild, Flink u. Winter. Medd. om Grönland. 1899. 24. 1—213. Bull. Soc. franç. Min. 23. 33—34. Z. K. 34. 675. 1901.

Kleinere Mengen von Zirkonium enthält auch der ebenfalls von *Flink* auf seiner Reise (1897) neu entdeckte Leukosphenit, welcher der Vollständigkeit halber hier aufgeführt werden soll.

Das Mineral scheint dem vorbeschriebenen Elpidit nahe zu stehen Der Name ist abgeleitet von λευκός (weifs) und σφήν (Keil), in bezug auf Farbe und Form des Minerals. Die weifse Farbe geht oft in einen blaugrauen Ton über, sprungfreie Exemplare sind manchmal ganz klar, sonst etwas opak. Glasglanz, auch Perlmutterglanz. Spez. Gew. 3,05. Härte 6,5. Eine Analyse (vgl. ds.) von Mauzelius führte zur Formel $Ba\,O \cdot 2\,Na_2O \cdot 2\,(Ti\,Zr)\,O_2 \cdot 10\,Si\,O_2$ oder $Ba\,Na_4\,(Ti\,O)_2\,(Si_2\,O_5)_5$.

Vor dem Lötrohre dekrepitiert das Mineral und schmilzt mit einiger Schwierigkeit zu einer dunkeln Kugel, mit Phosphorsalz Kieselskelett, wird nur von Flufssäure zersetzt.

Vorkommen. Narsarsuk in geringer Menge mit Elpidit.

Eudialyt.
(Eukolit.)

Lit.
1801. Trommsdorff, Crells. Ann. 1801. 433—438
1803. Gruner, Gilb. A. 13. 497.
1819. Gieseke u. Stromeyer, Gilb. A. 63. 379—381. — B. J. 1. 40 u. 81. 1822.
1820. Pfaff, Schweig. Seid. Journ. 28. 97. 29. 1.
1821. Stromeyer, Min. Unters. 1821. 438.
1822 Hauy, Min. 4. 485.
1823. Phillips, Min. 122.
1824. Weifs, Schr. Ges. naturf. Freunde 1. 197. — Mohs Grundr. Min. 1824. 646.
1836. Thomson, Min. outl. 1. 427.
1838. Lévy, Coll Heuland. 1. 412.
1840. Miller, Phil. Mag. 16. 477. — P. A. 50. 522.
1844. Rammelsberg, P. A. 63. 142. — B. J. 25. 366. 1846. Scheerer, P. A. 61. 322. — Nyt. Mag. f. Naturv. 4. 347. 1845.
1845. Svanberg, P. A. 66. 316.
1847. Scheerer, P. A. 72. 565.
1848. Weibye, Karsten u. v. Dechens Archiv 22. 531.
1849. Weibye, N. J. M. 1849 469. 772. 795.
1852 Phillips, Min. 357.
1855. Saemann, Am. J. Sc. 19. 359.
1856. Damour, C. r. 43. 1197. — Phil. Mag. 13. 391. 1857. Möller, Nyt. Mag. f. Nat. 9. 188. — J. pr. 69. 318 u. 353.
1857. Damour, Phil. Mag. 13. 391. — C. r. 43. 1197. Des Cloizeaux, Ann. de mines. 11. 270
1862. Des Cloizeaux, Man. de min. 1. 160. — Min. 160 u. 410.
1863. von Lang, Phil. Mag. 25. 436.
1864. Shepard, Am. J. Sc. [2]. 37. 407.
1868. Dana, Min. 248.
1869 Fischer, Krit. mikrosk. min. Studien, Freiburg (Br.) 1869. 56.
1870. Nordenskiöld, Öfv. K. Vet. Akd. Fhdl. 559. Nylander, Acta Univers. Lund. 2. 1—25. — N. J. M. 1870. 488.

Lit.
1874. Vrba, Stb. Ak. Wien 69. Febr.-Hft.
1878. von Kokscharow, Verhdl d. K. russ. min. Ges. St. Petersbourg. 2. sér. 14. 205. — Mat. Min. Russ. 8. 32. — Z. K. 3. 439. 1879.
1881. Lorenzen, Medd. om Grönland. 2. 1881. — Min. Mag. a. Journ. of the Min. Soc. Gr. Brit Irel. 23. 1882. 5. 49—70. — Z. K. 7. 609. 1883.
1883 Jereméjew, Russ. min. Ges. 19. 208. — Z. K 9. 579. 1884.
1884. von Kokscharow, Mat. z. Min. Rufsl. 9. 29.
1886. Rammelsberg, Ztschft. Dtsch. geol. Ges. 38. 497. — Z. K. 13. 636—640. 1888.
1888. Lévy u. Lacroix, Les Minér. d. roches. 187. — C. r. 106. 777. — Z. K. 18. 324. 1891. Ussing, G. F. F. 10. 191. — Z. K. 17. 430. 1890.
1889. Hidden u. Mackintosh, Am. J. Sc. [3]. 38. 494. — — Z. K. 19. 654. 1891.
1890. Brögger, Z. K. 16. 498—507. Ramsay, Bull. soc. Géogr. Fin. 3. Nr. 7. 43. Williams Am. J. Sc. [3]. 40. 457—462. — Annual Rep. of Geol. Surv. of Arkansas 1890. II. 457. 8°. 1891. — Z. K. 20. 486. 1892 u. 24. 424. 1894.
1891. Genth u. Penfield, Am. J. Sc. [3]. 41. 397. — Z. K. 22. 412. 1894. Williams, Ann. Rep. Geol. Surv. 1891. 203. — Z. K. 24. 176—178. 1895.
1892. Jannetaz, Bull. soc. min. Paris. 15. 133. — C. r. 144. 1352. — Z. K. 24. 523—524. 1895. Ramsay, N. J. M. 1892. Beil. Bd. 8. 722—730. — Z. K. 24. 176—178. 1895.
1893. Ussing, Medd. om Grönl. 14. 1893—1894. — Z. K. 26. 106. 1896.
1894. Flink, Z. K. 23. 366.
1898. Flink, Medd. om Grönl. 24. — Z. K. 32. 616. 1900.
1899. Flink, Boeggild u. Winter, Medd. om Grönl. 24. 1—213. — Z. K. 34. 662. 1901.

| Nr. | Spez. Gew. | Mineral | Entdeckung | | Vorkommen | Chemische Zusammensetzung | | | | | Jahr der Analyse | Autor der Analyse | Literatur |
			Jahr	Name des Entdeckers		Cerit-erden	Ytter-erden	Thor-erde	Zirkon-erde	Übrige Bestandteile			
1.	3,316	Eudialyt (Eukolit)	1801	Fürst Gallitzin u. Trommsdorff	Grönland				20,0	Si. Fe. Mn. Ca. Na. Cl.	1801	Trommsdorff	Crell Ann. 1801. I. 433 bis 438.
2.	3,827	„			„				11,0		1803	Gruner	Gilb. A. 13. 497.

Nr.	Spez Gew.	Mineral	Entdeckung		Vorkommen	Chemische Zusammensetzung					Jahr der Analyse	Autor der Analyse	Literatur
			Jahr	Name des Entdeckers		Cert-erden	Ytter-erden	Thor-erde	Zirkon-erde	Übrige Be-standteile			
3.	2,90355	Eudialyt (Eukolit)			Kangerd-luarsuk, Grönland				10,89		1819	Gieseke u. Stro-meyer	Gilb. A. 63. 379—381. B. J. 1. 81. 1822.
4.	—	„			Grönland				11,58		1820	Pfaff	Schweigers Journal 29. 1.
5.	—	„			„				16,88		1844	Rammels-berg	P. A. 63. 145.
6.	—	„			„				15,44		1844	„	„
7.	3,01	„			Barkevik, Norwegen	2,98			14,05 + Nb.		1847	Scheerer	P. A. 72. 565.
8.	3,01	„			„	2,32			14,05		1847	„	umgerechnet Ram-melsberg, Mineral-chemie.
9.	3,007	„			„	3,60			14,22		1856	Damour	C. r. 43. 1197. Phil. Mag. 1857. 13. 391.
10.	—	„			Grönland				15,60		1856	„	„
11.	—	„			Barkevik, Norw.	4,30			14,26 + Nb.		1870	Nylander	Acta Univers. Lund, 2. 1—25. N. J. M. 1870. 488.
12.	—	„			Grönland				14,67		1870	„	„
13.	2,85	„			Kangerd-luarsuk, Grönl.	2,27			14,49		1881	Lorenzen	Medd. om. Grönland 2. 1881. Min. Mag. a. Journ. of the Min. Soc. Gr. Brit. Irl. 23. 1882. 5. 49—70. Z. K. 7. 609. 1883.
14.	2,928	„			„	s. Zr.			15,09 + Ce		1886	Rammels-berg	Zeitschr. d. Deutsch. geolog. Ges. 1886. 38. 497. Z. K. 13. 636—640. 1888.
15.	2,928	„			„	2,35			14,01		1886	„	„
16.	2,928	„			„	2,49			14,05		1886	„	„
17.	2,928	„			„	2,60			14,28		1886	„	„
18.	2,928	„			„	2,50			14,12		1886	„	„
19.	2,908	„			Brevig	4,07			15,17		1886	„	„
20.	2,908	„			„	3,38			16,10		1886	„	„
21.	3,081	„			Sigtesö bei Brevig	nicht best.			15,34		1886	„	„
22.	3,081	„			„	4,02			14,52		1886	„	„
23.	3,00	„			Arö b. Brevig	5,19			16,09		1886	„	„
24.	3,00	„			„				62,59 + Si.		1886	„	„
25.	3,00	„			„				15,40		1886	„	„
26.	3,104	„			Skudesund-skjär bei Barkevik	4,80	0,32		12,51		1890	Cleve	b. Brögger, Z. K. 16. 504.
27.	2,810	„			MagnetCove, Arkansas				11,45		1891	Genth	Am. J. Sc. (3.) 41. 397. Z. K. 22. 411. 1894.
28.	2,810	„			„				11,62		1891	„	„

Ein an Zirkonium reiches Mineral, das auch etwas Ceriterden enthält, ist der Eudialyt, dessen norwegische Varietät als Eukolit bezeichnet wird. Mit die ersten Nachrichten über dieses Mineral finden wir bei Trommsdorff 1801. Er hatte das Mineral vom Fürsten Gallitzin als roter Granat aus Grönland erhalten und belegte es wegen seiner Ähnlichkeit mit Hyacinth, nachdem er darin Zirkonerde gefunden, mit dem Namen »dichter Hyazinth«.

Fürst Gallitzin hatte eine Verwandtschaft mit Coccolith vermutet; Gruner 1803 leugnete diese und schlug die Bezeichnung »blätteriger Hyacinth« vor (An. 2). Stromeyer (1819 und 1821) analysierte (An. 3) von Gieseke erhaltenes Material und benannte das Mineral wegen der leichten Zersetzbarkeit, von $\varepsilon\tilde{v}$ (gut) und $\delta\iota\alpha\lambda\upsilon\tau\delta\varsigma$ (auf-lösbar). Pfaff (1820) (An. 4) glaubte im Eudialyt ein neues Metalloxyd zu finden, das er Tantaline nannte, aber später als Kieselsäure erkannte. Svanberg (1845) wies zuerst die Cer-Metalle nach.

Das Kristallsystem ist: Hexagonal-rhomboedrisch. Bruch etwas muschelig bis splitterig: Spröde. Härte 5—6, beim Eukolit frisch fast 6. Das spez. Gewicht gibt Des Cloizeaux für den Eudialyt zu 2,84—2,95, Lévy und Lacroix für den Eudialyt 2,95, für den Eukolit 2,84 an. Der Eukolit ist schwerer als der Eudialyt. Scheerer gab 3,01, Damour 3,007 an. Cleve fand 3,104, Rammelsberg 3,00, (Arö) 3,081 (Sigtesö) 2,903 (Brevik).

Vergleicht man das spez. Gewicht der einzelnen Vorkommen, so ist das des norwegischen Eukolit mit 3,10—2,98 (Brögger 1890) das höchste; es folgt der Eudialyt von Umptek mit 2,92—2,83 (Ramsay 1892), der von Kangerdluarsuk mit 2,85 (Kokscharow 1884), der von Magnet Cove mit 2,83—2,80 (Williams 1891).

Glasglanz, durchscheinend bis undurchsichtig. Farbe rot bis braun, rosenrot, dunkel pfirsichblütenrot, kirschrot, bräunlichrot bis kastanienbraun. Strich ungefärbt. Die Farbe des Eukolit beschreibt Brögger 1890 folgendermassen: ›In den frischen Varietäten gewöhnlich lebhaft rotbraun, kastanienbraun etc.; einige Varietäten sind bräunlichgrau; an verwitterter Oberfläche wird das Mineral häufig bräunlichgelb. Der braune, gewöhnliche Eukolit ist wenig durchsichtig, nur in den frischesten Körnchen durchscheinend, kräftig das Licht absorbierend.

Die chemische Zusammensetzung des Eudialyt ist nach Hintze: Na_{18} $(Ca Fe)_6$ $(Si Zr)_{20}$ O_{52} Cl.

Vorkommen. **Norwegen.** Die norwegische Varietät, der sog. Eukolit ist von Brögger 1890 eingehend beschrieben worden und soll seinen Ausführungen hier gefolgt werden. Der Eukolit wurde zuerst von *Scheel* bei Barkevik entdeckt und von Th. Scheerer (1844) als ›brauner Wöhlerit‹ beschrieben, später aber von demselben als ein neues Mineral erkannt und mit dem Namen Eukolit (von εὔκολος weil das Mineral sich bei dem Mangel an Zirkonerde gewissermassen mit Eisenoxyd begnügt) belegt. Weibye (1848), welcher erwähnt, dafs das Mineral schon früher unter dem Namen ›Hyazinth‹ bekannt gewesen sei, beschrieb die ersten Kristalle, welche ihm Esmark gezeigt hatte, als hexagonale Säulen mit Basis.

Möller (1856) und bald darauf Damour erkannten zuerst die Verwandtschaft mit dem Eudialyt. Etwas später beschrieb auch Des Cloizeaux Kristalle des Minerals und machte auf den merkwürdigen Umstand aufmerksam, dafs der Eukolit optisch negativ, der Eudialyt dagegen optisch positiv ist.

Die Kristallform wurde dann weiter von Nordenskiöld 1870 und Brögger 1890 untersucht. Letzterer beschreibt das Vorkommen in Norwegen wie folgt: ›Der Eukolit ist auf den Gängen des Langesundfjords recht häufig und weit verbreitet und findet sich stellenweise in ziemlich bedeutender Masse. Trotzdem ist seine Verbreitung, näher betrachtet, recht charakteristisch abgegrenzt. Auf Låven und an der Südspitze der Insel Stokö findet er sich nur als eine Seltenheit; es sind hier andere an ZrO_2 reiche Mineralien namentlich Katapleit und Mosandrit, welche vorherrschen. Auf den Melinophan-Homilitgängen kommt der Eukolit kaum je vor; nördlich von der Zono derselben aber findet sich der Eukolit auf den Gängen sehr häufig und oft in grofser Masse, so auf den Gängen des nördlichen Teiles von ›Ober-Arö‹, auf Eikaholmen und ›Klein-Arö‹ sehr verbreitet. Ebenso ist der Eukolit auf den Gängen der Barkevikscheeren sehr allgemein, auf Bratholmen beim Einlaufe zum Langesundfjord kam er früher in Masse vor, in mehr als kopfgrofsen Klumpen, ebenso auf Häö, Sigtesö und den Inseln östlich von Brevik, bei Rora in der Nähe von Eidanger etc. Bei Laurvik und Frederiksvärn erinnere ich mich, den Eukolit niemals gesehen zu haben; doch führt Weibye ihn auch als Seltenheit von der letzteren Stelle auf.‹ Als spezielle Fundorte erwähnt Brögger dann noch Skundesundskjär bei Barkevik und auf einem der Gänge Eikaholmens, wo bis wallnufsgrofse Kristalle vorkommen. Ersteres ist von Cleve analysiert (An. 26) worden. Aufserdem ist der Eukolit zuerst von Scheerer (An. 7 und 8), dann von Damour (An. 9) und von Nylander (An. 11) analysiert worden; in neuerer Zeit, aufser von Cleve, vor allem von Rammelsberg, welcher das Vorkommen von Brevik (An. 19 und 20), Sigtesö (An. 21 und 22) und von Arö (An. 23—25) analysierte.

An mehreren Vorkommnissen z. B. auf Klein-Arö ist der Eukolit bisweilen in gröfserer Ausdehnung stark zersetzt; er ist dabei in eine graue oder bräunlichgraue, bisweilen ganz erdartig, bisweilen noch feste Masse umgewandelt. Brögger hat auffälligerweise Eukolit und Zirkon niemals zusammen angetroffen; beim Vorkommen des Eudialyt auf Grönland scheint Zirkon auch ganz zu fehlen.

Rufsland. Im Norden auf der Halbinsel Kola in Russisch-Lappland besteht der Gebirgskomplex des Lujavr-Urt fast ausschliefslich aus körnigem Nephelinsyenit, in dem Eudialyt neben Ägirin, Eläolith, Kalifeldspat und Albit ein wesentlicher Bestandteil ist. Ebenso findet sich Eudialyt im Nephelinsyenit des Gebirges Umptek sowie in den dortigen Pegmatiten. Besonders reich an Eudialyt sind die im Umptek auftretenden Gänge.

Nach Ramsay (1892/93) finden sich gute Kristalle besonders in den Pegmatiten des Umptek, und zwar an den Wänden von Spalten in einer Füllmasse von grünem, filzigem Ägirin; auch als derbe Ausfüllung von Zwischenräumen. Die Kristalle im Nephelinsyenit des Lujavr-Urt sind dicksäulig. Die Farbe ist bei frischen Individuen meist kirsch- oder granatrot, mit starkem Glasglanz auf den Spaltflächen, seltener bräunlich und zirkonähnlich bei veränderten blafsrosa und mattflächig. Mit dem Nephelinsyenite von Umptek stimmt nach Ramsay überein ein nach Kokscharow 1878 auf der Insel Sedlovatoi im Weifsen Meere gefundenes, eudialytführendes Gestein, das dort nicht ansteht, also wohl blofs in Blöcken gefunden wurde und von Kola stammt.

Grönland. Das verbreitetste Vorkommen des Eudialyt ist in Grönland. Vornehmlich findet er sich im Eläolithsyenit des Julianehaab-Distrikts, auf beiden Seiten der Fjorde Tunugdliarfik und Kangerdluarsuk mit grünlichweifsem Feldspat, Arfvedsonit, Ägirin und Sodalith als derbe Partien und gut ausgebildete rote, bis gegen 3 cm grofse Kristalle, meist in Feldspat eingewachsen.

Untersucht und analysiert von Trommsdorff 1801 (An. 1), Gruner 1803 (An. 2), Stromeyer 1819 (An. 3), Pfaff 1820 (An. 4), Rammelsberg 1844 (An. 5 und 6), Damour 1856 (An. 10), Nylander 1870 (An. 12), Lorenzen 1882

(An. 13), Rammelsberg 1886 (An 14—18). Eine von Thomson 1836 ausgeführte Analyse nach Hintze (S. 1600) wertlos, Kristallographisch beschrieben ven Hauy 1822, Phillipps 1823, Weifs 1824, Lévy 1838, Miller 1840, Svanberg 1845, v. Lang 1863, Dana 1868, v. Kokscharow 1878, Jereméjew 1883, Ussing 1888 und 1893.

Im Plateau von Narsarsuk (genaueres über diesen Fundort vgl. bei Parisit) ist der sonst im Sodalith- syenit Grönlands so weit verbreitete Eudialyt nach Flink, Boeggild und Winter (1899) verhältnismäfsig selten. Flink hatte denselben nur an einer einzigen Stellen in derben, oft bis zu faustgrofsen Massen mit Ägirin und Feldspat gefunden. Spez. Gew. 2,91. Farbe lebhaft blutrot zu violett geneigt, viel intensiver als jene des gewöhn- lichen Eudialyt von Kangerdluarsuk, der überdies meist bräunlich oder mehr grau ist. Die äufsere Hülle ist gänzlich, bis zur Bildung neuer Mineralien, verändert.

Auf den Kittisut-Inseln findet sich Eudialyt nach Vrba 1874 im Eläolithsyenit als blutrote bis rötlich- braune Kriställchen auch mikroskopisch.

Ver. Staaten. Zu Magnet Cove Arkansas findet sich Eudialyt in Feldspat mit Eläolith und Ägirin als gerundete, schön karmoisin- bis pfirsichblütrote Kristalle; zuerst von Shepard 1864, dann von Hidden und Mackintosh 1889 als rosarotes Mineral vom spez. Gew. 2,893 aufgeführt. Von Williams 1890 und 1891 als 3—18 mm grofse, tafelige Kristalle durchscheinend bis halbdurchscheinend von rosenroter bis tief karmoisinroter Farbe beschrieben, spez. Gew. 2,804—2,833. Sie erscheinen nach allen Richtungen von unregelmäfsigen Sprüngen durchzogen. Hell- braune oder bräunlichgelbe Kristalle in dünnen Platten halbdurchscheinend und dann von weifser oder lichtgelber Farbe vom spez. Gew 2,6244—2,6630, Härte = 5—5,5, zeigten dieselben optischen Eigenschaften wie Eukolit, den Williams als Zersetzungsprodukt des Eudialyt auffafst. *Penfield* (1891) fand teils hell-, teils tiefrotes, derbes, nicht sehr frisches Material vom spez. Gew. 2,810, analysiert von Genth (An. 27 und 28). Nach Williams 1890 und 1891 findet sich Eudialyt auch im Eläolithsyenit von Saline County.

Steenstrupin.

Lit.
1881. Lorenzen, Medd. om. Grönl. 2. 73. — The Min. Soc. London. 5. 67. 1882. — Z. K. 7. 610. 1883.
1887. Brögger, G. F F. 9. 251. 258.
1890. Brögger, Z. K. 16. 468—482—493.

Lit.
1898. Moberg, Z. K. 29. 386—398.
1899. Boeggild, Medd. om. Grön. 1899. 24. 181—213. — Z. K. 34. 682. 1901.

Nr.	Spez. Gew.	Mineral	Entdeckung Jahr	Name des Entdeckers	Vorkommen	Cerit-erden	Ytter-erden	Thor-erde	Zirkon-erde	Übrige Be-standteile	Jahr der Ana-lyse	Autor der Analyse	Literatur
1.	3,88	Steen-strupin		Steen-strup u. Lorenzen	Kanger-dluarsuk	27,7		7,09		Nb.Ta. Si. Fe. Al. Ca. Mn. Na. H₂O. Be.	1881	Lorenzen	Medd. om Grönl 2. 73. 1881. The Min. Soc. 5. 67. 1882. Z. K. 7. 610. 1883.
2.	3,4009	,,			Julianehaab	32,68		3,62			1898	Blom-strand	bei Moberg, Z. K. 29. 390.
3.	3,4009	,,			,,	14,40	15,90	3,03			1898	,,	,,
4.	3,1901	,,			,,	32,55	2,19	3,84			1898	,,	,,
5.	3,1901	,,			,,	35,18	1,68	4,13			1898	,,	,,
6.	3,5122	,,			TutopAgdler-kofia, Tunugdliar fikfjord	29,6	0,36	2,13			1899	Christen-sen	bei Boeggild, Medd. om Grönl. 24. 181 bis 213. Z. K. 34. 689—691 1901.

Der Steenstrupin, ein an Ceriterden reiches Mineral, das auch beträchtliche Mengen von Thorium enthält, wurde von *Steenstrup* in Grönland im Julianehaab-Distrikt gefunden, von Lorenzen 1881 beschrieben und zu Ehren des Entdeckers benannt. Das Mineral ist nach Brögger (1890) nahe verwandt mit dem norwegischen Melanocerit.

Der Steenstrupin erscheint meistens nur in Kristallen, zwischen den anderen Mineralien eingewachsen. Bei Kangerdluarsuk auch als unregelmäfsig derbe Massen Das Mineral ist sehr spröde und brüchig. Die Farbe ist mattbraun bis braunschwarz, frische, glänzende Kriställchen sind von dunkler, beinahe schwarzer Farbe. Strich schwach bräunlich, beinahe weifs, nach Moberg kräftig braun. Harzglanz, Glasglanz, teils metallischer Glanz. Bruch muschelig. Härte 4; spez. Gewicht nach Boeggild 3,5119—3,5125, nach Moberg 3,4009—3,4733; derbes, aber pechglänzendes und anscheinend ganz frisches Material dagegen 3,1901; nach Lorenzen 3,38.

Vor dem Lötrohre sehr leicht zu einer grauen, trüben Kugel schmelzbar; durch Säuren zersetzbar. Ana- lysiert wurde der Steenstrupin von Lorenzen (An. 1), Blomstrand (An. 2—5) und Christensen (An. 6), Boeggild berechnet aus Christensens Analyse die Formel $(Si Th)_{12} O_{36} (La Di Y Fe)_2 (Mn Ca Mg)_3 (Na H_{12}) 4 (P Nb) O_4 Ce Ca F_2 4 H_2 O$.

Hiernach könnte das Mineral im Systeme in die Nähe des Eudialyt gestellt werden, wozu es nach Mobergs (1898) Untersuchungen auch die kristallographisch gröfsere Verwandtschaft zeigt, während es nach Bröggers (1890) Beispiel meist der Melanoceritgruppe, deren Mineralien Melanocerit, Karyocerit und Cappelenit es chemisch ähnlich ist, angereiht wird.

Vorkommen. Nach *Lorenzen*; zusammen mit Ägirin und Polythionit im Sodalithsyenit von Kangerdluarsuk zuerst gefunden. Er füllt dört mit diesen Mineralien zusammen kleinere Spalten aus, vielfach mit Feldspat und Ägirin verwachsen. Teils kristallisiert, teils derb, unregelmäfsige Knollen oder eingesprengte Körnchen bildend. Die Knollen umschliefsen dann und wann von Kriställchen wenigstens teilweise begrenzte Partien. Nach Boeggild (1899) findet sich der Steenstrupin an folgenden Lokalitäten, alle im Distrikte Julianehaab: im Hintergrunde des Fjords von Kangerdluarsuk und bei Naujakasik östlich davon, die beiden älteren Fundorte; zu ihnen kommt noch Tupersiatsiap ganz nahe dem vorhergenannten Platze und Nunarsiuatiak, Agdlunguak und Tutop Agdlerkofia (hier am frischesten und in der Ausbildung ganz verschieden), alle an der Nordseite des Tunugdliarfik-Fjordes gelegen. Die genannten Gebiete liegen alle im Gebiet des Nephelinsyenits; der Steenstrupin findet sich hier teils in Pegmatitgängen, teils auch in Massen körnigen Albits.

Knopit.

Lit.
1868. Bailey, L. A. 232.

Lit.
1894. Holmquist, G. F. F. 16. 73. — N. J. M. 1895. II. 412. — Z. K. 26. 79—81.

Nr.	Spez. Gew.	Mineral	Entdeckung		Vorkommen	Chemische Zusammensetzung					Jahr der Ana- lyse	Autor der Analyse	Literatur
			Jahr	Name des Entdeckers		Cerit- erden	Ytter- erden	Thor- erde	Zirkon- erde	Übrige Be- standteile			
1.	4,1101	Knopit (Perow- skit)	1891	Högbom	Långörs- holmen b. Alnö, Sundsvall, Schweden	5,15				Si. Ti. Ca. Mg. Fe. Mn. Na. K.	1894	Holm- quist	G. F. F. 16. 73. Z. K. 26. 81. 1896.
2.	4,1101	,,			,,	5,80	0,06		0,91		1894	,,	,,
3.	4,21	,,			Norrvik	6,81					1894	,,	,,
4.	4,288	,,			Långörs- holmen etc.	4,46					1894	,,	,,
5.	4,288	,,			,,	4,42					1894	,,	,,

Ein Perowskitmineral, das sich durch seinen Gehalt an Cer bei völliger Abwesenheit von Niob und Tantal auszeichnet, ist der von *Holmquist* beschriebene und nach Prof. A. Knop benannte Knopit.

Kristallsystem regulär, zeigt einen oktaedrischen und einen hexaedrischen Typus. Farbe schwarz bis bleigrau. Härte 5—6. Spez. Gewicht ist niedriger für den oktaedrischen Typus = 4,1101 als für den hexaedrischen 4,21—4,28.

Vorkommen. **Schweden.** Långörsholmen auf Alnö bei Sundsvall die oktaedrische Varietät (An. 1 und 2), die hexaedrische (An. 4 und 5) im Kalkstein. Bei Norrvik auf dem Festlande gegenüber der Insel Alnö in einem mit dem Nephelinsyenit verknüpten Brecciengestein.

Dysanalyt.
(Perowskit.)

Lit.
1877. Knop, Z. K. 1. 293. — N. J. M. 1877. 647. — vgl. auch Knop, der Kaiserstuhl im Breisgau 1892.

Lit.
1890. Mills u. Mar., Am. J. Sc. (3). 40. 403. — Chem. N. 62. 245. — Z. K. 20. 486. 1892.

Nr.	Spez. Gew.	Mineral	Entdeckung		Vorkommen	Chemische Zusammensetzung					Jahr der Ana- lyse	Autor der Analyse	Literatur
			Jahr	Name des Entdeckers		Cerit- erden	Ytter- erden	Thor- erde	Zirkon- erde	Übrige Be- standteile			
1.	4,13	**Dys- analyt**			Badloch, zwi- schen Ober- bergen und Vogtsburg, Kaiserstuhl	5,72				Ti. Nb. Ta. Ca. Fe. Mn. Na.	1877	Knop	Z. K. 1. 293. N. J. M. 1877. 647. vgl. auch Knop, Der Kaiserstuhl 1892.
2.	4,13	,,			,,	5,58					1877	,,	,,
3.	4,18	**Perow- skit (Dy- sanalyt)**			MagnetCove, Arkansas	0,1	5,42				1890	Mar	Am. J. Sc. (3.) 40. 403. Cem. N. 62. 245. Z. K. 20. 486. 1892.

Der **Dysanalyt** vom Kaiserstuhl im Breisgau enthält nach Knop ca. 5,5 % Ceriterden. Kristallsystem regulär. Härte 5—6; spez. Gew. 4,13. Farbe schwarz bis rotbraun; undurchsichtig. Verwandt mit diesem ist der ca. 5,5 % Yttererden enthaltende **Perowskit** von Magnet Cove, Arkansas. Er findet sich dort nach Mills und Mar im Kalkstein als bräunlichschwarze, kleine Kristalle; spez. Gew. 4,18 (vgl. Anl.)

Pyrochlor.

Lit.

1826. Wöhler, P. A. 7. 417. — B. J. 7. 175. 1828.
1833. Wöhler, P. A. 27. 80. — I. A. 8. 154.
1839. Rose, P. A. 47. 374.
1839. Wöhler, P. A. 48. 83. — J. pr. 18. 286. — B. J. 20. 224. 1841.
1843. Hayes, Am. J. Sc. 46. 158. Scheerer, N. J. M. 642. — Nyt. Mag. f. Nat. 1843.
1844. Hermann, J. pr. 31. 94. — B. J. 25. 375. 1846.
1847. Rose, P. A. 72 475. Wöhler, P. A. 70. 336.
1848. Weibye, Karsten u. v. Dechens Archiv 22. 535 u. 543.
1861. Chydenius, Diss. Helsingfors 1861. — P. A. 119. 43. 1863.
1869. Rammelsberg, Ber. 2. 217.
1871. Rammelsberg, Mtb. Ber. Acd. 1871. — Ber. 4 874. — P. A. 144. 191—215.

Lit.

1872. Knop, Ztschft. d. geol. Ges. 23. 656. — N. J. M. 1872. 534.
1873. Rammelsberg, P. A. 150. 200—215.
1876. Rammelsberg, Ber. 9. 1583.
1877. Knop, Z. K. 1. 284—296.
1881. Dunnington, Am. Chem. J. 3. 130.
1889. Lacroix, C. r. 109. 39. — Z. K. 19. 523. 1891.
1890. Brögger, Z. K. 16. 509—513.
1893. Holmquist, G. F. F. 15. 588.
1894. v. Chrustschoff, Verh. Russ. min. Ges. 31. 412 bis 417. — Z. K. 26. 335. 1896.
1895. Högbom, G. F. F. 17. 100. — Z. K. 25. 424. 1896.
1896. Holmquist, Diss. Upsala 1897. — Bull. geol. Instit. of Upsala 1896. 3. 5. — Z. K. 31. 305—309 1899.
1898. Petterd, Roy. Soc. of Tasmania Papers and Proced f. 1897. 62. erschien. 1898. — Z. K. 32. 301. 1900.

| Nr. | Spez. Gew | Mineral | Entdeckung | | Vorkommen | Chemische Zusammensetzung | | | | | Jahr der Analyse | Autor der Analyse | Literatur |
			Jahr	Name des Entdeckers		Cerit-erden	Ytter-erden	Thor-erde	Zirkon-erde	Übrige Be-standteile			
1.	4,206 -4,216	Pyro-chlor	1820	Tank	Frederiks-värn	6,8				Ti. Ca.Ur. Fe. Ca. Mn. Na. F. H$_2$O.	1826	Wöhler	P. A. 7. 427. J. pr. 18. 236. 1839.
2.	4,32	,,			Miask	13,9	8,81	5,0			1833	,,	P. A. 27. 80, s. a. P. A. 48. 88. 1839. J. pr. 18. 286. 1839
3.	3,802	,,			Brevig	5,159 +Th.		s. Ce.			1839	,,	P. A. 48. 90.
4.	4,203	,,			Miask	5,32	0,70		5,57		1844	Hermann	J. pr. 31. 98. B J. 25. 376. 1846.
5.	4,180	,,			Brevig	5,0		4,62			1861	Chyde-nius	Kemisk. underskn. of Thorjord etc., Diss. Helsingfors. P. A. 119. 43.
6.	4,22	,,			,,	5,50		4,96			1871	Rammels-berg	Monatsb. Berl. Akd. 1871. 584. P. A. 144. 206.
7.	4,228	,,			Frederiks-värn	7,30					1871	,,	,,
8.	4,228	,,			,,	6,60					1871	,,	,,
9.	4,563	Pyro-chlor, Koppit s d.			Kaiserstuhl	9,69					1871	,,	Monatsb. Berl. Akd. 1871. 584. vgl. Knop, Der Kaiser-stuhl im Breisgau 1882. 44.
10.	4,35	Pyro-chlor			Miask	7,17		7,79			1871	,,	P. A. 144. 200.
11.	4,367	,,			,,	15,01 +Th.		s. Ce.			1871	,,	,,
12.	4,367	,,			,,	6,75		7,34			1871	,,	,,
13.	—	Pyro-chlor s. Koppit			Kaiserstuhl	10,10 +Th.		s. Ce.			1872	Knop	N. J. M. 1872. 534; 1875. 66. Zeitschr. d. Geol. Ges. 23. 656. Z. K. 1. 284—296. 1877. vgl. Knop, Der Kaiser-stuhl im Breisgau 1882. 44.

| Nr. | Spez. Gew. | Mineral | Entdeckung | | Vorkommen | Chemische Zusammensetzung | | | | | Jahr der Ana- lyse | Autor der Analyse | Literatur |
			Jahr	Name des Entdeckers		Cerit- erden	Ytter- erden	Thor- erde	Zirkon- erde	Übrige Be- standteile			
14.	—	Pyro- chlor			Amelia Co., Virginia	0,17	0,23				1881	Dunning- ton	Am. Chem. J. 3. 130.
15.	4,3528	„			Alnö bei Sundsvall, Schweden	3,99		0,41	2,90		1893	Holm- quist	G. F. F. 15. 588. Z. K. 25. 425. 1896.
16.	4,4460	„			„	4,36			4,90		1893	„	„
17.	4,354	„			Ural	5,33	0,56	4,28	Spur		1894	v. Chrust- schoff	Russ. min. Ges. 31. 412. Z. K. 26. 335. 1896.
18.	4,348	„			Alnö	5,03			2,58		1896	Holm- quist	Diss. Upsala 1897. Z. K. 31. 305. 1899.

Mehr oder weniger grofse Mengen an seltenen Erden enthält der Pyrochlor, ein Mineral von aufser-ordentlich mannigfaltiger chemischer Zusammensetzung.

Der Pyrochlor wurde zuerst von *Tank* bei Frederiksvärn entdeckt; etwas später entdeckten *Wöhler*, *Berzelius* und *Brongniart* dasselbe Mineral in einem grobkörnigen Gange von Zirkonsyenit bei Laurvik. Der Name Pyrochlor wurde nach dem Vorschlage von Berzelius durch *Wöhler* eingeführt, um, zum Unterschiede von dem auch bei Frederiksvärn entdeckten Polymignyt, die Eigenschaft, durch Glühen vor dem Lötrohre die dunkle Farbe zu verlieren und grünlich gelb zu werden, hervorzuheben.

Kristallsystem regulär. Farbe tiefbraun, oft fast schwarz, Strich und Pulver hellbraun. Glasglanz bis Fettglanz. Härte 5—5,5; spez. Gew. 3,8—4,5. Chemische Zusammensetzung hauptsächlich ein Niobat von Cer-metallen, Calcium und anderen Basen mit Titan, Thorium und Fluor.

Vorkommen. **Baden.** Am Kaiserstuhl, vgl. An. 9 und 13 sowie bei Koppit

Norwegen. Auf den Gängen bei Fredriksvärn,. bei Laurvik und auf den Inseln des Langesundfjords kommt der Pyrochlor ziemlich häufig vor. So erwähnt Brögger 1890 Vorkommen in der Nähe von Madhullet bei Frederiksvärn und am Ufer zwischen Frederiksvärn und Helgeråen, von Svenör bei Frederiksvärn, auf Lövö, auf der Südspitze der Insel Stokö, auf Klein-Arö, Vrangsund auf der Insel Håö, von Barkevik, Oxö und Sigtesö. Die mit einem rötlich bis braunen Natronorthoklas auftretenden Kristalle sind bis 1,5 cm grofs, meist jedoch nur ca. 3—5 mm. Analysiert wurden die Vorkommen von Frederiksvärn von *Wöhler* (An. 1) Rammelsberg (An. 7 und 8). Hayes (1843) hat in seiner Analyse des Vorkommens von Frederiksvärn keine seltenen Erden bestimmt. Das Vorkommen von Brevy analysierten *Wöhler* (An. 3), Chydenius (An. 5) und Rammelsberg (An· 6).

Schweden. Auf der Insel Alnö bei Sundsvall in einem gröber kristallinischen Kalke. Das Vorkommen wurde von Högbom 1895 näher beschrieben und von Holmquist analysiert. Die oktaedrischen Kristalle sind bis 2 cm grofs. Farbe bei den gröfseren Kristallen hellbraun bis schwarz, bei den kleineren hell rotgelb, klar und durchsichtig. Härte 5,5; spez. Gewicht der braunen Kristalle 4,3528 (An. 15) bei einem anderen 4,3533, der gelben Kristalle 4,4460 (An. 16). 1896 analysierte Holmquist von demselben Vorkommen mattbraune, bis 5 mm grofse Oktaeder; spez. Gew. 4,348.

Rufsland. Im Eläolithsyenit von Miask, von *Humbold* 1832 entdeckt und von Wöhler 1833 analysiert (An. 2); später von Hermann 1844 (An. 4), Rammelsberg 1871 (An. 10—12) und von Chrustschoff 1894 (An 17).

Ver. Staaten. Bei Chesterfield (Massachusetts): Hayes, 1843 — Amelia Co. Virginia; analysiert von Dun-nington 1881 (An. 14) —, Colorado: Lacroix 1889.

Australien. Auf Tasmanien körnig in Drift Petterd 1898.

Chalkolamprit.

Lit.
1899. Flink, Boeggild u. Winter, Medd. om. Grönland 24. — Z. K. 34. 679—680. 1901.

| Nr. | Spez. Gew. | Mineral | Entdeckung | | Vorkommen | Chemische Zusammensetzung | | | | | Jahr der Ana- lyse | Autor der Analyse | Literatur |
			Jahr	Name des Entdeckers		Cerit- erden	Ytter- erden	Thor- erde	Zirkon- erde	Übrige Be- standteile			
1.	3,77	Chalko- lamprit (Pyro- chlor)	1897	Flink	Nasarsuk im Fjord von Tunugdliar- fik, Süd- Grönland	3,41			5,71	Nb. Si. Ti. Fe. Mn. Ca.K.Na. H₂O. F.	1899	Mauzelius	bei Flink, Boeggild, Winter u. Ussing. Medd. om Grönland. Kop. 1899. 24. 1 bis 213. Bull. Soc. franç. Min. 33. 25—31. Z. K. 34 679—680. 1901.

Ein dem Pyrochlor verwandtes Mineral ist der von *Flink* auf seiner grönländischen Reise 1897 entdeckte Chalkolamprit. Der Name ist abgeleitet von χαλχός (Kupfer), und λαμπείς (Schein, Glanz), da die Kristalle einen kupferartigen Glanz zeigen. Kristallsystem regulär (Oktaeder). Farbe graubraun mit Neigung zu rot, das Pulver dagegen aschgrau. Oberflächlich metallglänzend mit kupferroter und grüner Anlauffarbe. Bruch halbmuschelig oder splitterig. Auf dem Bruche Fettglanz. Opak, nur in dünnsten Splittern durchscheinend. Härte 5,5; spez. Gew. 3,77. Das Mineral wurde von Mauzelius analysiert. Der Gehalt an seltenen Erden bleibt mit ca 3,5 % Ceriterden und 6 % Zirkonerde hinter dem des Pyrochlor zurück.

Vorkommen. Das Mineral fand sich in kleinen Kristallen von höchstens 5 mm Größe an einer einzigen Stelle zu Narsarsuk in ganz geringer Menge, teils eingewachsen auf größeren Ägirinindividuen, teils in einem Netzwerke dünner Nadeln. Begleitet wird es von braunem Zirkon, welcher in Farbe und Form sehr dem Chalkolamprit gleicht. Ein einzelnes Stück fand sich an einer anderen Stelle, an welchem einige Kristalle auf Feldspat aufgewachsen sind.

Endeiolith.

Lit.
1899. Flink, Boeggild u. Winter, Medd. om Grönland 24. — Z. K. 34. 280—281. 1901.

Nr.	Spez. Gew.	Mineral	Entdeckung		Vorkommen	Chemische Zusammensetzung					Jahr der Analyse	Autor der Analyse	Literatur
			Jahr	Name des Entdeckers		Cerit-erden	Ytter-erden	Thor-erde	Zirkon-erde	Übrige Bestandteile			
1.	3,44	Endei-olith (Pyro-chlor)	1897	Flink	Narsarsuk im Fjord von Tunugdliar-fik, Süd-Grönland	4,43			3,78	Nb. Si. Ti. Fe. Mn. Ca.K.Na. H₂O. F.	1899	Mauzelius	bei Flink, Boeggild u. Winter. Medd. om Grönl. Kop. 1899. 24. 1—213. Bull. Soc. franç. Min. 23. 33—34. Z. K. 34. 680—681.

Wie das vorhergehende ist der ebenfalls von *Flink* entdeckte Endeiolith ein neues, pyrochlorähnliches Mineral. Der Name ist abgeleitet von ἔνδεια, Mangel und λίθος, Stein, in Anklang an die Tatsache, daß die Analyse einen ziemlichen Verlust aufweist. Kristallsystem regulär (Oktaeder). Farbe dunkel schokoladenbraun, nur in dünnen Splittern rotbraun durchsichtig Glasglanz. Bruch muschelig bis splitterig. Härte 4; spez. Gew. 3,44. Von Mauzelius analysiert.

Vorkommen. Das Mineral fand sich zu Narsarsuk an einer Stelle nur kristallisiert, und zwar nur in ganz kleinen Individuen. Meist sind die Kristalle entweder einzeln oder in Krusten auf Ägirin aufgewachsen. Dieser liegt eingebettet in einer porösen Masse von Elpiditnadeln.

Hatchettolith.

Lit.
1876. Dana und Smith, Am. J. Sc. (3). 12. 201. — Z. K. 1. 501. 1877.

Nr.	Spez. Gew.	Mineral	Entdeckung		Vorkommen	Chemische Zusammensetzung					Jahr der Analyse	Autor der Analyse	Literatur
			Jahr	Name des Entdeckers		Cerit-erden	Ytter-erden	Thor-erde	Zirkon-erde	Übrige Bestandteile			
1.	4,785 -4,851	Hatchet-tolith	1876	Dana u. Smith	Wisemanns Mica Mine, Greesy Greek Jown-ship Mitchel Co. am North Joe River, N.-Carolina	2,00				Nb.W.Sn. U.Ca. Fe. H₂O. Pb.	1877	Smith	Am. J. Sc. (3). 13. 359. C. r. 84. 1036. 1877. Ber. 10. 1177. Z. K. 1. 501. 1877.
2.	4,785 -4,851	„				0,86					1877	„	„
3.	4,785 -4,851	„				0,64					1877	„	„

Ein zersetzter, uranhaltiger Pyrochlor scheint der Hatchettolith zu sein. Das Mineral wurde von Dana in einem rotbraunen Feldspat auf Wisemanns Mica mine Greesy Greek Jownship Mitchell Co. in der Nähe des North Joe River in Nordcarolina mit Samarskit gefunden. Kristallform regulär. Farbe gelbbraun, Harzglanz. Spez. Gewicht nach Brush 4,794, nach Smith 4,785—4,851. Härte 5 (vgl. Analysen.)

Polymignyt.

Lit.
1824. Berzelius, K. Vet. Ak. Hdl. 2. 338. — P. A. 3. 205. 1825.
1825. Haidinger, Edinb. journ. of. sc. Nr. 6.
        Möller, Mag. f. Naturv. 230.
1826. G. Rose, P. A. 6. 506.
1837. Lévy, Descript d'une coll. d. min. etc. London
        1837. 3. 417.
1843. Scheerer, N. J. M. 1843. 643
1844. Alger.
1848. Weibye, Karsten u. v. Dechens Arch. 22. 543.

Lit.
1850. Hermann, J. pr. 50. 181.
1855. Frankenheim, P. A. 95 391.
1857. Möller, Nyt. Mag. f. Naturv. 9. 189.
1858. Breithaupt, B. u. H. Ztg. 17. 62.
1860. Nordenskiöld, P. A. 110. 254.
1868. Dana, Min 523.
1871. Rammelsberg, Mtb. Berl. Akad. 1871. 597.
1875. Rammelsberg, Minchem. 370.
1890. Brögger, Z. K. 16. 387—396.

| Nr. | Spez. Gew. | Mineral | Entdeckung | | Vorkommen | Chemische Zusammensetzung | | | | | Jahr der Ana- lyse | Autor der Analyse | Literatur |
			Jahr	Name des Entdeckers		Cerit- erden	Ytter- erden	Thor- erde	Zirkon- erde	Übrige Be- standteile			
1.	4,806	Polymig- nit (Sa- marskit, Äschinit)	1824	Tank u. Berzelius	Frederiks- värn, Norw.	5,0	11,5		14,14	Si. Ti. Sn. Nb. Ta. Al. Fe. Mn. Ca. Mg. Pb. K. Na. H₂O.	1824	Berzelius	K. Sv. Vet. Acd. Hdlg. 2. 338. P. A. 3. 210. 1825.
2.	—	„			„	11,14	2,26	3,92	29,71		1890	Blom- strand	bei Brögger, Z. K. 16. 387—396.

Dem Äschynit und Samarskit nahe steht der seltene Polymignyt. Dieses Mineral wurde von *Tank* entdeckt und von Berzelius 1824 beschrieben, jedoch erst durch die genaueren Untersuchungen von Brögger 1890 vollständiger bekannt. Kristallsystem rhombisch Habitus linealförmig plattgedrückte, 2—4 mm breite, 0,5—2 mm dicke bis zu 50 mm lange Kristalle. Bruch muschelig. Farbe glänzend schwarz, eisen- und sammetschwarz; im Bruch wie auf Kristallflächen halbmetallischer Glanz, undurchsichtig, Strich braun. Härte 6—6,5; spez. Gew. 4,77—4,85.

Zuerst von Berzelius, später von Blomstrand analysiert. Brögger fafst das Mineral als Metazirkonotitanat mit einer geringen Menge von Metatantaloniobat auf. Blomstrands Analyse zeigt die chemisch nahe Verwandt- schaft mit dem Äschinit. Man kann die Formel auffassen als [Ti₂O₅]₅ [Ce O]₄ Ca₃ [Nb O₃]₂ Ca, worin ungefähr die Hälfte des Ti durch Zr und ein Teil der Cermetalle durch Yttrium ersetzt ist.

Vorkommen. Norwegen. Das Vorkommen das Polymignit ist äufserst selten. Genauer untersucht ist nur das Vorkommen der Umgegend von Frederikswärn. Auf den plattenförmigen Gängen dortselbst, deren Hauptmasse aus Natronorthoklas, Hornblende und Magnetit besteht, kommt er zusammen mit Pyrochlor und Zirkon vor. Das Hauptvorkommen, ein Gang in der Nähe des Militärkrankenhauses der Stadt Frederiksvärn, war nach Scheerer (1843) schon bei seinem Besuche 1842 ausgebeutet; in neuerer Zeit ist der Polymignyt nur äufserst selten angetroffen worden, sowohl bei Frederiksvärn, als auf der Insel Svenör. 1875 beobachteten Brögger und Reusch Polymignyt, am Fufse des Blockhausberges bei Fredriksvärn im Gesteine selbst, aufserhalb der Gänge.

Äschynit.

Lit.
1825. Berzelius, P. A. 3. 205.
1830. Hartwall u. Berzelius, B. J. 9. 195.
1831. Brooke, P. A. 23. 361.
1842. Berzelius, Hartwall, Hermann, J. pr. 25. 371.
1844. Hermann, J. pr. 31. 89.
1846. Hermann, J. pr. 38. 116.
        Rose, P. A. 69. 139.
1850. Hermann, J. pr. 50. 93.
1855. J. pr. 65. 77.
1856. J. pr. 68. 97.
1865. Hermann, J. pr. 95. 78 u. 123—128.
1866. Hermann, J. pr. 97. 342 u. 99. 288.
1867. Marignac, A. ph. nat. 1867. — J. pr. 101. 464 u. 102.
        448. — Bib. Univ. Genève Aug. 25. 286. 1867.
1868. Hermann, J. pr. 105. 321.
1869. Hermann, J. pr. 107 129—159.

Lit.
1871. Hermann, J. pr. [2]. 4. 191—210.
1872. Rammelsberg, Ber. 5. 18.
1873. Rammelsberg, P. A. 150. 214.
1877. Rammelsberg, Mtb. Ber. Acad. 656. — Z. geol. Ges.
        29. 815—818. — W. A. 2. 658. — Ber. 11. 254.
        1878. — Z. K. 3. 102. 1879.
1879. Brögger, Z. K. 3. 481—486.
1883. Woitschach, Abh. d. natf. Ges. Görlitz 17. 141. —
        Z. K. 7. 82—88.
1890. Hussak, Bolletim da Commissao. Geogr. e. Geolg.
        do estado de S. Paulo 1890. 7. 244. — Z. K.
        21. 407 1893.
1898. Prior, Min. Mag. and Journ. of the Min. Soc.
        London. 55. 12. 96—101. — Z. K. 32. 279—280.
        1900.
1900. Urbain, Ann. Chim. [7]. 19. 202—210.

| Nr. | Spez. Gew. | Mineral | Entdeckung | | Vorkommen | Chemische Zusammensetzung | | | | | Jahr der Analyse | Autor der Analyse | Literatur |
			Jahr	Name des Entdeckers		Certerden	Yttererden	Thorerde	Zirkonerde	Übrige Bestandteile			
1.	—	Äschynit		Berzelius	Miask	5,0	11,5		14,14	Nb.Ti.Fe. Mn. Ca. F. H_2O.	1825	Berzelius	P. A. 3. 205.
2.	—	„			„	15,0			20,0		1830	Hartwall u. Berzelius	B. J. 9. 195.
3.	—	„			„	7,24	9,35		17,52		1844	Hermann	J. pr. 31. 89.
4.	—	„			„	26,72	4,62		17,58		1846	„	J. pr. 38. 316.
5.	—	„			„	33,54	1,28				1850	„	J. pr. 50. 93.
6.	4,9 −5,23	„			„	15,96	5,30	22,91			1865	„	J. pr. 95. 128.
7.	—	„			„	14,36	4,30	22,57			1866	„	J. pr. 97. 344.
8.	5,23	„			„	24,09	1,12	15,72			1867	Marignac	Bib. Univ Genève Aug. 25 1867. 266. A. ph. nat. 1867. J. pr. 102. 452.
9.	—	„			„	21,09	1,12	18,75			1868	Hermann	J. pr. 105 321.
10.	5,23	„			„	20,54	0,91	13,86			1873	Marignac	berechn. v. Rammelsberg, P. A. 150. 214.
11.	5,168	„			„	19,41	3,10	17,55			1877	Rammelsberg	Monats - Ber. Akad. 1877. 656. Z. d. geol. Ges. 1877. 29. 815—818. Z. K. 3. 102. 1879.

Der Äschynit wurde von *Berzelius* im eläolithfreien Granit von Miask entdeckt. Der Name leitet sich ab von (αισχίνη) Schaum, weil man das Mineral chemisch nicht deuten konnte.

Kristallsystem rhombisch. Farbe eisenschwarz bis braun, Strich gelblichbraun, schwach hyazinthrot, kantendurchscheinend bis undurchsichtig, unvollkommener Metall- bis Fettglanz, Bruch unvollkommen muschelig. Härte 5 bis 5,5, nach anderen 6—7, spez. Gew. 4,9—5,2. Chemische Zusammensetzung. Eine Verbindung von Niob- und Titanoxyd, auch Thoriumoxyd mit Oxyden der Cergruppe, etwas Fe Mn und Ca. Der Äschynit läfst sich nach Groth ähnlich wie der Polymignit als Verbindung eines basischen, dimetatitansauren Salzes betrachten, nämlich $[Ti_5 O_5]_4$ Ce $[Ce O](Ca Fe)_2$ $2[Nb O_5]3$ Ce, in welcher Formel dann ein Teil des Titans durch Thorium vertreten gedacht ist. Vor dem Lötrohre schwillt das Mineral auf, bleibt aber fast unschmelzbar.

Vorkommen. **Deutschland.** Im Granitgebirge von Königshain in der Oberlausitz fand *Woitschach* 1873 an einem Stück weifsen Feldspat einen schwarzen Kristall von Äschsyenit 1,5 cm lang, von schwarzer Farbe mit glänzenden Flächen, muscheligem Bruch und braunem Strich. Härte 5—6.

Norwegen. In den Pegmatitgängen auf Hitterö. Prior 1898.

Russland. Im Gebiet von Miask hier zuerst von *Berzelius* im eläolithfreien Granit entdeckt und für Gadolinit gehalten. 1825 von *Berzelius* analysiert (An. 1), 1830 von diesem zusammen mit Hartwall (An. 2). In den Jahren 1844—1868 mehrfach von Hermann analysiert (An. 3—7 und 9), 1867 von Marignac analysiert und diese Analyse 1873 von Rammelsberg umgerechnet (An. 10). Zum letzten Male 1877 von Rammelsberg analysiert (An. 11).

Brasilien. *Hussak* (1890) fand im goldhaltigen Sande, einige Kilometer von der Mündung des kleinen Flusses Pedro Cubas, der linksseitig bei Xiririca in den Ribeira mündet, ein Mineral, das er für Äschynit hielt, dasselbe zeigte prismatische Form, war undurchsichtig mit halbmetallischem Glanz. Härte 5—6.

Afrika. Vom Embabaan Distrikt Swaziland analysierte Prior 1898 einen Euxenit, der grofse Ähnlichkeit mit Äschynit zeigte (vgl. Euxenit).

Polykras.

Lit.
1844. Scheerer, P. A. 62. 161. 429. — B. J. 25. 326. 1846.
1847. Scheerer, P. A 72. 561—571.
1871. Rammelsberg, Monatsb. Berl. Akad. 1871. August- — Ber. 5. 18. 1872.
1873. Rammelsberg, P. A. 150. 209.
1878. Blomstrand, Dkschft. d. Kgl. phys. Ges. Lund 1878. III. 19—26. — Z. K. 4. 524. 1880.

Lit.
1890. Hidden u Mackintosh, Am. J. Sc. [3]. 39. 302—306. — Z. K. 19. 654—655. 1891.
1891. Hidden u. Mackintosh, Am. J. Sc. (3). 41. 423 bis 425 u. 438—439. — Z. K. 22. 418. 1894.
1895. Ramsay, Collie u. Travers, Journ. Chem. Soc. 67. 684. — Z. K. 28. 222. 1897.
1899. Hoffmann, Am. J. Sc. 1899. (4). 7. 243. — Z. K. 34. 99. 1901.

Nr.	Spez. Gew.	Mineral	Entdeckung		Vorkommen	Chemische Zusammensetzung					Jahr der Analyse	Autor der Analyse	Literatur
			Jahr	Name des Entdeckers		Cert-erden	Ytter-erden	Thor-erde	Zirkon-erde	Übrige Bestandteile			
1.	—	Polykras	1844	Scheerer	Hitterö, Norwg.	2,61	30,85			Nb.Ta.Ti. Ur. Fe. H₂O.	1871	Rammels-berg	Monatsb. Berl. Akad. 1871. August.
2.	—	„			„	2,94	32,46				1871	„	„
3.	5,12	„			„	2,72	32,14				1873	„	P. A. 150. 209.
4.	4,971	„			„	3,03	33,46				1873	„	„
5.	4,98	Polykras (Euxenit)			Småland	3,07	19,51	3,51			1878	Blom-strand	Denkschrift der Kgl. Physiograph. Ges. Lund. 1878. III. 19 bis 26. Z. K. 4. 524. 1880.
6.	4,78	Polykras			Henderson Co.,N.-Carol.		27,55				1890	Hidden u. Machin-tosh	Am. J. Sc. (3). 39. 302 bis 306 und 41. 423 bis 425. Z. K. 19. 654. 1891 u. 22. 419. 1894.
7	4,925 −5,038	„			Green-ville Co., Sd.-Carolina		23,06				1890	„	„

Der Polykras ist ein Niobat und Titanat von Yttererden. Kristallsystem rhombisch. Härte 5—6. Spez. Gew. 4,7—5,1. Farbe schwarz, Strich graulichbraun, undurchsichtig, in ganz feinen Splittern gelblichbraun durchscheinend.

Vorkommen. **Norwegen.** Im Granit von Hitterö analysiert von Rammelsberg (An. 1—4).

Schweden. Im Granit von Hettåkra im Kirchspiel Alshöda in Jönköping. In Småland dem Euxenit ähnlich: Blomstrand (An. 5).

Amerika. Canada. Im Calwin Township, Nipissind-Distrikt, Ontario, wurde Polykras in kristallinischen Massen bis über 700 g in einem grobkörnigen Granitgange, begleitet von Xenotim, zersetztem Magnetit und bräunlichrotem Spessartit, gefunden; pechschwarze Farbe, unebener bis muscheliger Bruch, pechartiger Glanz, spröde, graubrauner Strich. Spez. Gew. bei 15,5° = 4,842: Hoffmann 1899.

Ver. Staaten. Nord-Carolina; in der zirkonführenden Region in Henderson Co. Kristalle von prismatischem Habitus, äußerlich zersetzt und in eine gelbe Substanz vom Aussehen des Gummit umgewandelt. Das reine Mineral fast kohlschwarz, an den Kanten bräunlichgelb durchscheinend, von kleinmuscheligem Bruche und halbmetallischem bis harzartigem Glanze. Das spez. Gew. eines ausgebrochenen Körnchens von 1 g des dunklen Kerns 4,78. Dieses Material wurde anlysiert (An. 6). Ein einzelnes Stück gab das spez. Gew. 4,724. Härte 5,5. Strich und Pulver hellgelblichbraun, dem Weiß sich nähernd. Beim Erhitzen dekrepitierte es leicht und wurde dunkelbraun. Unschmelzbar· Hidden und Mackintosh 1890. — Ähnliches Material wie in Nord-Carolina fanden Hidden und Mackintosh in Süd-Carolina, nahe dem Upper Saluda River, vier Meilen von Marietta in Greenville. Das spez. Gew. schwankt zwischen 4,925 und 5,038. Die Kristalle sind etwas härter = 6 und ihr Strich und Pulver ist blaßtabakbraun und dunkler als bei denen von Nord-Carolina; sie dekrepitieren im Gegensatze zu diesen nicht.

Euxenit.

Lit.
1840. Scheerer, P. A. 50. 149. — B. J. 21. 179. 1842.
1847. Scheerer, P. A. 72. 567.
1855. Forbes, J. pr. 66. 444 u. 69. 353. 1856.
     Strecker, J. pr. 64. 384.
1860. Nordenskiöld, J. pr. 81. 199.
1866. Chydenius, Bull. chim. [2]. 6. 433.
1868. Rammelsberg, Ber. 1. 231.
1869. Behrend, Ber. 2. 90.
     Hermann, J. pr. 107. 129—159.
1871. Hermann, J. pr. [2]. 4. 191—210.
     Jehn, Diss. Jena 1871.
     Rammelsberg, Mtb. Ber. Ak. 1871 Aug.—Nov. — Ber. 4. 875.
1873. Cleve u. Höglund, Ber. 6. 1468.

Lit.
     Rammelsberg, P. A. 150. 209.
1876. Rammelsberg, Ber. 9. 1582.
1877. Smith, Am. J. Sc. (3). 13. 359. — Ann. Chim. [5]. 12. 253. — C. r. 84. 1036. — Z. K. 1. 501.
1879. Brögger, Z. K. 3. 481—486. 1879.
     Nilson, Ber. 12. 554.
1882. Hidden, Am. J. Sc. (3). 24. 372—374.
     Seamon, Chem. N. 46. 205—206.
1887. Krüß u. Nilson, Ber. 20. 2149—2154.
1888. Krüß, Ber. 21. 131. — Z. K. 18. 638. 1891.
1896. Erdmann, Ber. 29. 1710. — Z. K. 30. 645. 1899.
1898. Prior, Min. Mag. 12. 55. 96—101. — Z. K. 32. 279. 1900.
1901. Hofmann u. Prandtl, Ber. 34. 1064—1069.

Nr.	Spez. Gew.	Mineral	Entdeckung		Vorkommen	Chemische Zusammensetzung					Jahr der Analyse	Autor der Analyse	Literatur
			Jahr	Name des Entdeckers		Cert-erden	Ytter-erden	Thor-erde	Zirkon-erde	Übrige Bestandteile			
1	4,60	Euxenit	1839	Scheerer	Jölster, Bergenhuus Amt, Norwegen	3,14	25,09			Nb.Ta.Ti. Ur. Fe. Ca.H₂O.	1840	Scheerer	P. A. 50. 149. B. J. 21. 1842. 179.
2.	4,73 -4,76	„			Tvedestrand	2,91	28,97				1847	„	P. A. 72. 567.
3.	4,92 -4,99	„			Tromö b. Arendal		26,46				1855	Strecker	J. pr. 64. 384.
4.	4,89 -4,99	„			Alve b. Arendal	3,31	29,35				1856	Forbes	J. pr. 66. 444 und 69. 353.
5.	4,96	„			Arendal		34,58	6,28			1866	Chydenius	Bull soc. chim. (2). 6. 433.
6.	5,103	„			Eydland b. Lindesnäs	2,84	18,23				1868	Behrend u. Rammelsberg	Ber. 1. 231.
7.	—	„			Hitterö	8,43	13,20				1871	Jehn	Diss Jena 1871.
8.	4,984 -5,007	„			Alvö b. Arendal	3,17 30,88 / 3,26 31,71					1871	Rammelsberg	Monatsber. Ber. Akd. 1871. Aug. u Nov. umberechnet. P. A. 150. 209. 1873.
9.	4,672	„			Mörefjär b. Näskilien, Arendal	2,26 25,69 / 2,34 26,62					1871	„	Monatsber. Ber. Akd. 1871 Aug. u. Nov. umberechnet. P. A. 150. 209. 1873.
10.	5,058 -5,103	„			Eydland b. Lindesnäs	3,50 21,90 / 3,59 22,54					1871	„	Monatsber. Ber. Akd. 1871. Aug. u. Nov. umberechnet. P. A. 150. 209. 1873.
11.	4,593 -4,642	Euxenit? (Samarskit)			Wisemans mica mine Greesy GreckJohwn ship Mitchel Co. bei North-River, N.-Carolina	24,10					1877	Smith	Am. J. Sc. (3). 13. 359. Z. K. 1. 501.
12.	4,33	Euxenit			„	5,4	13,46				1882	Seamon	Chem. N. 46. 205 bis 206.
13.	4,996	Euxenit (Äschynit)			Embabaan, Swaziland, Südafrika	4,32	17,11	0,61			1898	Prior	Min. Mag. and Journ. of Min. Soc. 12. Nr.55. 96—101. Z. K. 32. 279. 1900.
14.	—	Euxenit			Arendal	35,34			1,30		1901	Hofmann u. Prandtl	Ber. 34. 1064—1069
15.	—	„			Brevig	21,90			1,97		1901	„	„

Der Euxenit wurde 1839 von *Scheerer* bei Jölster in Norwegen entdeckt.

Kristallform rhombisch. Kristalle jedoch selten, gewöhnlich derb, ohne Spur von Spaltbarkeit, meist eingewachsen vorkommend. Farbe bräunlichschwarz, Strich rötlichbraun, undurchsichtig, nur in feinen Splittern rötlichbraun durchscheinend. Metallischer Fettglanz, Bruch unvollkommen muschelig. Härte 6,5; spez. Gew. 4,6—5.

Chemische Zusammensetzung Eine wasserhaltige Verbindung von Niobsäure (32—38%) und Titansäure (16—23%) mit den Sesquioxyden, namentlich von Yttrium, auch Erbium und Cer, ferner Uran, Zirkon und nach Krüfs (1888) auch Germanium. In neuerer Zeit hat Hofmann in München mit seinen Schülern eine neue farblose Erde die Euxenerde im Euxenit gefunden. Nach Rammelsberg bildet der Euxenit eine isomorphe Mischungsreihe, in welcher mit Zunahme der Yttererden die Menge des Eisenoxyduls und Urans, welch letztere in ungefähr konstantem Verhältnis stehen, gemeinschaftlich abnehmen.

Im Kolben gibt der Euxenit Wasser und wird gelblichbraun. Vor dem Lötrohr schmilzt er nicht, von Säuren wird er nicht angegriffen, aufzuschliefsen durch Schmelzen mit Kaliumbisulfat.

Vorkommen. Norwegen. Bei Jölster im Berghaus Amt; spez. Gew. 4,6; von *Scheerer* 1839 entdeckt und 1840 analysiert (An. 1).

Auf der Insel Hitterö schwarz mit muscheligem Bruch. Jehn 1877 (An. 7). Bei Tvedestrand oberhalb Tromö, nördlich von Arendal, im Pegmatit; spez. Gew. 4,7; von *Scheerer* 1847 analysiert (An. 2), ebendaher spez. Gew. 4,92—4,99; von Strecker 1855 analysiert (An 3). — Alve bei Arendal; spez. Gew. 4,89—4,99; von Forbes 1856 analysiert (An. 4), ebendaher spez. Gew. 4,98—5,0; von Rammelsberg 1871 analysiert (An. 8). — Im Pegmatit von Arendal; spez. Gew. 4,96; von Chydenius 1866 analysiert (An. 5), ebendaher von Hofmann und Prandtl 1901 analysiert (An. 14), ebenda Erdmann 1896.

Zu Mörefjär bei Arendal, spez. Gew. 4,672, von Rammelsberg 1871 analysiert (An. 9).

Brevig 1901, von Hofmann und Prandtl analysiert (An. 15).

Zu Eydland bei Kap Lindesnäs, spez. Gew. 5,103, von Behrend und Rammelsberg 1868 analysiert (An. 6), ebendaher spez. Gew. 5,058—5,103, von Rammelsberg 1871 analysiert (An. 10).

Amerika. Ver. Staaten. Nord-Carolina. Auf der Wisemanns mica mine Greesy Greek Johwnsip Mitchel Co. am North-River, spez. Gew. 4,6, nahe Verwandtschaft zum Samarskit zeigend, von Smith 1877 analysiert (An. 11), ebendaher spez. Gew. 4,33 m, von Seamon 1882 analisiert (An. 12).

Afrika. In den zinnführenden Sanden des Embabaan Districts im Swaziland, welche wahrscheinlich aus dem die Basis der Gesteinsreihe in diesem Distrikte bildenden Granitgneis herrühren, fand Prior (1898) ein dem Euxenit chemisch verwandtes Mineral, das in seiner Kristallform Ähnlichkeit mit den von Brögger beschriebenen grofsen Äschyniten von Hitterö zeigt. Bruch etwas muschelig, mit lebhaft glasigem bis fettigem Glanz. Bräunlichschwarz, Strich blafslederfarben, in dünnen Splittern gelblichbraun durchscheinend, isotrop, spez. Gew. 4,996. Die Analyse Priors (An. 13) entspricht viel mehr dem Euxenit als Äschynit.

Loranskit.

Lit.
1897. Melnikow u. Nikolajew, Verhdl. der Russ. Min. Ges. II. 35. 11—13. — Z. K. 31. 505. 1899.

Nr.	Spez. Gew.	Mineral	Entdeckung		Vorkommen	Chemische Zusammensetzung					Jahr der Analyse	Autor der Analyse	Literatur
			Jahr	Name des Entdeckers		Cerit-erden	Ytter-erden	Thor-erde	Zirkon-erde	Übrige Be-standteile			
1.	4,6	Loranskit		Melnikow	Imbilax bei Pitkäranta Finnland	3,0	10,0	20,0		Ta Ca. Fe. S. Ti. Mg.	1897	Nikolajew	Verh. Russ. Min. Ges. II. 35. 11—13. 1897. Z. K. 31. 505. 1899.

Dem Euxenit nahe zu stehen scheint der von *Melnikow* entdeckte und von Nikolajew analysierte Loranskit. Das Mineral kommt auf Quarzgängen zu Imbilax bei Pitkäranta, Finnland, vor. Keine Kristallform. Härte 5; spez. Gew. 4,6. Strich grünlichgrau, undurchsichtig, Kanten durchscheinend und dann grünlichgelb gefärbt.

In nachfolgender Tabelle sind noch einige Mineralanalysen, bei denen geringere Mengen seltener Erden gefunden wurden, alphabetisch geordnet zusammengestellt. Bei den Gesteinen dürfte es sich meist um Beimengungen von Mineralien der seltenen Erden handeln.

Nr.	Spez. Gew.	Mineral	Entdeckung		Vorkommen	Chemische Zusammensetzung					Jahr der Analyse	Autor der Analyse	Literatur
			Jahr	Name des Entdeckers		Cerit-erden	Ytter-erden	Thor-erde	Zirkon-erde	Übrige Be-standteile			
1.	—	**Apatit**			Süd-Norwegen	5				Ca. P. Cb.	1848	Scheerer	Nyt. Mag. f. Nat. 5. 308. vgl. Brögger Z. K. 16. 71. 1890.
2.	—	„			Snarum, S.-Norw.	1,79				„	1851	Weber u. G. Rose	J. pr. 53. 150.
1.	—	**Biotit-granit**			El Capitan in Yosemite-Valley				0,08	Si. Ti. Fe. Mn. Ni. Ca. Sr. Ba. Mg. K. Na. Li. H$_2$O. P. Cl. F.	1899	Valentine und Hille-brand	Am. J. Sc. (4). 7. 294 bis 298.

Nr.	Spez. Gew.	Mineral	Entdeckung		Vorkommen	Chemische Zusammensetzung					Jahr der Analyse	Autor der Analyse	Literatur
			Jahr	Name des Entdeckers		Cerit-erden	Ytter-erden	Thor-erde	Zirkon-erde	Übrige Bestandteile			
1.	—	**Braun-stein**			unbekannt		0,10			H$_2$O Mn. Fe. Al Ba. Ca. Mg. Pb. Cu. Bi. Ni. Co. Zn. Tha. Jnd. As. P. CO$_2$. K. Li. Si. F.	1876	Phipson	Bull. Soc. Chim. Paris (N. S.) 26. 9.
1.	3,098	**Clintonit**	1828	Fitsch, Mather u. Morton	Warwih, New York				2,05	Si. Al. Fe. Mg. Ca. H$_2$O.	1886	Richardson	Reg. Gen. Sc. Mag. 1836. J. pr. 14. 38. 1838.
2.	3,148	„			Amity, New York				0,73	„	1854	Brush	Am. J. Sc. 1854. 18. 407.
3.	3,148	„			„				0,68	„	1854	„	„
1.	2,83	**Danburit**	1839	Shepard	Danbury, Connecticut		0,85			Si. (B.) Ca. Al. K. Na. H$_2$O.	1839	Shepard	Am. J. Sc. 1839. 35. 137. P. A. 50. 182. 1840.
1.	2,2474	**Deweylit** (Gymnit)	1826	Emmont	Amerika	3,57				Si. Mg. Na. Al. H$_2$O.	1838	Thomson	J. pr. 14. 41 u. B. J. 19. 297. 1840.
1.	—	**Emerylith** (Glimmer-gruppe)		Smith	Kleinasien				4,0	Si. Al. Ca. Fe. Ma. K.	1851	Smith	J. pr. 53. 17.
1.	—	**Epidot,** Mangan-epidot (Schelit)	1893	Williams	South Mountain, Pennsylvanien	0,89	1,52			Si. Al. Fe. Mn. Ca. Mg. K. Na. H$_2$O.	1893	Hillebrand	Am. J. Sc. (3). 46. 50 bis 57.
1.	2,66	**Feldspat** (Albit, Hyposklerit			Arendal	2,0				Si. Al. Ca. Na. K. Fe. Mn. Mg.	1849	Hermann	J. pr. 46. 396.
2.	2,726	Feldspat-artiges Gestein des Zirkonsyenits				5,08				Si. Al. Fe. K. Na. Mg. P. Mn.	1858	Bergemann	P. A. 105. 121.
1.	—	**Florencit**			MinasGeraes	28,0				Al. Fe. Ca. Si. P. H$_2$O	1900	Hussak u. Prior	Min. Mag. 12. 57. 244.
1.	—	**Fluochlor**		Wöhler	Miask	13,152	0,808			Vd. Ca. Ti. Fe. Mn. Na. F. H$_2$O.	1850	Wöhler	J. pr. 50. 187.
2.	—	„			„	5,09	0,7		5,57	„	1850	Hermann	„
3.	—	„			„	15,23	0,94			„	1850	„	„
1.	—	**Gneis** (Freiberger)			Freiberg				1,33 +Tt.	Si. Ti. Al. Fe. Ca. Mg. K. Na. P. H$_2$O.	1888	Sauer	Erläuterg. der geolog. Spezialkarte d. Kgr. Sachsen.
2.	—	„			Himmels-fürst				0,9 +Tt.	„	1888	„	„
3.	—	„			Wegefahrt				1,07 +Tt.	„	1888	„	„

Nr.	Spez. Gew.	Mineral	Entdeckung		Vorkommen	Chemische Zusammensetzung					Jahr der Analyse	Autor der Analyse	Literatur
			Jahr	Name des Entdeckers		Cert-erden	Ytter-erden	Thor-erde	Zirkon-erde	Übrige Bestandteile			
1.	—	**Guarinit**		Guiscardi	Vesuv	3,45	1,23?			Si. Fe. Al. Ca. Na. K.	1894	Rebuffat	R. soc. gl'ingeonaeri Napoli 1—10. 1894. N. J. M. 1896. I. 28. Z. K. 26. 219.
1.	2,66	**Hypo-sklerit** (Albit)	1830	Breit-haupt	Arendal	2,0				Si. Al. Fe. Mn. Ca. Mg. Na. K.	1849	Hermann	J. pr. 46. 396, vgl. auch Rammels-berg. P. A. 79. 306.
1.	—	**Nephelin-syenit**			Umptek, Kola				0,92	Si. Ti. Al Fe. Mn. Ca. Mg. K. Na. Cl.	1893	Ramsay u. Hack-mann	N. J. M. 1894. I. 464.
1.	4,200	**Norden-skiöldin**	1887	Brögger	Grofs-Arö, Langesund				0,9	Sn. B. Ca.	1887	Cleve	G. F. F. 9. 255. b. Brögger, Z. K. 16. 62.
1.	—	**Pheno-lithe** (Gestein)			Spitzberg b. Brüx, Böhmen	0,03			0,02	Si. Ti. Al. Fe. Mn. Ca. Mg. Na. K. Cl. S. P. H₂O.	1901	Trenkler	Tschermaks Mittl. 20. 129—177.
1.	—	**Retzian**	1896	Sjögren	unbek.		10,8			As. Pb. Fe. Mg. Ca. Mn. Si. H₂O.	1897	Sjögren	G. F. F 19. 1897. 106. N. J. M. 1898. II 209.
1.	3,433	**Riebeckit** (Arfved-sonit)	1883	Bonney u. Sauer	El Paso, Colorado				0,75	Si. Fe. Mn. Mg Ca. Na. K.	1877	König	Z. K. 1. 431.
2.	—	Riebeckit			Insel Socotra vor Kap Guardafui, Ost-Afrika				4,70	„	1888	Sauer	Zeitschft d. G. Ges. 1888. 40. 139.
3.	—	„			Am Berge Jacov-deal u. Muntele Rosu, Turcoaia, Dobrudza, Rumänien				7,01	„	1899	Mrazec	Bull. d. l. soc. d. sc. Bukarest. 1899. 8. 106 bis 111. N. J. M. 1900. 69. Z. K. 34. 710. 1901.
1.	—	**Serpen-tin**			Åsen in Norberg, Schweden	2,24				Si. Mg. Fe Al. CO₂ H₂O. Ca.	1826	Lychnell	K. Vet. Acad. Hdl. 1826. 175. B. J. 7. 191. 1828.
2.	—	„			„	1,25				„		„	„
1.	—	**Silli-mannit ?**			Petty, Pog, Saybrock, Connect.				18,51?	Si. Al. Fe.	1834	Thomson u. Muir	Thomson, Outl. of. Min. 1835. J. pr. 8. 505. 1836. B. J. 17. 218. 1838.
1.	—	**Ton** (dilu-vialer)				14,279				Si. Ti. Al. Be. Fe. Ca. S. Mg. P. Ka Na. CO₂.	1886	Stroh-ecker	J. pr. (2). 33. 132—140.
2.	—	„				12,8	1,7			Si. Al. Be. Fe. Mg. P. Ca. S. K. Na. NH₄.	1886	„	„

Nr.	Spez. Gew.	Mineral	Entdeckung		Vorkommen	Chemische Zusammensetzung					Jahr der Analyse	Autor der Analyse	Literatur
			Jahr	Name des Entdeckers		Cerit-erden	Ytter-erden	Thor-erde	Zirkon-erde	Übrige Be-standteile			
1.	—	**Thulit**			Suland, Tellemarken (Norw.)	25,95				Si. Ca. Fe. K. H$_2$O.	1834	Thomson	Thomson, Outl. of. Min. 1834. J pr. 8. 508. 1836. B. J. 17. 217. 1838.
1.	4,787	**Titanit** *) Titan-eisen			Egersund	0,58				Ti.Fe.Mn. Cr. Si.	1829	Mosander	K. Vet. Ak. Hdl. 1829. 220. P. A. 19. 219.
2.	—	Titanit			Syenit von Biellese	2,80				„	1882	Cossa	Accad. Lincei (3). 1882/83. Z. K. 8. 305. 1884.
1.	—	**Torrelith** (Allanit?)	1825	Renvick	Sussex Co., New Jersey	12,32				Si Fe. Al. Ca. H$_2$O.	1826	Renvick	B. J 5. 202.
1.	—	**Wismuth-spat**			Sierra de S. Luis, Argentinien	0,54				Bi. CO$_2$. H$_2$O. Ca. Mn. Fe.	1899	Boden-hender	Zeitschft. f. pr Geol. 1899. 322—323. Z. K. 35. 294. 1902.
1.	—	**Wyomin-git**	1897	Crofs	Boars Tusk	0,03				Si. Ti. Al. Cr. Fe. Mn. Ca. Sr. Ba. Mg. K. Na. Li. H$_2$O. P. S. Cl. F CO$_2$.	1897	Hille-brand	Am. J. Sc. (4). 4. 115 bis 154.
2.	2,699	**Orendit**	1897	„	North Table Butte				0,22		1897	„	„
3.	2,857	**Madupit**	1897	„	Pilot Butte	0,11					1897	„	„
1	3,626—3,661 oder 4,316	**Yttrium-kalzium-Fluorid**			West-Cheyenne, Cannon, El Paso,Con., Colorado	2,48	47,58			Ca. Fe. F.	1892	Genth	b. Genth u. Penfield. Am. J. Sc. (3) 44. 381 bis 389. Z. K. 23. 597.

*) vgl. auch Yttrotitanit.

Alphabetisches Register.

Verlag von R. Oldenbourg in München und Berlin W. 10.

Geschichte der Geologie und Paläontologie
bis Ende des 19. Jahrhunderts

von

Karl A. von Zittel,
Professor an der Universität zu München.

(Aus: Geschichte der Wissenschaften in Deutschland.)

8⁰, XI und 868 Seiten. Preis brosch. M. 13.50, geb. M. 15.50.

Grundzüge der Paläontologie
(Paläozoologie)

von

Karl A. von Zittel,
Professor an der Universität zu München.

Zweite, wesentlich veränderte und vermehrte Auflage.

I. Abteilung: Invertebrata.

564 S. gr. 8⁰ mit 1405 Abbildungen. Preis elegant geb. M. 16.50.

Die Preise für das grofse:

„Handbuch der Paläontologie", unter Mitwirkung von Professor W. Ph. Schimper und Professor Dr. W. Schenk, herausgegeben von Professor Dr. Karl A. von Zittel, zwei Abteilungen, **sind ermäfsigt.**

I. Abteilung (4 Bände): Paläozoologie:

I. Band: Protozoa, Coelenterata, Echinodermata, Mollusca. Mit 558 Abbildungen gr. 8⁰. VIII und 772 Seiten. 1876/80 statt M. 30.— nur M. 10.—.

II. Band: Mollusca und Arthropoda. Mit 1109 Abbildungen. gr. 8⁰. 893 Seiten. 1881/85 statt M. 36.— nur M. 10.—.

III. Band: Vertebrata (Pisces, Amphibia, Reptilia, Aves). Mit 719 Abbildungen. gr. 8⁰. XII und 900 Seiten. 1887/90 statt M. 36 — nur M. 15.—.

IV. Band: Vertebrata (Mammalia). Mit 590 Abbildungen. gr. 8⁰. XI und 799 Seiten. 1892/93 statt M. 29.— nur M. 15.—.

II. Abteilung (ein Band): Paläophytologie:

Begonnen von W. Ph. Schimper, fortgesetzt und vollendet von A. Schenk. Mit 429 Abbildungen. gr. 8⁰. XI und 958 Seiten. 1890 statt M. 38.— nur M. 20.—.

Ermäfsigter Gesamtpreis des Werkes (5 Bände) broschiert statt M. 169.— nur M. 65.—,

in Halbfranz gebunden M. 77.—.

www.ingramcontent.com/pod-product-compliance
Lightning Source LLC
Chambersburg PA
CBHW081433190326
41458CB00020B/6187